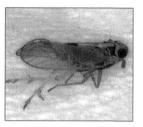

南繁有害生物·基础篇

◎卢 辉 吕宝乾 唐继洪 主编

中国农业科学技术出版社

图书在版编目（CIP）数据

南繁有害生物. 基础篇 / 卢辉，吕宝乾，唐继洪主编. —北京：中国农业科学技术出版社，2020.6

ISBN 978-7-5116-4760-3

Ⅰ. ①南… Ⅱ. ①卢… ②吕… ③唐… Ⅲ. ①作物—病虫害防治—海南 Ⅳ. ①S435

中国版本图书馆 CIP 数据核字（2020）第 090115 号

责任编辑　李　华　崔改泵
责任校对　贾海霞

出 版 者　中国农业科学技术出版社
　　　　　北京市中关村南大街12号　　邮编：100081
电　　话　（010）82109708（编辑室）　（010）82109702（发行部）
　　　　　（010）82109709（读者服务部）
传　　真　（010）82106650
网　　址　http: // www.castp.cn
经 销 者　各地新华书店
印 刷 者　北京建宏印刷有限公司
开　　本　787mm×1 092mm　1/16
印　　张　12.75　彩插8面
字　　数　260千字
版　　次　2020年6月第1版　2020年6月第1次印刷
定　　价　85.00元

《南繁有害生物·基础篇》

编委会

主　编：卢　辉（中国热带农业科学院环境与植物保护研究所）
　　　　吕宝乾（中国热带农业科学院环境与植物保护研究所）
　　　　唐继洪（中国热带农业科学院环境与植物保护研究所）

副主编：郭安平（中国热带农业科学院）
　　　　刘　慧（全国农业技术推广服务中心）
　　　　周泽雄（海南省南繁管理局）
　　　　李金花（海南大学）

编　委：吉训聪（海南省农业科学院植物保护研究所）
　　　　郭　涛（海南省南繁管理局）
　　　　姜　培（全国农业技术推广服务中心）
　　　　刘　延（中国热带农业科学院环境与植物保护研究所）
　　　　王　辉（海南省南繁管理局）
　　　　张宝琴（海南大学）
　　　　杨石有（海南大学）
　　　　蔡　波（海口海关）
　　　　孟　瑞（海口海关）
　　　　陈运雷（三亚市林业科学研究院）
　　　　王　辉（海南省南繁管理局）
　　　　冯建敏（海南省南繁管理局）
　　　　廖忠海（海南省南繁管理局）
　　　　周文豪（海南省南繁管理局）
　　　　吴琦琦（中国热带农业科学院试验场）
　　　　苏　豪（海南大学）

前　言

　　海南是地理位置独特、相对独立的地理单元，拥有全国较好的生态环境，自然条件优越，热带动植物种类多样，素有"天然大温室"之美称，是我国著名的南繁基地，承担着粮、棉、油、菜、果等30多种农作物育种任务。近几十年来，海南在加速多种品种改良、原种扩繁和制种方面为国家农业发展作出了巨大贡献。在我国育成的杂交水稻新组合中，80%以上经过了南繁加代选育。海南已成为新品种选育的"孵化器"和"加速器"，而南繁基地则被誉为中国种业的"硅谷"。随着海南自由贸易港及全球动植物种质资源引进中转基地的建设，作为新品种培育、南繁种子生产和质量鉴定的南繁基地，每年都有大批的种子、种苗频繁出入基地，给多种病虫草害的传播带来了极大的风险。南繁因其特殊的生态环境成为"全国和世界危险性有害生物的汇集地及中转站"的风险也逐渐加大。目前，南繁地区对有害生物的监测预警、风险评估和控制的措施和条件远不能满足需求。有害生物的传播扩散已经越来越严重地困扰和威胁到南繁育种的发展。如不严格控制，南繁区可能成为有害生物交叉传播的集散地，将严重威胁中国农业生产发展与粮食生产的安全。

　　本书紧紧围绕南繁有害生物安全发展与实际需求，以目前南繁育种基地调查的主要病虫草害基本信息为切入点，以识别和风险评估为目标，详细介绍了南繁区危险性虫害、危险性病害和危险性草害的形态特征、地理分布、为害症状、病原、传播途径、发生规律及针对性防治措施等，细致描述了南繁区3种重大入侵生物的形态特征、为害特点、防治方法、风险评估、定量评估及风险管理，以期为提高南繁区危险性病虫草害防治技术水平提供技术与智力支撑。

　　本书编写过程中得到了海南省自然科学基金创新研究团队项目（2019CXTD 409），农业部国际交流与合作项目"一带一路"热带国家农业资源联合调

1

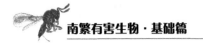
查与开发评价（BARTP-08），中国热带农业科学院基本科研业务费专项
（1630042019016、1630042017015、1630042019037），国家重点研发计划项目
（2019YFD03001）的支持。在本书编写过程中，参考并引用了一些学者的意见
和观点，限于篇幅，不能一一列出，谨表致谢！

编　者
2020年3月

目　录

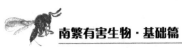

第一章　南繁区概述

一、南繁育种基地简介

（一）南繁育种基地

南繁区，即国家南繁育种基地，位于我国海南岛，是指科研人员利用海南省（琼）的三亚市、陵水县、乐东县和保亭县（南繁核心区）以及琼中县、屯昌县和定安县（南繁非核心区）等地区所具有的满足植物周年生长繁殖的环境条件，以及丰富的生物生态资源进行农作物的基础研究、品种选育、种子鉴定和生产推广等活动的地区。在国际上，南繁又称异地育种，指的是北回归线以北区域的农作物育种家把当地的育种材料拿到该线以南的区域，利用那里冬季的光热条件进行种植，以增添1～3个育种世代的选育，从而达到既可加快育种进程，又可借助异地的生态效应来提高选育品种质量的目的。南繁育种工作源自玉米育种家吴绍骙创立的"异地培育"理论。20世纪60年代以来，众多农业科研单位陆续在海南南繁区建立起各种永久性的农作物繁育基地，每年都会有成千上万的科研人员到海南南繁基地进行作物品种的鉴定、繁殖、选育、制种和加代等工作。目前，南繁制种区域已扩散到海南北部的临高县，南繁作物已将近30种，主要有水稻、棉花、玉米、大豆和瓜菜等，并已涉及农林牧渔等多个领域。南繁是我国科技工作者的创举，历经50余载，南繁在缩短作物繁育周期、保障我国粮食和种业安全领域发挥了关键性作用，彰显出科学性、全局性、不可替代性和唯一性等特征，已逐渐发展成为我国的战略性资源，与关系到我国基础性、战略性、安全性和稳定性的核心经济与政治利益息息相关。目前，海南南繁区已经发展成我国最大的、最具影响力的和最开放的农业科技试验基地，有"中国种业科技硅谷"的美誉，聚集了区位、品种、人才和信息等优势资源。

2018年4月，习近平总书记在海南考察时强调，国家南繁科研育种基地是国家宝贵的农业科研平台，一定要建成集科研、生产、销售、科技交流、成果转化为一体的服务全国的"南繁硅谷"。大力推进《国家南繁科研育种基地（海南）

1

建设规划（2015—2025年）》落实，高标准建设国家南繁基地，是贯彻落实习近平总书记南繁指示的具体体现，是贯彻落实《中共中央　国务院关于支持海南全面深化改革开放的指导意见》的重要举措，是建设海南自由贸易试验区和中国特色自由贸易港的重要内容。

（二）南繁种业

南繁产业在我国种子产业有序发展，粮食战略安全，社会和谐稳定等方面作出了巨大的贡献，海南省的南繁育制种产业是我国具有特色的生物育种产业。海南作为我国最大的经济特区和农业大省，拥有得天独厚的热带资源和地理优势，可以为动植物周年生长、繁殖提供优良的外部环境，形成了中国农业南繁基地，是农业育种的"天然温室"，被誉为"中国农业科技硅谷"。为了更好地推动南繁产业的发展，国家和海南地方政府纷纷出台了相关政策规划，为南繁项目提供了全方位扶持。包括2009年12月国务院下发的《国务院关于推进海南国际旅游岛建设发展的若干意见》（国发号〔2009〕44号），《关于进一步加强海南南繁基地建设的建议》《海南国际旅游岛建设发展规划纲要（2010—2020）》《2010—2020年南繁发展规划》以及2012年的中央1号文件等，都从不同层面和角度提出，要充分发挥海南热带农业资源优势，大力发展热带现代农业，形成南繁育种基地。

我国杂交水稻、紧凑型玉米、转基因抗虫棉、西甜瓜在生产上得以快速应用，南繁基地功不可没，已成为国家农业科研的战略基地。目前，南繁作物主要有水稻、玉米、大豆、高粱等粮食作物，油菜、棉花、麻、瓜菜、烟草、向日葵、牧草、林木、花卉、中草药等经济作物30多种。南繁育制种面积保持在20万亩（1亩≈667m^2，1hm^2=15亩，全书同）以上，其中科研育种面积近4万亩。

（三）南繁种业的发展与现状

1. 南繁发展的条件

南繁育制种产业，简称南繁产业，现在主要依靠海南省热带资源气候展开工作。海南省位于东经108°37′～111°03′，北纬18°30′～20°10′，具有独特的热带气候，常年气温在23～25℃，是我国版图最南端的省份，紧挨着珠江三角洲经济圈，是我国连接太平洋和印度洋的枢纽，同时也是我国最大的经济特区和农业大省。2011年海南省年日照时数达1771h，年降水量达2086.1mm，拥有野生植物4600种左右，野生动物574种；拥有353.54万hm^2的土地面积，其中常用耕地42.54万hm^2，占比12%；总人口877.38万人，海南第一产业从业人数占比约48.9%。这些独一无二的热带自然资源、人口资源和地理区位优势，为动植物周年生长、加代繁殖提供优良的外部环境，为南繁育制种产业的形成与发展奠定了基础。

2. 南繁概念的形成

20世纪50年代初至60年代初，"南繁"的概念就诞生于这个时期。一般公认为南繁育制种的概念起源于农作物南繁（异地培育）的相关理论，由著名玉米育种家吴绍骙教授提出，一开始主要应用于玉米的种子培育上。

1956—1959年，吴绍骙、程剑萍等老一辈科学家在广东的广州、湛江、海口和广西的南宁，针对南北异地培育玉米自交系开展研究，并研究成功。这就从理论和实践上推翻了苏联专家李森科的"环境可以改变遗传性状"的理论，为我国异地培育玉米等其他作物提供了理论依据和实践基础。吴绍骙教授在1961年的中国作物学会组织的"全国作物育种学术讨论会"上发言，第一次在正式场合说明了异地育种具有可行性，能够应用推广到其他作物的育种实践上。这个时期的南繁思想刚刚形成，主要是以科研界进行北种南育为主，地点主要在广西、云南。因此，笔者认为，吴绍骙教授的论文《对当前玉米杂交育种工作的三点建议》标志着南繁育种理论的正式确立和南繁育种产业的诞生。

3. 南繁成长期

20世纪60年代初至80年代末，"南繁产业"兴起并发展于这个时期。随着异地培育理论确定和实践的成功，农业部（现农业农村部）等中央各部门相关领导对此十分重视和肯定，刘瑞龙、程照轩等认为利用南方温暖的气候，进行北种南繁，可以起到农作物加代繁殖的功能，大大节约了存种时间和科研经费。因此，全国开始大力推广农作物异地培育理论的应用，南繁产业也借此兴起和发展。

从1960年开始，几乎每个省（自治区）都有科研单位、种子企业或高等院校派出专家、学者和工作组到南方（主要是海南岛）开展北种南繁工作，南繁地点从昆明、西双版纳移到海南海口，再到崖县（现三亚市）。在海南岛建立永久性的冬季育种和繁殖基地，1965年成立了最早的国家级的南繁基地。据不完全统计，在1961—1988年，在海南岛开展北种南繁工作的土地面积累计达170万亩，年平均约7万亩，产种近1.5亿kg，涌现了一大批为祖国南繁事业奋斗的农业专家和科技工作人员。杂交水稻创始人袁隆平院士于1970年11月从南繁事业中受益，在海南岛三亚的南红农场，其助手李必湖和冯克找到了"野败"，为最终培育成功"三系法"杂交水稻奠定了基础。新疆农业科学院的吴明珠院士，从20世纪60年代开始自发到海南岛进行南繁工作，在1973年把来自我国台湾和日本的蜜瓜种质，利用南繁气候加代育种，最终培育出了芙蓉、含笑、仙果等一系列高品质哈密瓜。

这个时期的南繁工作十分艰苦，在思想方面，异地培育的思想刚开始普及，科技人员多数处于自发性南繁，而海南岛内的拥有土地使用权的村民对此并不理解和支持，有时甚至会偷盗、损毁或破坏科研成果。在基础设施方面，由于南繁产业处于成长阶段，生活、生产、科研等配套设施都尚未建立或完善，条件十分艰苦，这种情况在20世纪90年代得以改善。虽然条件很艰苦，但是广大的科研人员充分发扬"南繁精神"，仍然取得了丰硕的南繁科技成果。因此，把这段时期划为南繁产业成长期。

4. 南繁成熟期

20世纪90年代初至今，"南繁产业"在这个时期开始蓬勃发展。在这一阶段，由于杂交水稻、矮秆水稻、西甜蜜瓜等品种的成功研发与推广，国家和各地区逐渐加大对南繁产业的各项投入，完善配套设施。

由于早期南繁条件十分艰苦，处于自发阶段，从20世纪70年代开始，新疆、湖南、黑龙江等地开始成立相关工作小组，对自己省的南繁工作开始有组织性的发展，分别在海南省成立省级南繁指挥部，增强南繁基地的资金扶持力度。例如，20世纪90年代，新疆科研人员建立了当时全国唯一的能进行转基因南繁育种的基地。并且农业部从1995年起，抽查全国杂交水稻和玉米种子的质量，贵州、广西、河南等地的农业种子管理部门也采取相应措施，充分利用南繁资源来鉴定，在海南开展种子纯度鉴定工作。截至2012年，全国有30个省份在海南建立了南繁管理机构，南繁产业的管理趋于规范化。

这段时间涌现的科技人员和科研成果也很多，包括研制出掖单系列玉米种子的李登海专家，大大提高了玉米的亩产量，维护了中国玉米种子市场稳定；研制出中国自己的双价基因抗虫棉产品的郭三堆研究员，成功地维护了我国棉农利益，打破了国外技术垄断。研究的新成果还有很多，不仅从传统的玉米、水稻、高粱等10余种常规作物拓展到大麦、棉花、瓜菜等品种。领域也不仅限于农业，还涉及了中草药南繁、海洋水产南繁、动物畜禽类南繁等，构建了"大南繁"的观念。因此，这一阶段看作是南繁产业的成熟期。

南繁产业发展了60多年，南繁育制种产业，是指在"大南繁"观念指导下，利用海南省三亚、陵水、乐东、保亭等地热带气候，在秋冬季节（前一年9月到第二年5月），围绕水稻、棉花、西甜瓜、花卉、瓜菜等品种，涉及农业南繁、中草药南繁、海洋水产南繁、动物畜禽类南繁等多领域，从事科研育种、繁殖制种、加代鉴定、生产经营等有关的经济活动集合体，是中国特色的生物育种产业。

党的十八大以来，以习近平同志为核心的党中央始终把粮食安全作为治国理政的头等大事。党的十九大报告更是旗帜鲜明地指出，确保国家粮食安全，把中国人的饭碗牢牢端在自己手中。实施食品安全战略，让人民吃得放心。2013年，习近平总书记在中央农村工作会议上首次对新时期粮食安全战略进行了系统阐述，他强调粮食安全的极端重要性。2018年4月，习近平总书记在海南调研时再次强调，十几亿人口要吃饭，这是我国最大的国情。良种在促进粮食增产方面具有十分关键的作用。要下决心把我国种业搞上去，抓紧培育具有自主知识产权的优良品种，从源头上保障国家粮食安全。

南繁事业维系国家粮食安全和农业可持续发展。培育良种的重任，落在了南繁区。一批批良种，结出沉甸甸的粮食，凝结的不仅仅是阳光、雨露和土壤的精华，也凝聚着无数育种家的辛劳与汗水。在数十万科研人员的努力下，优良的水稻、玉米等品种诞生在南繁这片热土，为"中国饭碗"铸造了最坚实的底座。

回顾南繁发展，一些重要时刻被历史铭记。1970年11月23日，水稻野败不育株的发现，为杂交水稻研究带来突破性进展，开启了中国杂交水稻育种的新篇章。中国也因此成为世界第一个在生产上成功利用水稻杂种优势的国家。1976年，杂交水稻开始大面积推广，水稻产量得到大幅度提高。半个多世纪里，中国水稻平均产量从亩产50kg提高335kg以上，"吃饭难"成为了历史。目前，我国杂交水稻年增产约250万t，每年可多养活7 000万人口，杂交水稻的推广为解决中国粮食安全问题作出了突出贡献。

（四）南繁育种基地建设

从20世纪50年代开始，来自全国各地的育种人就陆续扎根三亚，研究选育优良水稻和玉米种子，揭开了农业南繁工作的序幕；60年代，为了支持南繁工作，海南省专门在凤凰镇成立南红农场，崖城镇成立良种场，由国家投资建设种子仓库、宿舍、晒场及配套农田排灌系统；70年代，数以万计的制种大军云集海南，杂交水稻制种面积达3.3万亩，师部农场和海螺农场成立；70年代中期，海南逐渐成为全国南繁育种基地，南繁面积都在10万亩以上，1977—1978年最高达23.6万亩。每年生产各类农作物种子高达700万kg以上，其中杂交水稻种子约占2/3。如今，南繁基地面积已超过20万亩。

在海南试行国际旅游岛和创建自由贸易港的情况下，土地价格飞涨，为了确保南繁基地不受商业开发、房地产用地等的侵占，2015年10月，《国家南繁科研育种基地（海南）建设规划（2015—2025年）》出台，明确划定26.8万亩科研育种保护区，其中，5.3万亩为核心区。保护区是"红线中的红线"，要实行永久保护，南繁基地建设全面上升为国家工程。海南省现已完成26.8万亩南繁科研育种保护区、5.3万亩南繁科研育种核心区划定工作，矢量坐标图上图入库，确权

到户，实行土地用途管制，保证国家南繁有地可用。并规划提供745亩配套设施建设用地，解决南繁科研人员生产、生活后顾之忧。

海南省通过农业综合开发项目，省级财政配套高标准农田建设资金，用于南繁科研育种核心区基地建设；三亚市等使用市财政资金，支持生物育种专区、南繁新基地等国家南繁基地建设任务前期准备工作。海南省在省重大科技专项中设立南繁专题，持续支持海南南繁科研平台建设以及南繁科技创新、成果转化，累计投入科研专项资金超过2亿元。

海南省和三亚、乐东、陵水3市（县），成立南繁管理局，组建南繁乡镇、重点南繁村南繁专职人员和南繁联络员队伍，健全南繁管理服务体系。

二、南繁育种产业

（一）海南提供优质种质资源

海南是一座极其丰富的植物天然基因库，野生海南属植物和南亚野生稻更是全国独有。据考察发现，全球目前有1 100余种野生稻，而三亚便有700余种；海南水稻种质资源有529份，其中籼亚种233份，粳亚种296份；杂粮、油料作物种质1 291份；蔬菜种质775份。

海南为科研育种提供宝贵种质资源，通过南繁可以充分挖掘应用。中国以袁隆平院士为代表的一批育种专家，于20世纪70年代初利用在三亚市郊发现的野生稻中的不育基因作为突破口，加以转育，实现了杂交水稻三系配套。这一重大科研成果的应用推广，为中国创造了巨大经济效益和社会效益，荣获国家第一项特等发明奖。1972年起，朱英国团队利用海南红芒野生稻与常规稻杂交选育出红莲型不育系，其中红莲型与袁隆平的野败型、日本的包台型，被国际公认为三大细胞质雄性不育类型。

野生水稻败育基因的发现是杂交水稻研制的关键和大事件，通俗地讲，全世界的杂交水稻都流淌着海南三亚南红农场野生败育水稻的血液。另外，杂交水稻的科研、生产和经营从来都没有离开南繁基地，包括后来成功研制的受光温控制的"两系法杂交水稻"技术更是离不开，南繁基地是当之无愧的"杂交水稻的摇篮"。

目前，每年从三亚调运的水稻等亲本材料超过100万份，亲本及亲本材料约1 000t，两系杂交稻亲本繁种占中国两系杂交稻亲本繁种总量约20%。

（二）南繁制种产业

要了解南繁育制种产业，首先要知道什么是南繁育制种，目前理论界对其没有确切的定义。孟昭东（2006）给出了南繁定义，就是指利用海南有别于我国其他省区的热带气候，于秋冬季节在海南省的三亚、陵水、乐东、保亭等地，由来自全国各地相关人员从事农作物品种选育、种子生产和种质鉴定反季节繁育制种等相关活动。

南繁育制种的概念起源于农作物南繁的（异地培育）理论，该理论是由著名玉米育种家吴绍骙教授提出，一开始主要应用于玉米的种子培育上。农作物育种是以年作为周期的，在我国北方需要年以上的时间才能选育出一个玉米杂交种，但是如果能够利用南方温暖的气候条件，南北交替种植，可以起到加快繁育速度的作用，缩短玉米的育种年限，从而节省了大量的时间和金钱。

随着吴绍骙、程剑萍等人的研究成功，异地培育理论和实践得到了学术界的肯定和中央有关部委的重视，开始大力推广农作物异地培育理论的应用。这个理论的发展也促进了我国南繁事业的兴起和发展。目前，南繁育制种应用的领域也从最早的玉米作物，开始普及推广到水稻、玉米、西甜瓜、高粱、棉花、花卉、瓜菜，扩展到中草药南繁、海洋水产南繁、设施农业、动物畜禽类南繁等农林牧渔业，这就衍生出了"大南繁"的观念。

（三）南繁公共服务平台

1995年在农业部指导下，海南在三亚市南滨农场划拨1 765亩，率先建设了唯一的国家级南繁基地——"国家南繁科研中心南滨基地"。

2004年，为了推进南繁服务标准化、市场化，挖掘南繁产业，在海南省、陵水县政府的支持下，海南广陵高科实业有限公司登记成立，成为国内首家专业从事南繁育种科技服务、生产服务、生活服务的公司，可为南繁育种科研院所或企业提供一条龙托管服务。

2005年，为了服务好南繁、利用好南繁，三亚市人民政府成立了全国唯一的"三亚市南繁科学技术研究院"，直接投入超过2亿元，开展南繁科研、成果就地转化、政策以及史料研究，为南繁事业发展提供智力支撑。

海南省及市县政府多次支持召开大量科技、学术交流活动扩大影响，加大宣传力度；成功申报国家"863"计划杂交水稻与转基因植物海南研究开发基地、三亚国家农业科技园区等重大科技项目。

三、南繁硅谷建设

（一）南繁硅谷的提出

党中央、国务院历来重视南繁工作。2018年4月，习近平总书记考察南繁工作时强调，十几亿人口要吃饭，这是中国最大的国情。良种在促进粮食增产方面具有十分关键的作用。要下决心把中国种业搞上去，抓紧培育具有自主知识产权的优良品种，从源头上保障国家粮食安全。国家南繁科研育种基地是国家宝贵的农业科研平台，一定要建成集科研、生产、销售、科技交流、成果转化为一体的服务全国的"南繁硅谷"。加快推进打造"南繁硅谷"，是在认真学习贯彻习近平总书记讲话精神，深刻认识良种在促进粮食增产、保障国家粮食安全中的重要作用；深刻认识高标准建设国家南繁科研育种基地，建成服务全国的"南繁硅谷"的重大意义；牢牢把握打造南繁种业科技创新中心，建设国家热带农业科学中心的重大机遇的基础上，结合中国热带农业科学院实际，瞄准世界种业科技前沿，以巨大的责任感、使命感，为建设种业强国和确保国家粮食安全为目标和方向而努力奋斗。

（二）南繁硅谷的战略意义

打造"南繁硅谷"是保障中国农业可持续发展的迫切需要。种业是现代农业发展的生命线，是保障国家粮食安全的基石，种业竞争力代表国家农业竞争力，种业搞上去才能掌握现代农业发展的主动权。中国种业发展尚处于初级阶段，育种复合型人才缺乏，种子生产水平不高，良种繁育基础设施薄弱，抗灾能力较低，机械化水平低，加工工艺落后。《国务院关于加快推进现代农作物种业发展的意见》明确要求加快提升种业科技创新水平。建设"南繁硅谷"，加快推进现代农作物种业发展，加强种业科技创新，已成为加快现代农业发展的迫切需要。

南繁种业事关中国粮食安全，已上升为国家安全战略的一个重要组成部分。当前，党中央、国务院已明确将"加强国家南繁科研育种基地（海南）建设"作为海南建设自由贸易试验区的重要内容，加强南繁种业发展的科技创新支撑，将技术创新转化为加速国家南繁种业发展的源动力任务紧迫，刻不容缓。

（三）主要瓶颈

南繁育制种事业经过了数十年的发展取得了巨大的成就，但南繁种业的可持续发展目前面临两个主要瓶颈：一是南繁区转基因生物和有害生物带来的生物安全问题亟待解决；二是南繁育种过程创制的各类新种质（育种中间材料）亟待高效创新利用。这些问题瓶颈既给南繁种业发展带来了潜在的安全风险，又极大地制约了南繁科研育种的效率和南繁种业的发展潜力。因此，开展南繁种质资源高效利用与生物安全保障技术研究具有现实紧迫性和必要性，可有效地释放南繁科研育种发展潜力，提高南繁科研育种的安全性，将为克服南繁种业发展的重要瓶颈提供重要的科技创新动力，为中国南繁种业又好又快、持续稳定、健康绿色发展提供有力的技术支撑。

（四）取得的进展

1. 南繁及热带特色作物高效遗传转化技术平台

优化和建立了狗尾草、水稻、大豆、番木瓜、高粱、玉米、红麻等转基因技术体系。目前，狗尾草、水稻、大豆、番木瓜转化技术体系已经成熟，可以进一步优化和培养技术人才开展对外技术服务工作；探索建立了华南8号南繁作物品系的胚性愈伤转化技术体系和高粱成熟种子胚性愈伤高效转基因技术体系；探索优化了在海南开展玉米幼胚转化、高粱幼胚转化的栽培条件；构建了番木瓜、狗尾草、水稻、高粱等南繁作物CRISPR基因编辑载体，并转化开展番木瓜抗病研究、狗尾草抗旱性研究、水稻落粒基因研究等；构建了玉米$ZmASR$抗旱基因家族9个基因过表达载体和对应狗尾草8个同源基因的基因编辑CRISPR载体，并转化狗尾草；获农业部批准进入转基因安全性评价阶段的转基因抗病毒番木瓜优良品系7个。

2. 南繁转基因生物安全监测与控制技术研发有新进展

初步明确了转基因水稻指示性非靶标昆虫——稻红瓢虫的群落结构特征；开发Bt Cry1Ab/Cry1Ac＋Bar除草剂靶标检测试纸条，应用于南繁区转基因作物快速检测，有力支撑南繁生物安全监管；2017年，田间快速初筛南繁水稻、玉米等1 504份样品（资质报告333份＋试纸条1 171份），为南繁区农业执法监管提供重要的技术支撑；选定南繁抗虫水稻育种核心区域周边的海南野生稻原生地为监测点，建立监测网络；完成转基因抗病毒番木瓜YK 16-0-1分子特征、环境安全和食用安全评价工作，已向农业部申报安全证书。

近3年来，依托行业科研专项的支持，中国热带农业科学院与中国农业科学院、海南大学、海南省农业科学院、华南农业大学等单位合作，开展南繁区生物安全监测预警及控制关键技术研究与示范，在南繁区鉴定病虫害73种，研发生物安全防控新技术17项，完成样品检测2 448份，开展科普活动38场，培训基层农业管理和技术人员超过3 000人次。

（五）建设思路

1. 发展目标

建设以南繁种质资源创新利用、南繁生物育种、南繁检验检疫、南繁生物安全等领域为主要代表的南繁种业科技创新基地；建设以本科生、研究生学历教育为主的南繁种业人才培养基地；建设南繁种业国际合作交流基地，服务南繁种业

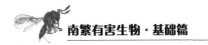

"走出去"。

总的目标是：创建世界一流的南繁种业科技创新中心，建设成为南繁科技创新的火车头，南繁人才培养的孵化器，南繁种业国际化的助推器。

用3～5年时间，把国家南繁研究院建设成为南繁国家实验室的孵化器，建成中国热带农业科学院大学，将国家南繁研究院打造成为南繁育种技术创新的领头羊、南繁公共技术服务的大平台和南繁专业人才培养的摇篮。用8～10年时间，建立南繁国家实验室。国家南繁研究院作为国家热带农业科学中心的重要组成部分，在更广的领域更高的层次发挥更大的作用。

2. 建设任务

打造一个中心：世界一流的南繁种业科技创新中心。

三个基地：南繁种业科技创新基地〔南繁国家实验室（筹）〕、南繁种业人才培养基地〔中国热带农业科学院大学（筹）〕、南繁种业国际合作交流基地。

九个平台：南繁科学技术创新与公共服务平台、南繁检验检疫技术服务平台、南繁生物育种研究平台、南繁生物安全科学平台、南繁种业信息服务平台、南繁种业高端技术人才培养平台、南繁院士工作平台、南繁科教平台、南繁国际交流服务平台。

各基地下设若干平台，各平台下设若干研究中心，表述如下。

（1）南繁科技创新基地〔南繁国家实验室（筹）〕。

南繁科学技术创新与公共服务平台。以优异种质资源鉴定与新基因挖掘、良种繁育与种子加工技术等为基础，建设"南繁种质资源库""南繁种子种苗检验检测中心""南繁育繁推一体化技术研究中心"等。

南繁检验检疫技术服务平台。以植物检验检疫和疫病防控技术为基础，建设"南繁检验检疫技术中心"，为南繁植物检疫和种子进出口贸易提供技术支撑。

南繁生物育种研究平台。以基因编辑等为主要手段开展南繁作物和热带作物重大育种技术与材料创新、重大品种选育，建设"南繁生物育种研究中心"，开展水稻、玉米和热带作物生物育种，开展基因型到表型的精准评价和生理生态研究。

南繁生物安全科学平台。以转基因作物安全评价、检疫性生物防控、病虫草鼠害防控、外来入侵生物防控等为基础，建设"国家南繁生物育种专区技术服务中心""南繁转基因作物检测与环境安全评价中心""南繁外来入侵和有害生物防控中心"。

南繁种业信息服务平台。以南繁种业大数据为基础，建立南繁育种知识产权交易与种质资源信息服务平台，建设"南繁种业知识产权大数据中心""南繁基因库""南繁育种材料交流中心"。

（2）南繁种业人才培养基地［中国热带农业科学院大学（筹）］。

南繁种业高端技术人才培养平台。根据中国热带农业科学院17个一级学科、51个二级学科建设基础，以作物学、植物保护、基因工程等学科为重点，依托中国热带农业科学院大学（筹），建立"国家南繁研究院"，建立本科、硕士、博士人才教育培养体系，培养南繁种业高端专业人才和种业"走出去"复合型专业人才。同时，在国家南繁研究院建立"南繁国际学院"，主要面向"一带一路"国家培养国际留学生。

南繁院士工作平台。以南繁水稻、玉米、棉花等主要育种作物和冬季瓜菜、热带水果、海洋生物等为研究对象，聚集一批国内外知名院士专家及其创新团队，建设院士联合工作站，配套建设一批博士后联合工作站。

南繁科教平台。以作物栽培、园林园艺、植物保护、生物安全等专业学科为基础，建立"南繁农技人员培训中心""南繁科普教育中心"。

（3）南繁种业国际合作交流基（南繁国际交流服务平台）。

以开展种业科技国际合作、人才交流为基础，建立"南繁种业科技国际合作与交流中心"，强化与国际种业技术领域的技术交流与合作。

第二章　南繁区有害生物基本信息

一、入侵物种和外来物种

1. 入侵物种

（1）生物入侵（biological invasion）。指某种生物从原来的分布区域扩展到一个新的（通常也是遥远的）地区，在新的区域里，其后代可以繁殖、扩散并持续维持下去，且对新区域的生物多样性、农林牧渔业生产以及人类健康造成经济损失或生态灾难的过程。这个新的地区可以是国外，也可以是本国的一个地区。

（2）入侵物种（invasive species）。指在引入地建立了庞大的种群，并向周围地区扩散，对新分布区生态系统和功能造成了明显的损害和影响的非本地物种。

2. 外来物种

（1）外来物种（alien species）。指因种种原因被引入到非原生地的物种，对于特定的生态系统与栖境来说，任何非本地的物种都叫外来物种。

（2）外来非入侵种（noninvasive species）。也是外来种，在引入地可以自我维持但不扩散，不形成入侵的。

（3）归化种（naturalized species）。也是外来种，在引入地可以自我繁殖维持超过一个生命周期，其通常只建立自然种群，不一定形成入侵。

（4）外来入侵物种（invasive species）。也是外来种，在引入地不但可以自我维持种群，且可以扩散并对新区域的生物多样性、农林牧渔业生产以及人类健康不造成经济损失或生态灾难。

二、南繁有害生物

在南繁过程中，邮寄或随身携带种子是在海南和其他地区之间试验材料的主要交流途径，随身携带种子已成为很多科研人员进出海南的主要方式。种传病虫害对海南与其他地区农作物或植物的潜在为害就可能在所难免。

海南独特的雨水和温度，对一些病虫害来讲是很好的温床。内地次要病虫害可能会在海南变成主要病虫害；而海南一些热带病虫害也会侵害南繁区植物；未传入的病虫害会在异地一定条件下灾变流行。

三、南繁有害生物入侵途径

1. 随种子、种苗引入

南繁过程中大批种子、种苗调进调出，人员流动频繁，极易造成病虫草鼠等有害生物的传播扩散。目前，南繁地区对有害生物的监测预警、风险评估和控制的措施和条件远不能满足需求。有害生物的传播扩散已经越来越严重地困扰和威胁到南繁育种的发展。如不严格控制，南繁区可能成为有害生物交叉传播的传播源，将严重威胁中国农业生产发展与粮食生产的安全。

检疫性有害生物进入对南繁区乃至海南岛地区的生物安全构成了巨大的潜在威胁，对南繁区生物多样性和生态系统的组成造成了潜在的影响。

2. 随转基因材料进入

随着中国转基因作物新品种培育工作的快速发展，进入南繁区的转基因材料日益增多，而相应的监测、预警和控制措施却远远滞后。转基因作物外源基因如在南繁过程中漂移至其他种质材料，就可能迅速扩散到全国各地，其潜在风险高于全国其他任何地区。如不科学规范管理，南繁区可能成为外源转基因漂移的"扩散源"，势必影响中国农作物生产、生物多样性保护和生态安全。

3. 本地外来入侵生物进入南繁区

随着海南自贸港进程的加快，再加上高温高湿的气候条件，外来生物入侵逐年增加，所造成的影响越加严重。从国外或异地引进具有饲用、观赏、药用、食用和环境保护功用的物种频率增加，而这些引入植物演变为入侵物种，在我国目前已知的外来有害植物中，超过50%的种类是人为引种的结果，这些外来物种进入南繁区后成为了南繁入侵生物。

4. 随人类活动无意传入

很多外来入侵生物是随人类活动而无意传入，如随人类交通工具带入、随国际农产品和货物带入、随动植物引种带入、随旅游者带入；外来入侵种还可通过风力、水流自然传入，鸟类等动物还可传播杂草的种子。

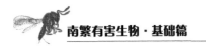

四、入侵生物的过程和区域

1. 外来入侵生物入侵过程

（1）引入和逃逸期。外来物种被有意或无意引入到以前没有这个物种分布的区域。有些个体经人类释放或无意逃逸到自然环境中。

（2）种群建立期。外来物种开始适应引入地的气候和环境，在当地野生环境条件下，依靠有性或无性繁殖形成自然种群，大约10%的外来物种能够在新的环境中自行繁殖形成种群。

（3）停滞期。外来物种经过一定时间对当地气候、环境的适应，开始有一定的种群数量，但是通常并不会马上大面积扩散，而是表现为"停滞"状态。

（4）扩散期。当外来物种形成了适宜于本地气候和环境的繁殖机制，具备了与本地物种竞争的强大能力，当地又缺乏控制该物种种群数量的生态调节机制的时候，该物种就大肆传播蔓延并暴发成灾，导致生态和经济受害严重。能够在新的环境中自行繁殖形成种群的外来物种中大约又有10%能够造成生物灾害而形成外来入侵物种。

2. 外来入侵物种区域

（1）重要的港口、口岸附近，铁路、公路两侧。经国际货运传入的外来种往往首先在港口、口岸附近"登陆"，遇到适宜的环境条件建立小的种群而后开始扩散，火车、汽车携带的外来种容易在铁路、公路两侧定居、扩散。

（2）人为干扰严重的森林、草场。人类活动可直接带来外来种，森林、草原生态系统本来是稳定的，严重的人为干扰如乱砍滥伐、过度放牧使生态系统退化、多样性下降，给外来种的入侵创造了良好的条件。

（3）物种多样性较低、生境较为简单的岛屿、水域、牧场。物种多样性低，自然抑制力也低，天敌数量少，外来种容易生存、种群容易扩增。

（4）受突发性的自然干扰如火灾、洪水破坏后的生境。在这些生境，生态系统短时间内受到严重破坏，物种组成和群落结构变得简单，入侵种极易迅速占据大量的生态位而成为优势物种。

3. 我国外来入侵生物

据有关文献报道，目前我国至少有380种入侵植物（其中108种为重要杂草）、40种入侵动物（其中害虫32种）、23种入侵微生物，其中对我国农业带来严重损害的植物有紫茎泽兰、豚草、凤眼莲、喜旱莲子草、刺花莲子草、飞机草、大米草、薇甘菊、毒麦等；害虫有美洲斑潜蝇、烟粉虱、美国白蛾、松突圆蚧、湿地松粉蚧、稻水象甲、蔗扁蛾、苹果绵蚜、马铃薯甲虫、西花蓟马、松材线虫；动物有福寿螺、非洲大蜗牛等；病原微生物造成的病害有水稻细菌性条斑病、玉米霜霉病、马铃薯癌肿病、甘薯黑斑病、大豆疫病、棉花黄萎病、柑橘黄龙病、柑橘溃疡病、南繁作物细菌性枯萎病、烟草环斑病毒病、番茄溃疡病等。

五、南繁区外来生物的为害

1. 海南的入侵生物

海南是外来入侵生物危害较严重的地区。准确的外来入侵物种数量难以统计，但专家统计，海南外来入侵物种不少于160种，其中重要入侵植物薇甘菊、飞机草、凤眼莲（水葫芦）、香附子、假臭草、含羞草、巴西含羞草、三裂蟛蜞菊、藿香蓟、阔叶丰花草、马缨丹、仙人掌、空心莲子草、野甘草等，重要的入侵害虫有椰心叶甲、美洲斑潜蝇、B型烟粉虱、蔗扁蛾、红棕象甲等，重要入侵动物有东风螺、福寿螺和大家鼠，重要入侵微生物引起的病害有香蕉枯萎病、水稻细菌性条斑病和南繁作物细菌性萎蔫病。

2. 南繁区入侵生物

海南地理位置独特，是相对独立的地理单元，拥有全国最好的生态环境，自然条件优越，同时，高温、高湿的气候环境，也非常有利于各种病虫草的入侵、蔓延和暴发。2013年，第二届国际生物入侵大会上透露，目前入侵中国的外来生物已经确认有544种，成为世界上遭受生物入侵最严重的国家之一，已遍及34个省级行政区，近年来仍有逐渐加重的趋势。入侵物种主要包括紫茎泽兰、豚草、水葫芦、莲子草等植物；美洲斑潜蝇、美国白蛾、松突圆蚧等昆虫；福寿螺、非洲大蜗牛等动物；草地贪夜蛾、假高粱和红火蚁是危险性入侵有害生物；以及造成马铃薯癌肿病、甘薯黑斑病、大豆疫病、棉花黄萎病的致害微生物等。主要分布在华南、华东和华中区，华北和东北次之，西北最少。近年来传入海南的香蕉枯萎病、槟榔黄化病、南繁作物细菌性萎蔫病、多主棒孢病害、椰心叶甲、螺旋粉虱、单爪螨、薇甘菊等有害生物对橡胶、南繁作物、香蕉、棕榈植物等热带作物产业的健康发展威胁巨大。据估计，热带作物受有害生物为害损失产量达15%～50%，严重时甚至绝收，同时造成农产品质量下降。据不完全统计，每年有全国29个省（区、市）的700多家南繁单位和项目组的6 000多名专家学者和科技人员来南繁基地开展育种科研工作，南繁因其特殊的生态环境成为"全国和世界危险性有害生物的汇集地及中转站"的风险也逐渐加大。作为新品种培育、南繁种子种苗生产和质量鉴定的南繁基地，每年都有大批的种子、种苗频繁出入基

地，给多种病虫草的传播带来了极大的风险，加上种子种苗不申报、漏报、谎报和无证调运现象时有发生，导致新传入海南的检疫性有害生物种类有所增加，特别是外来有害生物通过南繁中转海南及全国扩散的风险不断加大。因而加强南繁育种基地有害生物调查、监测与重大病虫疫情绿色防控，为南繁作物有害生物的防控提供第一手的疫情资料和及时有效的绿色防控，对南繁育种产业具有十分重大的意义。

第三章　南繁区有害生物调查技术方案

一、准备工作

（一）有关背景资料查询

收集调查南繁地区有关植被、土壤、生物、气候等自然环境条件的文字资料和图片资料，包括植被分布图、农林资源分布等，明确当地主要生态环境类型。

查询当地农林资源情况（农林资源分布图和文字材料）、当地农林有害生物发生分布情况包括当地害虫普查资料、当地植物检疫对象资料、历年农林有害生物监测档案、工作总结、调查报告、专题研究报告等，确定考察地区已知本地害虫名录。

收集调查南繁种植地区有关外来入侵害虫的现状和历史资料，包括文字资料和各种图片资料。应备有一份较详细的相关入侵害虫的名录及排查名单。

收集调查南繁种植地区有关社会经济状况的资料，包括人口、社会发展情况及交通运输条件和行政区域地图等，分析了解人类活动的状况。

（二）考察技术培训

采用举办培训班的方式，聘请有关考察技术专家对参加考察的工作人员集中进行业务培训，主要培训内容包括调查方法（问卷/询问调查、普查、标准地调查等具体方法）、标本采集和制作、外来入侵害虫的识别与鉴定、摄像/摄影技术（自然生态、生物被为害状、有害生物形态等）、GPS（全球定位系统）等调查工具的使用技术、突发事件处理方法、资料汇总方法等。

（三）考察工具

根据调查目的、调查类型、调查对象（植物种类、害虫种类）、调查区域等情况综合分析，准备相关材料、设备，一般至少应包括如下方面。

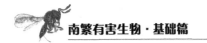

（1）采集工具。捕虫器、捕虫网、采集箱、三角纸包、镊子、放大镜、昆虫毒瓶、指形管、高枝剪、标本盒、采集袋、标签纸、诱集器、手提或车载冰盒、标本保存液（70%酒精、95%酒精或卡氏液）等。

（2）记录工具。调查表、记录本、铅笔、油性笔、温湿度计、照度计、数码相机、数码摄像机等。

（3）交通与安全。地图（纸本、电子）、指南针、GPS定位仪、望远镜、对讲机（3~5km）、专用考察车、考察应急药箱、应急通信、突发事件处理预案等。

（4）生活用品。必要的炊具、食品、水、野营帐篷、睡袋等。

（5）工具书。考察应携带必要的室外调查、识别的相关资料，包括考察实施方案、考察技术手册、入侵害虫识别与鉴定工具书/参考书。

二、调查方法

（一）调查地点的选择

（1）应用GIS（地理信息系统）方法以5km×10km大小网格将各南繁作物种植地区地理区域划分成不同地理网格，网格编号按规定的方式设置。

（2）根据各地理网格中地理区域特点，以南繁作物种植地区的大小道路、河流等为主线，重点调查当地主要的南繁种植地，以及重要的货物、人流运输路线及集散地（港口、集贸市场、公路、开发区等）等人为干扰严重、生物多样性差、生态环境脆弱的地域。调查路线应穿过当地主要南繁作物产地生态系统类型和不同地貌的南繁作物种植地。

（二）问卷/访问调查

采取发放问卷、询问的方法，向当地调查地区机构/居民，主要包括当地政府相关部门（农业管理、检验检疫、环境保护）管理和技术人员、农场/厂的技术人员、采集者和集贸市场及收购部门等，调查了解害虫发生、为害情况，分析、获取可能的重要入侵害虫分布、传播扩散情况及其来源。

每个地理网格中每个调查点发放调查问卷10份以上，如采用询问的方法，则每个调查点一般调查10人以上（表3-1）。

表3-1 南繁作物有害生物问卷调查

调查对象			调查时间		年 月 日
调查地区	县（市）		乡（镇或农场）		村（队）
被调查人信息					
姓名		性别	男□ 女□	单位	
年龄	30岁以下□ 31～40岁□ 41～50岁□ 50岁以上□				
职业	业务管理人员□ 技术人员□ 一般制种人员□				
根据您的知识及经验，请回答以下问题					
问题	**在您选择的答案后打"√"**				
您在当地有没有发现该有害生物？	有□ 没有□ 不知道□				
您第一次知道这种有害生物在当地发生的时间？	1年以内□ 1～2年□ 3～5年□ 6～10年□ 10年以上□				
您是从何种途径知道这种有害生物发生的？	亲眼所见□ 基层技术人员□ 电视□ 报纸□ 网络□ 广播□ 书籍□ 宣传画/单□ 培训班□ 其他途径□				
当时该有害生物的发生程度如何？	严重□ 中等□ 轻微□ 不清楚□				
目前，当地该有害生物发生面积有多大？	数据来源范围：村（队）□ 乡镇（农场）□ 县（市）□ 当地区域总种植面积_____亩				
	100亩以下□ 101～500亩□ 501～1 000亩□ 1 001～5 000亩□ 5 001～10 000亩□ 10 001～50 000亩□ 50 001～100 000亩□ 100 000亩以上□				
目前，该有害生物的为害程度如何？	严重□ 中等□ 轻微□ 其他_____				
防治该有害生物困难吗？	困难□ 一般□ 不困难□ 其他_____				
如果有困难，有什么困难？	技术方法少□ 药剂效果不好□ 技术指导不足□ 经费缺乏□ 人力不足□ 技术人才缺乏□ 其他□				
有没有采取过防治措施？	有□ 没有□ 不清楚□				
采取了何种措施防除该有害生物？	化学防治□ 机械防治□ 生物防治□ 植物检疫□ 其他____				
对该有害生物的控制效果如何？	明显□ 一般□ 不明显□ 不清楚□				
被调查人签章：	填表时间： 年 月 日				
调查人签章：	问卷发放时间： 年 月 日				

注：对本调查如有其他问题可致电0898- 。收到本表后将赠送被调查人小礼品一份。

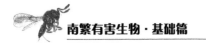

（三）普查

1. 排查

依据我国南繁作物种植地区可能存在的外来入侵害虫名单，确定各调查地点应予排查的外来入侵害虫对象的名单，对确定的地理网格进行调查，以确定这些入侵害虫的发生、分布情况。每个地理网格同一类型生态系统排查5个具有代表性的地点，每个调查地点排查3块地以上。

2. 普查

（1）普查的内容。根据特定地理网格中生态环境类型，采取大范围、多点调查的方式调查害虫。按照每1km×2km取一个样，根据具体情况，在外来有害生物容易侵入区域调查的样点可密些。每个类型选取具代表性的多个点进行调查。代表性地点选择的依据是：与害虫相关的当地主要的南繁作物种植地、目标害虫生活的主要寄主种植地。每个点调查5个样方以上。

普查时，应简要记录各地点周围环境、植物种类/品种、长势、栽培管理情况等，抽取样本、记录害虫发生情况包括害虫种类、虫口密度、植物被害部位、程度和分布状况等，同时拍摄、采集害虫及其为害状标本。

对不同为害部位的害虫，如为害叶部、枝梢、果实、种子、茎、根部等害虫应分别调查害虫发生情况。调查结果填入有害生物普查记录表（表3-2）。

（2）害虫调查技术。在害虫发生为害调查中常用的调查技术有直接观察法、诱捕法、拍打法、扫网法、吸虫器法。

① 直接观察法。取单株或一定面积、长度、部位、容量为样方，直接观察记录害虫数量或行为、为害状等。在调查害虫种类时，先观察记载大型的移动快的种类或虫态，再调查其他小型的移动慢的种类，最后调查固定的种类或虫态。调查时要注意查植株的各个部位或指定的部位（如叶的正反面、茎秆、叶柄、叶腋、花、果实、根等），如查朱砂叶螨卵时，重点注意叶背面。调查时，要同时记载植株的生育期、所查部位及方位等。采用单株调查［公式（3-1）］或一定面积或行长［公式（3-2）］、部位调查获得的结果按以下公式换算为绝对密度：

$$单株调查 N = (\sum n_i)/n \times D \qquad (3\text{-}1)$$

式中：N为每公顷害虫个体数；n_i为第i株查得虫数；n为调查总株数；D为每公顷总植株数。

$$一定行长调查 N = (\sum n_i)/n \times 10\ 000/L \times M \qquad (3\text{-}2)$$

式中：N为每公顷总虫数；n_i为第i行样的虫数；$\sum n_i$为调查的总虫数；L为行距（m）；M为行样总长度（m）。

表3-2　南繁作物有害生物普查记录表

地点		省　市　县　乡　村		日期		年　月　日	
土壤类型							
海拔高程		经度			纬度		
作物种类							
品种名称		来源		国外		国内	
耕种方式		轮作□　年限		连作□		年限	
种植面积				调查面积			
估计发生为害面积		10亩以下□　50亩□　100亩□　100～500亩□　500亩以上□					
有害生物中文名			有害生物学名				
受害部位		根□　　茎□　　叶□　　花□　　果□　　块根□　　块茎□					
为害症状							
为害程度	病	轻度为害□　　中度为害□　　重度为害□　　特重为害□					
	虫	轻度为害□　　中度为害□　　重度为害□					
	草	不构成为害□　轻度为害□　中度为害□　较严重为害□　严重为害□					
分布情况							
控制现状							
地形地势		高□　低□　（描述）					
温度				湿度			
调查人				记录人			
备注							

　　② 拍打法。拍打法是用一种接虫工具如白色盆或样布，用手拍打一定株或行长植株，再用目测或吸虫记数害虫种类及数量。拍打法一般不适用易飞动或跳动的昆虫，而适用调查有假死性昆虫。在以株为单位拍打时可换算为百株密度或每公顷密度。以一定行长为单位拍打时，可按公式（3-2）换算之。

　　③ 诱捕法。诱捕法是利用一种引诱工具或物质，通过引诱来调查害虫的相对数量。通常只用来调查相对比较不同的地点或时间的种群密度。如用单位时间如日或世代累计诱捕数来做比较。但必要时也可通过标记—回捕法先测试出引诱

的范围和效果（诱捕率），再加以粗略推算绝对密度（详见标记—回捕法）。诱捕法应用最广泛的是灯诱和性诱，已在多种害虫的测报中应用。其他如杨树枝把诱棉铃虫，糖醋酒液诱小地老虎等，黄色水盆诱蚜虫，粘胶板诱美洲斑潜蝇，草堆诱蝼蛄及薯片诱甘薯小象甲等。

a.灯诱法。灯诱法是利用昆虫对一定光波光源有趋光性的原理来诱捕昆虫，所取单位也是相对密度单位，即以日或高峰期虫量或世代累计虫量。

b.性诱法。性诱法是利用昆虫雌雄交尾期间的化学信息联系物质信息素或称性信息素，经研究测定出各种的性信息素的有效成分（组分）及其配比后，用人工合成标准化合物，制成一定的性诱剂和诱芯作为诱源，再将之放在诱捕器上或内，用以诱捕昆虫的相对数量。性信息素有雌信息素和雄信息素。目前在生产上应用的大多为雌信息素。性诱法调查种群密度的好处是专化性强、工作量小、成本低、设备简单、易推广应用。尤其在害虫低密度时，诱捕的效率高，但在害虫密度高时，常表现诱捕率低。性诱法的应用在国外已相当普遍，尤其在茶树、果树及蔬菜害虫的测报和防治中已广泛应用。

④ 扫网法。扫网法捕捉和调查害虫密度的效率高、省工、省时，适用调查体型小、活动性大的昆虫，如潜蝇类、粉虱类、盲蝽类、叶蝉类，以及寄生蜂、蝇类等。对这类昆虫用其他调查方法的准确性差。扫网法在西方国家大面积生产情况下，使用很普遍，而在我国至今使用较少，仅用于稻纵卷叶螟、绒茧蜂、豆秆蝇、盲蝽等调查，是今后对小型昆虫值得推广的一种方法。扫网的构造包括网袋、网圈及网杆3部分。其尺寸及材料在我国至今没有具体的标准和规定。

⑤ 吸虫器法。吸虫器法有两大类。第一类是固定式的，用来吸捕空中飞行的昆虫，例如英国出品的泰勒吸虫器（taylor suction trap），在欧洲14国蚜虫测报网中统一使用这种吸虫器，中心设在英国洛桑农业试验站，它可在24h内定时吸捕一定间隔时间内的蚜虫样本，并统一发布多种蚜虫的发生预报。在日本也用一种固定式吸虫器吸捕稻飞虱，进行预测预报和研究工作。第二类是移动式吸虫器，操作方法有整株吸虫及移动吸虫两种。前者是将塑料锥形头从上向下套住整株植物，开动鼓风机，吸捕各种昆虫；后者则在田中顺序取样，步行隔一定距离吸虫1次，或按株顺序吸捕，顺行吸捕一定行长或株数的昆虫。锥形头也可不完全套没植株而像扫网一样，扫过叶丛。空中吸虫的数据仅用相对密度表示。田间取样吸虫的数据也可换算为绝对密度。

（3）取样单位。抽样单位即样方，是指调查时在总体中抽出的需调查的一定单位。抽样单位随调查总体的特征、研究目的等不同而不同。常用的抽样单位可归纳为以下几种。

① 长度单位。常用于调查条播密植作物和树木枝条上的害虫或受害程度。

单位常为m或cm。

② 面积单位。适用于调查地面或地下害虫、密集植物或矮生植物上的害虫、害虫密度或受害程度很低的情况。单位常为m^2、hm^2或km^2。

③ 体积、容积或重量单位。常用于调查地下害虫、木材害虫、种子或储藏物害虫或受害程度。单位常为cm^3、m^3。

④ 时间单位。常适于调查较活泼而移动性大的昆虫，以单位时间内捕获、采集或见到的害虫个体数量为表示单位。单位常为h、d。

⑤ 植株、部分植株或植株的某一器官为单位。适用于调查稀植或有整齐株行距植物上的害虫数量或受害程度。当植株较小时调查整个植株上虫口数量，如果植株较大，不易调查整株时则只调查植株的一部分或植株的某一器官。如棉花上棉铃虫可以棉花百株卵量或百株幼虫量表示，有时也以叶片、花、蕾、铃、茎、果实、穗等为单位。

⑥ 以诱集器具为单位。根据害虫的习性，设置黑光灯、糖醋酒盆、性诱盆、杨树枝把、谷草把、粘虫板、黄皿、捕虫网等器械诱集或捕捉害虫。常以在一定时间内诱集器械中害虫数量为单位。

⑦ 以网捕或吸虫器为单位。如使用捕虫网、吸虫器等工具调查害虫数量，则以扫网数量、吸取次数等为单位，如百网虫数、百次虫数。

（4）调查时间。每个地理网格一般调查1～2次，调查应在当地温度适宜的季节进行，一般为4—10月。重点调查对象根据有害生物的生物学特性，在发生期（症状显露期）进行调查。

（5）调查记录。各地理网格中按设计好的调查路线行进，在样地发现有害生物按表3-2内的项目要求进行调查和记录，每种有害生物填一张表。每样点还应获得调查地生态环境及入侵物种生态数码照片或录像（大生境、小生境、寄主植物、主要虫态形态特征及为害症状等照片5～10幅，录像3～5min）。

（6）害虫为害程度分级标准。对调查获得的害虫发生、为害程度一般按轻、中、重3级进行分类、统计，其分级标准用+、++、+++符号表示。以下是各类害虫的基本分级标准。

① 叶部害虫。植物顶部叶片被害率<1/3为轻度（+），1/3≤被害率≤2/3为中等（++），>2/3为严重（+++）。

② 枝梢害虫。以植株梢部被害率表示，如植株仅一梢，且梢部对植株生长、经济产量重要性大，则被害株率<3%为轻度（+）、3%≤被害率≤7%为中等（++）、在>7%为严重（+++）；如植株多梢，且各梢对植株生长、经济产量等共同作用，则被害株率在<5%为轻度（+）、5%≤被害率≤10%为中等（++）、>10%为严重（+++）。

③ 果实、种子害虫。果实、种子被害率<5%为轻度（+），5%≤被害率≤10%为中等（++），10%为严重（+++）。

④ 干部和根部害虫。被害株率<5%为轻度（+），5%≤被害率≤10%为中等（++），>10%为严重（+++）。

⑤ 天敌调查。天敌调查随害虫调查同时进行，着重调查天敌种类（捕食性天敌、寄生性天敌、致病微生物等）和数量，并进行分级统计。如寄生性天敌的寄生率<10%为少量（+），寄生率10%≤被害率≤20%为中等（++），寄生率>20%为大量（+++）。

（四）标准地调查

1. 标准地设置

在普查的基础上，在外来入侵害虫发生区内，选择具有代表性的地区设立标准地，进行详细调查。

（1）标准地的选择。根据外来入侵害虫的调查要求和目的来设置标准地位置和数量。同一地理网格内同一类型生态系统选择5个具有代表性的调查点，每个调查点调查3块标准地。

（2）标准地的大小及调查数量。每个地理网格中同一类型生态系统按每20～100亩设1块标准地，每块标准地面积3～5亩，根据外来入侵害虫种类的发生特点进行不同取样（对角线5点取样、随机取样等）。按照害虫发生为害特征，确定取样单位、取样方法、取样数量。调查发生数量和为害程度，并收集相关标本。

2. 发生为害程度计算

（1）虫口密度。各取样单位的数值之和除以取样单位个数，其商称为算术平均数。

$$\bar{x} = (x_1 + x_2 + \cdots + x_n)/n = \sum x/n \qquad (3\text{-}3)$$

式中：$\bar{x}$为平均数；x为变量；n为样点数。

（2）为害面积。先统计调查标准地不同为害程度的面积，再按各个受害程度的面积与调查地点同类型地块总面积的比例分别推算出该地点轻、中、重的受害面积：

$$S_i = \frac{a_i}{A}S \qquad (3\text{-}4)$$

式中：A为调查地块面积；a_i为发生程度为i的面积；S为调查地点同类型地块总面积；S_i为该调查地点发生程度为i的面积。

3. 标本采集与保存

在普查和标准样方调查过程中，尽可能采集到生活史标本。将采集的昆虫标本进行编号，按类别分开存放，并进行初步鉴定，同时做好标本采集记录。按照标本制作技术要求将标本分类制作成适宜长久保存的干标本或液浸标本。如对采集到的标本不很熟悉，怀疑有可能是外来危险性害虫，尤其是国外传入的害虫须请有关专家鉴定。

第四章　南繁区危险性虫害

一、水稻虫害

（一）稻飞虱

属同翅目飞虱科，主要有3种：褐飞虱（*Nilaparvata lugens* Stal）、白背飞虱（*Sogatella furcifera* Horvath）、灰飞虱（*Laodelphax striatellus* Fallén）。

1. 形态特征

（1）褐飞虱。

① 成虫。有长翅和短翅两型。全体褐色，有光泽。长翅型体长（连翅）4～5mm；短翅型雌虫3.5～4mm，雄虫2.2～2.5mm，翅长不达腹末。前胸背板和小盾片都有3条明显的凸起线。后足第1跗节外方有小刺。深色型腹部黑褐色，浅色型腹部褐色。雄虫抱器端部不分叉，呈尖角状向内前方凸出；雌虫产卵器第1载瓣片内缘呈半圆形凸起。

② 卵。香蕉形，乳白至淡黄色，卵粒在植物组织内成行排列，卵帽与产卵痕表面等平。

③ 若虫。共5龄。初孵时淡黄白色，后变褐色，近椭圆形。5龄若虫第3节、第4节腹背各有1个明显的"山"字形浅斑。若虫落入水面后足伸展成一直线。

（2）白背飞虱。

① 成虫。有长翅和短翅两型。长翅型体长（连翅）3.8～4.6mm；短翅型体长2.5～3.5mm。雄虫淡黄色，具黑褐斑，雌虫大多黄白色。雄虫头顶、前胸和中胸背板中央黄白色，仅头顶端部脊间黑褐色，前胸背板侧脊外方复眼后方有1暗褐色新月形斑，中胸背板侧区黑褐色，前翅半透明，有黑褐色翅斑；额、颊区、胸、腹部腹面均为黑褐色。雌虫额、颊区及胸腹部腹面则为黄褐色。雄虫抱握器于端部分叉。

② 卵。长0.8～1mm，长椭圆形，稍弯曲，一端稍大。卵块中卵粒呈单行排列，卵帽不外露，外表仅见褐色条状产卵痕。

③ 若虫。体淡灰褐色，背有淡灰色云状斑，共5龄。1龄体长1mm左右，末龄体长约2.9mm，3龄见翅芽。从3龄腹部第3、4节背面各有1对乳白色近三角形斑纹。若虫落水其后足伸展成一直线。

（3）灰飞虱。

① 成虫。有长翅和短翅两型。长翅型雌虫体长（连翅）4～4.2mm，雄虫体长3.5～3.8mm；短翅型雌虫体长2.4～2.8mm，雄虫体长2.1～2.3mm。雌虫黄褐色，雄虫黑色。头顶略凸出，在头顶上由脊形成凹陷，排成三角形；颜面额区雌雄均为黑色。雌虫中胸背板中部淡黄色，两侧暗褐色，雄虫中胸背板全部黑色，翅半透明，带灰色；前翅后缘中部有一翅斑。雄性抱握器端部不分叉，如小鸟形。

② 卵。香蕉形，长约1mm，初产时乳白半透明，后期淡黄。卵双行排列成块，卵盖微露于产卵痕外。

③ 若虫。共5龄，末龄体长约2.7mm，深灰褐色，前翅芽明显超过后翅芽。3～5龄若虫腹背斑纹较清晰，第3、4腹节背面各有1淡色"八"字纹，第6～8腹节背面的淡色纹呈"一"字形。在水稻生长季节，若虫多呈乳黄或淡褐色，秋末、冬春多呈灰褐色。胸、腹部背面两侧色较深。若虫落水其后足伸展成"八"字形。

2. 地理分布

（1）国外分布。

褐飞虱主要分布于亚洲、大洋洲和太平洋岛屿的产稻国。

白背飞虱主要分布于东亚、东南亚、南亚、埃及、大洋洲及太平洋诸岛。

灰飞虱主要分布于东亚、东南亚、欧洲、北非等地。

（2）国内分布。3种飞虱在我国各省、自治区均有发生。

褐飞虱为偏南方种类，在长江流域及其以南地区为害严重。

白背飞虱为广跨偏南方种类，为害性仅次于褐飞虱。

灰飞虱为广跨偏北种类。

3. 为害特征

褐飞虱食性单一，在自然情况下只取食水稻和普通野生稻；白背飞虱主要为害水稻，兼食大麦、小麦、粟、玉米、甘蔗、野生稻、早熟禾、高粱等；灰飞虱取食水稻、小麦、大麦、玉米、高粱、甘蔗等禾本科植物。

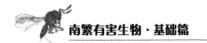

成虫、若虫刺吸为害。田间受害稻丛常由点、片开始，远望比正常稻株黄矮，俗称"冒穿""黄塘"或"塌圈"等；雌虫产卵为害；排泄物常招致霉菌滋生，影响水稻的光合作用和呼吸；传播植物病毒病。褐飞虱能传播水稻丛矮缩病等，白背飞虱能传播水稻黑条矮缩病等，灰飞虱能传播水稻条纹叶枯病等。

4. 生活史及习性

（1）发生规律。褐飞虱为远距离迁飞性害虫。在我国各地发生的代数，随纬度和年总积温、迁入时期、水稻栽培期而不同。海南：12代；广东、广西：8～9代；江淮：3～4代；北纬35°以北：1～2代。越冬北界大体在1月12℃的等温线（北纬23°～26°，北回归线附近）。

低温和食料缺乏是限制其越冬的两个关键因子，因此，水稻（包括野生稻）在冬季能否存活作为褐飞虱能否在当地越冬的生物指标。

褐飞虱各虫态无滞育越冬的特征。我国每年初次发生的虫源主要由亚洲大陆南部和热带终年发生地由南向北迁飞而来。每年春、夏随暖湿气流由南向北推进而逐代逐区向北迁移，常年可出现5次自南向北迁飞。3月下旬到5月，随西南气流由北纬19°以南终年发生区迁入，主降在珠江流域及闽南等地，在早稻上繁殖2代后，于6月间早稻黄熟时产生长翅型成虫向北迁飞，主降在南岭南北稻区，波及长江以南；7月上旬从南岭南北稻区迁入长江流域，并波及淮河流域；7月下旬至8月上旬长江以南双季稻成熟时，迁至江淮间和淮北稻区；8月下旬至9月上旬淮北及江淮单季稻成熟时，开始随南向气流向南迁移，常年可出现3次回迁。

白背飞虱为迁飞性害虫。在我国由南向北发生代数因地而异。海南省南部年发生11代，长江以南4～7代，淮河以南3～4代，东北地区2～3代，新疆、宁夏两自治区1～2代。在北纬26°左右地区卵在自生稻苗、晚稻残株、游草上越冬，在此以北广大地区虫源由越冬地迁飞而来。

灰飞虱在我国由北向南年发生4～8代，华北地区4～5代。在各地均可越冬。在福建、广东、广西和云南南部，冬季3种虫态均可发现，其他各地主要以3、4龄若虫在麦田、绿肥田、沟边、河边的禾本科杂草上越冬，尤以背风向阳处为多。气温高于5℃时，能爬上寄主取食；低于5℃时，潜伏在寄主根际和土壤缝隙中不食不动。当早春旬平均温度10℃左右，越冬若虫开始羽化，12℃以上达羽化高峰。

（2）生活习性。飞虱成虫均可分为短翅型和长翅型两种。短翅型为居留型，繁殖势能较高；长翅型为迁移型。1～3龄是翅型分化的关键虫期，其中1龄若虫的营养状况与翅型的分化关系尤为密切。

褐飞虱成虫对生长嫩绿的水稻有明显趋性，长翅成虫有明显趋光性。成虫、若虫喜阴湿环境，在孕穗期植株上吸食量最大。正常条件下每雌平均产卵200~700粒。在生长季节20多天就可繁殖1代。

白背飞虱其习性与褐飞虱相似，主要区别是白背飞虱雄虫仅为长翅型，飞翔能力强，一次迁飞范围广；雌虫繁殖能力较褐飞虱低，平均每雌产卵85粒；成、若虫栖息部位稍高，不耐拥挤，田间分布比较均匀，水稻受害比较一致，几乎不出现"黄塘"。

灰飞虱若虫的迁移性较弱，拔秧或收割后能暂栖田埂边杂草上，然后就近迁入作物田为害，越冬若虫有较强的耐饥饿能力。

5. 防治要点

（1）农业防治。

① 选育抗虫丰产水稻品种。

② 栽培和管理措施，创造有利于水稻生长发育而不利于稻飞虱发生的环境条件。

③ 对水稻种植要合理布局，实行连片种植，防止稻飞虱来回迁移，辗转为害。

④ 在水稻生育期，要实行科学管理肥水。施肥要做到控氮、增钾、补磷；灌水要浅水勤灌，适时烤田，使田间通风透光，降低田间湿度，防止水稻贪青徒长。灰飞虱可结合冬季积肥，清除杂草，消灭越冬虫源。

（2）生物防治。

① 保护利用自然天敌，调整用药时间，改进施药方法，减少施药次数，用药量要合理，以减少对天敌的伤害，达到保护天敌的目的。

② 可采用草把助迁蜘蛛等措施，对防治飞虱有较好效果。

（3）物理防治。分蘖期的稻田，每亩用轻柴油或废机油0.5~1kg，拌潮沙30~40kg，均匀撒入田中，待油扩散后，用小棍或扫帚等震动稻株，将飞虱震落于水面，触油而死；乳熟期后，采用油水泼浇，即待油扩散后，用木勺舀田中油水，反复泼浇稻株基部，杀死飞虱。油类防治应注意在滴油前要保持田水3~5cm深，隔日后换清水。

（4）药剂防治。应用药剂防治要采取"突出重点、压前控后"的防治策略。防治适期是2龄若虫盛发期。常用药机有扑虱灵（噻嗪酮）（在低龄若虫盛期喷雾，药效长达1个月，且对天敌安全，是防治稻飞虱的特效药）、异丙威（叶蝉散）、速灭威、混灭威等。水稻生长后期，植株高大，要采用分行泼浇的办法，提高药效。施药时，田间保持浅水层，以提高防治效果。

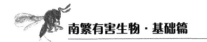

（二）稻纵卷叶螟

1. 形态特征

（1）成虫。体长7~9mm，翅展12~18mm。体、翅黄褐色，停息时两翅斜展在背部两侧。复眼黑色，触角丝状，黄白色。前翅近三角形，前缘暗褐色，翅面上有内、中、外3条暗褐色横线，内、外横线从翅的前缘延至后缘，中横线短而略粗，外缘有一条暗褐色宽带，外缘线黑褐色。后翅有内、外横线2条，内横线短，不达后缘，外横线及外缘宽带与前翅相同，直达后缘。腹部各节后缘有暗褐色及白色横线各一条，腹部末节有2个并列的白色直条斑。雄蛾前翅前缘中部稍内方，有一中间凹陷周围黑色毛簇的闪光"眼点"，中横线与鼻眼点相连；前足跗节膨大，上有褐色丛毛，停息时尾节常向上翘起。雌蛾前翅前缘中间，即中横线处无"眼点"，前足跗节上无丛毛，停息时，尾部较平直。

（2）幼虫。幼虫头部淡褐色，腹部淡黄色至绿色，老熟幼虫体长14~19mm，橘红色。前胸背板淡褐色，上有褐色斑纹。近前缘中央有并列的褐色斑点2颗，两侧各有一条由褐点组成的弧形斑。后缘有2条向前延伸的尖条斑。中、后胸背面各有绒毛片8个，分成2排，前排6个，中间2条较大，后排2个，位于两侧；自3龄以后，毛片周围黑褐色。腹部毛片黄绿色，周围无黑纹，第1~8节背面各有毛片6个，也分2排，前排4个，后排2个，位于近中间。腹部毛瘤黑色，气门周围亦为黑色。腹足趾钩39个左右，为单行三序环。幼虫一般5龄，少数6龄。预蛹长11.5~13.5mm，淡橙红色，体节膨胀，腹足及尾足收缩。

（3）蛹。长7~10mm，圆筒形，末端较尖削。初淡黄色，后转红棕色至褐色，背部色较深，腹面色较淡。翅芽、触角及足的末端均达第4节后缘。腹部气门凸出；第4~8节节间明显凹入，第5~7节近前缘处有一黑褐色横隆线。尾刺明显突出，上有8根钩刺。雄蛹腹部末端较细尖，生殖孔在第9腹节上，距肛门近；雌蛹末节较圆钝，生殖孔在第8腹节上；距肛门较远，第9节节间缝向上延伸呈"八"字形。蛹外常裹薄茧。

（4）卵。卵椭圆形而扁平，长约1mm，宽约0.5mm，中间稍隆起，卵壳表面有细网纹。初产时乳白色透明，后渐变淡黄色，在烈日暴晒下，常变赭红色；孵化前可见卵内有一黑点，为幼虫头部。

2. 地理分布

（1）国外分布。分布在东亚、东南亚及澳洲等地。

（2）国内分布。国内几乎遍布整个稻区，从海南岛到黑龙江，从台湾到西藏，都有其分布。

3. 为害特征

稻纵卷叶螟幼虫吐丝叶片纵卷成管状，舐食叶肉，被害叶片只留下一层皮。受害严重的田块成一片枯白，甚至抽不出穗来，造成水稻减产。

刚刚孵化（1龄）的幼虫取食心叶，在叶片上会出现针头状大小的点，虫子稍微大一点（2龄及以后），就会把水稻叶片卷成筒状，藏在里面啃食叶肉，留下表皮形成白色的条斑。

4. 生活史及习性

（1）发生规律。稻纵卷叶螟是一种迁飞性害虫，在我国一年发生的世代数随纬度和海拔高度形成的温差而异，且世代重叠，自北而南一年发生1～11代。我国台湾南部、海南岛、云南沅江和西双版纳一年发生9～11代，周年为害，无越冬现象；秦岭以南的两广南部及福建南部发生6～8代，此区常年有部分幼虫和蛹越冬；南岭以北到北纬31°的长江中游沿江南部地区及重庆发生5～6代，此区有零星蛹越冬；长江以北到山东泰山区到陕西秦岭一线以南地区，发生4～5代，此区任何虫态均不能越冬；泰山地区到秦岭以北地区，包括华北、东北各地，发生1～3代，此区不能越冬。稻纵卷叶螟抗寒力弱，越冬北界为北纬30°左右。故广大稻区初次虫源均自南方迁来。

（2）生活习性。

成虫习性：成虫有一定趋光性，对金属卤素灯趋性较强；成虫喜群集在生长嫩绿、荫蔽、湿度大的田块、生长茂密的草丛或甘薯、大豆、棉花等田中；夜间活动；飞行力强；需补充营养，取食活动在19—20时最盛。喜产卵在嫩绿、宽叶、矮秆的水稻品种上，分蘖期卵量常大于穗期。卵多单产，也有2～5粒产于一起，卵大部分集中在中、上部叶片上，尤以倒数1～2叶为多。

幼虫习性：共5龄，1龄幼虫不结苞；2龄时爬至叶尖处，吐丝缀卷叶尖或近叶尖的叶缘，即"卷尖期"；3龄幼虫纵卷叶片，形成明显的束腰状虫苞，即"束叶期"；3龄后食量增加，虫苞膨大，进入4～5龄频繁转苞为害，被害虫苞呈枯白色，整个稻田白叶累累。幼虫活泼，剥开虫苞查虫时，迅速向后退缩或翻落地面。

化蛹习性：老熟幼虫多爬至稻丛基部，在无效分蘖的小叶或枯黄叶片上吐丝结成紧密的小苞，在苞内化蛹，蛹多在叶鞘处或位于株间或地表枯叶薄茧中，一般离地面7～10cm处的叶鞘内、稻丛基部或老虫苞中化蛹。

蛹期5～8d，雌蛾产卵前期3～12d，雌蛾寿命5～17d，雄蛾4～16d。

（3）发生与环境的关系。稻纵卷叶螟发生和为害的程度常与下列因素有关。

① 温、湿度。稻纵卷叶螟生长、发育和繁殖的适宜温度为22～28℃。适宜

相对湿度80%以上。30℃以上或相对湿度70%以下,不利于它的活动、产卵和生存。在适温下,湿度和降水量是影响发生量的一个重要因素,雨量适当,成虫怀卵率大为提高,产下的卵孵化率也较高;少雨干旱时,怀卵率和孵化率显著降低。但雨量过大,特别在盛蛾期或盛孵期连续大雨,对成虫的活动、卵的附着和低龄幼虫的存活率都不利。为此,6—9月雨日多,湿度大利其发生,田间灌水过深,施氮肥偏晚或过多,引起水稻徒长,为害重。

② 种植制度和食料条件。一般是连作稻条件下的发生世代大于间作稻。同时,迁飞状况也与水稻种植制度有关。纵卷叶螟蛾一般是从华南稻区向北迁飞至华中稻区,再从华中稻区向东北迁飞至华东稻区,或从华东向西北迁飞至北方稻区,以及从北方向南方回迁。这样的迁飞行为,除气象因素外,常由不同地区种植制度所决定的食料状况所引起。各地迁飞世代基本上发生于水稻乳熟后期,可以说明这个问题。

③ 天敌。稻纵卷叶螟的天敌种类很多,寄生蜂主要有稻螟赤眼蜂、拟澳洲赤眼蜂、纵卷叶螟绒茧蜂等,捕食性天敌有步甲、隐翅虫、瓢虫、蜘蛛等,均对稻纵卷叶螟有重要的抑制作用。稻纵卷叶螟在各稻区田间种群的为害程度主要取决于水稻种植制度和水稻分蘖期、孕穗期与此虫发生期的吻合程度。如在长江中、下游稻区,第1代幼虫在6月上旬盛发,发生量少,对双季早稻为害甚轻;第2代幼虫在7月上、中旬盛发,发生量大,就会较重地为害双季早稻、一季中稻和早播一季晚稻;第3代幼虫于8月上、中旬盛发,较重地为害迟插一季中、晚稻和连作晚稻;第4代于9月中旬盛发,则为害迟插一季晚稻和连作晚稻。

5. 防控技术

(1)农业防治。选用抗(耐)虫水稻品种,合理施肥,使水稻生长发育健壮,防止前期猛发旺长,后期贪青迟熟。科学管水,适当调节搁田时间,降低幼虫孵化期田间湿度,或在化蛹高峰期灌深水2~3d,杀死虫蛹。

(2)保护利用天敌。提高自然控制能力,我国稻纵卷叶螟天敌种类多达80种,各虫期均有天敌寄生或捕食,保护利用好天敌资源,可大大提高天敌对稻纵卷叶螟的控制作用,纵卷叶螟天敌约80种,各虫期都有天敌寄生或捕食。卵期寄生天敌,如拟澳洲赤眼蜂、稻螟赤眼蜂,幼虫期如纵卷叶螟绒茧蜂,捕食性天敌如蜘蛛、青蛙等,对纵卷叶螟都有很大控制作用。

(3)化学防治。根据水稻分蘖期和穗期易受稻纵卷叶螟为害,尤其是穗期损失更大的特点,药剂防治的策略,应狠治穗期受害代,不放松分蘖期为害严重代别的原则。药剂防治稻纵卷叶螟施药时期应根据不同农药残效长短略有变化,击倒力强而残效较短的农药在孵化高峰后1~3d施药,残效较长的可在孵化高峰前或高峰后1~3d施药，但实际生产中，应根据实际，结合其他病虫害的防治，灵活掌握。

（三）二化螟

二化螟［*Chilo suppressalis*（Walker）］，属鳞翅目螟蛾科。

1.形态特征

（1）成虫。水稻二化螟是螟蛾科昆虫的一种，俗名钻心虫、蛀心虫、蛀秆虫等。成虫翅展雄约20mm，雌25~28mm。头部淡灰褐色，额白色至烟色，圆形，顶端尖。胸部和翅基片白色至灰白，并带褐色。前翅黄褐至暗褐色，中室先端有紫黑斑点，中室下方有3个斑排成斜线。前翅外缘有7个黑点。后翅白色，靠近翅外缘稍带褐色。雌虫体色比雄虫稍淡，前翅黄褐色，后翅白色。

（2）卵。扁椭圆形，有10余粒至百余粒组成卵块，排列成鱼鳞状，初产时乳白色，将孵化时灰黑色。

（3）幼虫。老熟时长20~30mm，体背有5条褐色纵线，腹面灰白色。

（4）蛹。长10~13mm，淡棕色，前期背面尚可见5条褐色纵线，中间3条较明显，后期逐渐模糊，足伸至翅芽末端。

2.地理分布

（1）国外分布。国外分布于朝鲜、日本、菲律宾、越南、泰国、马来西亚、印度尼西亚、印度、埃及等。

（2）国内分布。国内分布北达黑龙江克山县，南至海南岛，但其主要分布为害地区为湖南、湖北、四川、江西、浙江、福建、江苏、安徽、贵州、云南等以及长江流域及其以南主要稻区。

全国稻区均有二化螟，根据地形、耕作制度等因素，全国稻区可分为以下5个发生区。

①长江流域发生区。主要包括四川、重庆、湖北、湖南东北、江西、安徽、江苏、浙北、上海等，是我国水稻主产区，二化螟以3代为主，部分地区时有4代发生。

②南岭发生区。包括广西、广东、湘南、福建、浙江东南等地。

③云贵高原发生区。以云南、贵州为代表，由于山区立体气候以及相应的农业结构，螟虫种类多样。

④海南热带发生区。以海南岛为代表，系热带型气候，发生代次多。

⑤三北温带发生区。包括华北、东北和西北三大稻作区。

国内各稻区均有分布，较三化螟和大螟分布广，但主要以长江流域及以南稻

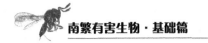

区发生较重，在中国分布北达黑龙江克山县，南至海南岛。

3. 为害特征

为害分蘖期水稻，造成枯鞘和枯心苗；为害孕穗、抽穗期水稻，造成枯孕穗和白穗；为害灌浆、乳熟期水稻，造成半枯穗和虫伤株。一般年份减产3%~5%，严重时减产在三成以上。

4. 生活史和生活习性

（1）发生规律。一年发生1~5代。以幼虫在稻草、稻桩及其他寄主植物根茎、茎秆中越冬。越冬的幼虫在春季化蛹羽化。由于越冬场所不同，1代蛾发生极不整齐。一般在茭白中因营养丰富，越冬的幼虫化蛹、羽化最早，稻桩中次之，再次为油菜和蚕豆，稻草中最迟，田埂杂草比稻草更迟，其化蛹期依次推迟10~20d。所以越冬代发蛾期很不整齐，常持续2个月左右，从而影响其他各代发生期也拉得很长，形成多次发蛾高峰，造成世代重叠现象。

（2）生活习性。螟蛾白天潜伏于稻丛基部及杂草中，夜间活动，趋光性强。喜欢在叶宽、秆粗及生长嫩绿的稻田里产卵，苗期时多产在叶片上，圆秆拔节后大多产在叶鞘上。成虫产卵位置，因水稻生育期而有不同，水稻处于秧苗或分蘖时期，卵块主要产在叶正面离叶尖3~7cm处；分蘖后期、圆秆、孕穗、抽穗期，多产在离水面6cm以上的叶鞘上。

初孵幼虫先侵入叶鞘集中为害，造成枯鞘，3龄后蛀入茎秆，造成枯心，白穗和虫伤株。初孵幼虫，在苗期水稻上一般分散或几条幼虫集中为害；在大的稻株上，一般先集中为害，数十至百余条幼虫集中在一稻株叶鞘内，至3龄幼虫后才转株为害。

二化螟幼虫生活力强，食性广，耐干旱、潮湿和低温等恶劣环境，故越冬死亡率低。蚁螟孵出后，一般沿稻叶向下爬行或吐丝下垂，从叶鞘缝隙侵入，或在叶鞘外面选择一定部位蛀孔侵入。蚁螟侵入为害与水稻生育期的关系，虽不如三化螟那样显著，但其侵入多寡和侵入后的存活率仍随水稻生育期不同而有一定的差异。一般分蘖期和孕穗期侵入率和存活率都高，而圆秆期以后则较低。二化螟侵蛀水稻能力比三化螟强，圆秆期侵入率也较高，抽穗成熟期也能蛀入为害。

进入20世纪90年代以来，由于气候异常、耕作制度变化以及水稻品种结构的改变，二化螟在我国水稻主产区发生为害严重，尤其是近两年来，随着种植结构的调整，各省早稻种植面积调减，单季稻和优质水稻种植面积增加，螟虫"桥梁田"和适宜螟虫钻蛀的水稻种植面积增加，为二化螟发生为害创造了有利条件。

5. 防治方法

采取防、避、治相结合的防治策略，以农业防治为基础，在掌握害虫发生期、发生量和为害程度的基础上合理施用化学农药。

（1）农业防治。主要采取消灭越冬虫源、灌水灭虫、避害等措施。

① 冬闲田在冬季或翌年早春3月底以前翻耕灌水。早稻草要放到远离晚稻田的地方暴晒，以防转移为害；晚稻草则要在春暖后化蛹前做燃料处理，烧死幼虫和蛹。

② 4月下旬至5月上旬（化蛹高峰至蛾始盛期），灌水淹没稻桩3~5d，能淹死大部分老熟幼虫和蛹，减少发生基数。

③ 尽量避免单、双季稻混栽，可以有效切断虫源田和桥梁田之间的联系，降低虫口数量。不能避免时，单季稻田提早翻耕灌水，降低越冬代数量；双季早稻收割后及时翻耕灌水，防止幼虫转移为害。

④ 单季稻区适度推迟播种期，可有效避开二化螟越冬代成虫产卵高峰期，降低为害程度。

⑤ 水源比较充足的地区，可以根据水稻生长情况，在1代化蛹初期，先排干田水2~5d或灌浅水，降低二化螟在稻株上的化蛹部位，然后灌水7~10cm深，保持3~4d，可使蛹窒息死亡；2代二化螟1~2龄期在叶鞘为害，也可灌深水淹没叶鞘2~3d，能有效杀死害虫。

（2）药剂防治。为充分利用卵期天敌，应尽量避开卵孵盛期用药。一般在早、晚稻分蘖期或晚稻孕穗、抽穗期卵孵高峰后5~7d，当枯鞘丛率5%~8%，或早稻每亩有中心受害株100株或丛害率1%~1.5%或晚稻受害团高于100个时，应及时用药防治；未达到防治指标的田块可挑治枯鞘团。二化螟盛发时，水稻处于孕穗抽穗期，防治白穗和虫伤株，以卵盛孵期后15~20d成熟的稻田作为重点防治对象田。在生产上使用较多的药剂品种是杀虫双、杀虫单、三唑磷等，一般每亩用78%杀虫胺可溶性粉剂40~50g或80%杀虫单粉剂35~40g或25%杀虫双水剂200~250mL或20%三唑磷乳油100mL，对水40~50L喷雾，或对水200L泼浇或400L大水量泼浇。目前，许多稻区二化螟对杀虫双、三唑磷等已产生严重抗药性，2009年前常用5%氟虫腈悬浮剂30~40mL，对水40~50L喷雾。但自2009年10月起氟虫腈因为对环境极不友好禁止在水稻上使用，建议采用苏云金杆菌等生物制剂，防效突出的同时对环境友好，对鳞翅目害虫有很好的杀灭效果，施药期间保持深3~5cm浅水层3~5d，可提高防治效果。

（3）其他。

① 黑光灯（波长365~400nm）诱集二化螟成虫，可诱集到大量的二化螟雌

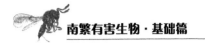

蛾（由于雌蛾对黑光灯的趋性更强）。

② 增施硅酸肥料。硅酸含量不影响二化螟成虫产卵的选择性，但幼虫取食硅酸含量高的品种时死亡率高，发育不良。这是由于硅酸在水稻茎秆组织内主要分布于表皮石细胞组织。

（四）大螟

大螟［*Sesamia inferens*（Walker）］，属鳞翅目夜蛾科。

1. 形态特征

（1）成虫。体长12～15mm，翅展27～30mm。前翅近长方形，淡褐色，从翅基到外缘有一深灰褐色纵纹，纵纹上下各有2个小黑点；后翅银白色。头部鳞毛较长。

（2）卵。扁馒头形，顶端稍凹陷，表面有放射状刻纹，初产白色，后淡紫色，卵粒平铺排列成2～3行。

（3）幼虫。5～7龄。3龄前幼虫鲜黄色；老熟时体长20～30mm，头红褐色，体背面紫红色，无纵线，腹面淡黄色，腹足趾钩半环状。

（4）蛹。黄褐色，头胸部常附有白粉，两翅芽末端在腹面有一小部分相接，末端有4个小突起。

2. 地理分布

（1）国外分布。国外分布于东南亚产稻国家。

（2）国内分布。国内分布北线为陕西周至、河南信阳、安徽合肥、江苏淮阴，大致在北纬34°一带。

3. 为害特征

（1）寄主植物。甘蔗、禾本科作物、蚕豆、油菜、棉花、芦苇、水稻、玉米、高粱、麦、粟等。

（2）为害症状。基本同二化螟。幼虫蛀入稻茎为害，也可造成枯梢、枯心苗、枯孕穗、白穗及虫伤株。大螟为害的孔较大，有大量虫粪排出茎外，有别于二化螟。大螟为害造成的枯心苗，蛀孔大、虫粪多，且大部分不在稻茎内，多夹在叶鞘和茎秆之间，受害稻茎的叶片、叶鞘部都变为黄色。大螟造成的枯心苗田边较多，田中间较少，有别于二化螟、三化螟为害造成的枯心苗。

4. 生活史及习性

一年发生2～4代，随海拔的升高而减少，随温度的升高而增加。以老熟幼虫在寄生残体或近地面的土壤中越冬，翌年3月中旬化蛹，4月上旬交尾产卵，

3～5d达高峰期，4月下旬为孵化高峰期。成虫白天潜伏，傍晚开始活动，趋光性较弱，寿命5d左右。雌蛾交尾后2～3d开始产卵，3～5d达高峰期，喜在玉米苗上和地边产卵，多集中在玉米茎秆较细、叶鞘抱合不紧的植株靠近地面的第2节和第3节叶鞘的内侧，可占产卵量的80%以上。雌蛾飞翔力弱，产卵较集中，靠近虫源的地方，虫口密度大，为害重。刚孵化出的幼虫，不分散，群集叶鞘内侧，蛀食叶鞘和幼茎，1d后，被害叶鞘的叶尖开始萎蔫，3～5d后发展成枯心、断心、烂心等症状，植株停止生长，矮化，甚至造成死苗。一开始被害株（即产卵株），常有幼虫10～30条。幼虫3龄以后，分散迁害邻株，可转害5～6株不等。此时，是大螟的严重为害期。早春10℃以上的温度来得早，则大螟发生早。靠近村庄的低洼地及麦套玉米地发生重。春玉米发生偏轻，夏玉米发生较重。

　　水稻自分蘖期至基本成熟，均受大螟为害，以破口抽穗期与蚁螟盛孵期相吻合的稻田受害最重。初孵幼虫多在孕穗期侵入，孕穗初期侵入率为12%左右，后期为6%左右；齐穗后不能侵入。齐穗后出现的白穗和虫伤株，主要是2龄以上幼虫转株为害所致。但只有在本田中产的卵块，才是主要虫源。因为秧苗带卵移栽，卵块淹于水下或埋入表土，不能孵化；只有正在孵化的卵块，在栽后断水的情况下，少量幼虫能够存活。第1代盛卵期，如雨日多，肥料足，玉米旺长，叶鞘紧抱茎秆，不利大螟产卵。已产的卵，因茎秆生长较快，叶鞘胀裂，易被雨水冲落，或与卵缓缓摩擦，被向上推挤而脱落。遇暴雨稻田积水较深，能淹死大量幼虫。

　　高温干燥是越冬幼虫死亡率高的主要原因。在温度20～25℃时，成虫交配产卵正常，幼虫和蛹的存活率高；温度上升到28℃，成虫交配产卵受到抑制，幼虫和蛹的存活率也下降。因此，在中国主要稻区，越冬代发蛾量高，第1～2代受高温抑制，繁殖率降低。秋季温度下降，第3代又显著回升。但在贵州省毕节，全年日平均温度在25℃以上时间只有3～7d，几无炎夏，冬季又都在0℃以上，为害经常较重。水稻、玉米、高粱混栽地区，滨湖芦苇、茭白、水稻混栽地区以及杂草较多的丘陵稻区，发生较多。单季稻改种双季稻，前作播种早，有利于越冬代蛾产卵，种植杂交稻，由于茎粗、叶鞘宽阔，有利于产卵和幼虫存活，也易大发生。

　　卵期天敌有稻螟赤眼蜂。幼虫和蛹期有中华茧蜂、螟黑纹茧蜂、稻螟小腹茧蜂、螟黄瘦姬蜂、螟黑瘦姬蜂、螟蛉瘤姬蜂等。青蛙、蜘蛛等也捕食大螟的成虫和幼虫。

　　5. 防治方法

　　（1）对第一代进行测报，通过查上一代化蛹进度，预测成虫发生高峰期和

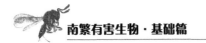

第1代幼虫孵化高峰期，报出防治适期。

（2）有茭白的地区冬季或早春齐泥割除茭白残株，铲除田边杂草，消灭越冬螟虫。

（3）根据大螟趋性，早栽早发的早稻、杂交稻以及大螟产卵期正处在孕穗至抽穗或植株高大的稻田是化防之重点。防治策略狠治1代，重点防治稻田边行。生产上当枯鞘率达5%或始见枯心苗为害状时，大部分幼虫处在1～2龄阶段，及时喷洒18%杀虫双水剂，每亩施药250mL，对水50～75kg，或90%杀螟丹可溶性粉剂150～200g或50%杀螟丹乳油100mL，对水喷雾。

（五）三化螟

三化螟［*Tryporyza incertulas*（walker）］，属鳞翅目螟蛾科，是亚洲热带至温带南部的重要稻虫。

1. 形态特征

（1）成虫。体长9～13mm，翅展23～28mm。雌蛾前翅为近三角形，淡黄白色，翅中央有一明显黑点，腹部末端有一丛黄褐色绒毛；雄蛾前翅淡灰褐色，翅中央有一较小的黑点，由翅顶角斜向中央有一条暗褐色斜纹。

（2）卵。长椭圆形，密集成块，每块几十至100多粒，卵块上覆盖着褐色绒毛，像半粒发霉的大豆。

（3）幼虫。4～5龄。初孵时灰黑色，胸腹部交接处有一白色环。老熟时长14～21mm，头淡黄褐色，身体淡黄绿色或黄白色，从3龄起，背中线清晰可见。腹足较退化。

（4）蛹。黄绿色，羽化前金黄色（雌）或银灰色（雄），雄蛹后足伸达第7腹节或稍超过，雌蛹后足伸达第6腹节。

三化螟成虫雌雄的颜色和斑纹皆不同。雄蛾头、胸和前翅灰褐色，下唇须很长，向前凸出。腹部上下两面灰色。雌蛾前翅黄色，中室下角有一个黑点。后翅白色，靠近外缘带淡黄色，腹部末端有黄褐色成束的鳞毛。雄蛾前翅中室前端有一个小黑点，从翅顶到翅后缘有一条黑褐色斜线，外缘有8～9个黑点。后翅白色，外缘部分略带淡褐色。

2. 地理分布

（1）国外分布。南亚次大陆、东南亚和日本南部。

（2）国内分布。国内广泛分布于长江流域以南稻区，特别是沿江、沿海平原地区受害严重。

3. 为害特征

陕西、河南3代，云贵高原2代。幼虫蛀食稻茎秆，苗期至拔节期可导致枯心，孕穗至抽穗期可导致"枯孕穗"或"白穗"，以致颗粒无收。中国利用天敌、药剂并结合农业防治方法，消灭三化螟颇有成效。

4. 生活史及习性

三化螟因在江浙一带每年发生3代而得名，但在广东以南可发生5代以上。以老熟幼虫在稻桩内越冬，春季气温达16℃时，化蛹羽化飞往稻田产卵。在安徽每年发生3~4代，各代幼虫发生期和为害情况大致为，第1代在6月上中旬，为害早稻和早中稻造成枯心；第2代在7月为害单季晚稻和迟中稻造成枯心，为害早稻和早中稻造成白穗；第3代在8月上中旬至9月上旬为害双季晚稻造成枯心，为害迟中稻和单季晚稻造成白穗；第4代在9—10月，为害双季晚稻造成白穗。

螟蛾夜晚活动，趋光性强，特别在闷热无月光的黑夜会大量扑灯，产卵具有趋嫩绿习性，水稻处于分蘖期或孕穗期，或施氮肥多，长相嫩绿的稻田，卵块密度高。刚孵出的幼虫称蚁螟，从孵化到钻入稻茎内需30~50min。蚁螟蛀入稻茎的难易及存活率与水稻生育期有密切的关系：水稻分蘖期，稻株柔嫩，蚁螟很易从近水面的茎基部蛀入，还有孕穗期稻穗外只有1层叶鞘；孕穗末期，当剑叶叶鞘裂开，露出稻穗时，蚁螟极易侵入，其他生育期蚁螟蛀入率很低。因此，分蘖期和孕穗至破口露穗期是水稻受螟害的"危险生育期"。

被害的稻株，多为1株1头幼虫，每头幼虫多转株1~3次，以3、4龄幼虫为盛。幼虫一般4龄或5龄，老熟后在稻茎内下移至基部化蛹。

就栽培制度而言，纯双季稻区比多种稻混栽区螟害发生重；而在栽培技术上，基肥足，水稻健壮，抽穗迅速、整齐的稻田螟害轻；追肥过迟和偏施氮肥，水稻徒长，螟害重。春季，在越冬幼虫化蛹期间，如经常阴雨，稻桩内幼虫因窒息或因微生物寄生而大量死亡。温度24~29℃、相对湿度90%以上，有利于蚁螟的孵化和侵入为害，超过40℃，蚁螟大量死亡，相对湿度60%以下，蚁螟不能孵化。

5. 防治方法

（1）农业防治。
① 齐泥割稻、锄劈或拾毁冬作田的外露稻桩。
② 春耕灌水，淹没稻桩10d。
③ 选择螟害轻的稻田或旱地作绿肥留种田。
④ 减少水稻混栽，选用良种，调整播期，使水稻"危险生育期"避开蚁螟孵化盛期。

⑤ 提高种子纯度，合理施肥和水浆管理。

（2）化学防治。

① 防治"枯心"。每亩有卵块或枯心团超过120个的田块，可防治1~2次；60个以下可挑治枯心团。防治1次，应在蚁螟孵化盛期用药；防治2次，在孵化始盛期开始，5~7d再施药1次。

② 防治"白穗"。在蚁螟盛孵期内，破口期是防治白穗的最好时期。破口5%~10%时，施药1次，若虫量大，再增加1~2次施药，间隔5d。

③ 常用药剂。可用3.6%杀虫单颗粒剂，每亩4kg撒施；或用20%三唑磷乳油，每亩100mL，加水75kg喷雾；或用50%杀螟松乳油，每亩100mL，加水75kg喷雾。

④ 甲氨基阿维菌素苯甲酸盐（0.57%）＋氯氰，毒死蜱，每亩25mL，加水30kg喷雾。

（3）生物防治。三化螟的天敌种类很多，寄生性的有稻螟赤眼蜂、黑卵蜂和啮小蜂等，捕食性天敌有蜘蛛、青蛙、隐翅虫等。病原微生物如白僵菌等是早春引起幼虫死亡的重要因子。对这些天敌，都应实施保护利用，还可使用生物农药Bt等。

（六）中华稻蝗

中华稻蝗［*Oxya chinensis*（Thunberg）］，属直翅目蝗科。

1. 形态特征

成虫，雌体长36~44mm，雄体30~33mm。全身绿色或黄绿色，左右各侧有暗褐色纵纹，从复眼向后，直到前胸背板的后缘。

（1）头部。较小，颜面明显向后下方倾斜，而头顶向前凸出，二者组成锐角。触角1对，呈丝状，短于身体而长于前足腿节，由20余小节构成。上生多数嗅毛和触毛。1对大颚位于口的左右两侧，略显三角形，不分节，完全几丁质化，十分坚硬。其内缘即咀嚼缘带齿，上部称为臼齿突，有磨盘状刻纹，其齿宽平，适于研磨；下部称为门齿突，呈凿形，其齿尖长，适于撕裂。左右大颚并不对称，闭合时左右齿突相互交错嵌合。大颚外缘有2个关节小凸，与头壳相连。由于肌肉的牵引，大颚可左右摆动。1对小颚也位于口的左右，但居大颚之后，用来协助大颚咀嚼食物，同时还有检测食物的功能。每个小颚基部分为2节，即轴节和茎节。轴节在大颚后方与头壳相连，茎节内前侧有两片内叶，即外颚叶与内颚叶。前者略弯曲，呈匙状，可抱握食物，以免外溢。后者内缘有细齿和刚毛，可配合大颚弄碎食物。由茎节外侧发出的小颚须共分5节，司触觉和味觉。

稻蝗摄食时，小颚须就不停地探触获取物。下唇1片，由原头部第6对附肢左右愈合而成，被覆在口的腹面，有托盛食物以及与上唇协同钳住食物的作用，此外也用来检测食物。下唇的基部称为后颏，几乎完全和头壳愈合，不能活动。后颏相当于愈合的左右轴节，又分为不明显的亚颏和颏。颏连接能自由活动的前颏；前颏相当于愈合不完全的左右茎节，前端有1片唇舌，外侧有1对分为3节而司味觉的下唇须。除上述3种口肢，还有1片上唇和1个舌，共同组成稻蝗的口器。这两部分都非附肢演变而成，上唇是头壳的延伸物，与下唇相应，形成口的前壁，呈半圆形，弧状的下缘中央有一缺刻，上缘平直，与头部连接，可以活动。舌是口前腔底壁的一个膜质袋形凸起，表面有刚毛和细刺，唾液腺开口于其基部的下方，有搅拌食物和味觉的功能。

（2）胸部。由3体节愈合而成，节间虽还存在界线，但各节已不能自由活动。这3个胸节自前而后分别称为前胸、中胸和后胸。前胸背板发达，呈马鞍形，向后延伸覆盖中胸。稻蝗前胸背板的中隆线较低，而棉蝗和飞蝗的却都较高。中胸和后胸两侧各有1条横缝将中、后胸分别划分为前后2部分。胸部是中华稻蝗的运动中心，有足3对和翅2对。3个胸节各有1对足，分别称为前足、中足和后足。各足的结构基本相同，由6肢节构成，即基节、转节、腿节、胫节、跗节和前跗节。基节和转节都短，尤其与身体连接的基节特别不明显。腿节十分发达。胫节细长如杆，带刺。跗节分为3小节。前跗节演变成1对瓜，爪间有一扁平的吸盘状中垫。前足和中足都是步行足，而后足为跳跃足，特别强壮，其粗大的腿节外面上下两条隆线之间有平行的羽状隆起。股节上侧内缘具刺9~11个，刺间距离彼此相等。两对翅分别着生在中胸和后胸上，分别称为前翅和后翅。前翅狭长于后翅，革质比较坚硬，用来保护后翅称覆翅。后翅宽大，柔软膜质，飞翔时起主要作用，静息时则如折扇一样折叠于前翅之下。

（3）腹部。由11个体节组成，其附肢几乎全部退化。第1腹节较小，左右两侧各有1个鼓膜听器。第2~8腹节都发达。末3个腹节退化。其形态因性别而异。雌蝗第9和第10腹节小，且相互愈合。第11腹节也退化，其背板位于肛门上方，称为肛上板，腹板则分成左右2片，称为肛侧板（副板）。此腹节的1对退化附肢演变成短小的尾须。腹部末端还有产卵器。产卵器呈瓣状，共2对，背侧的1对称为背瓣，由第9腹节的1对附肢演变而成，腹侧的1对称为腹瓣，由第8腹部的一对附肢变成。产卵时雌蝗变曲腹部、以其坚硬的产卵器钻掘泥土，产卵于其中，雄蝗第9和第10腹节也退化而愈合，但第9腹节的腹板却颇发达，一直延伸到身体末端，看起来好像裂为前后2片，称为生殖下板。第10腹节的腹板则已完全消失。至于第11腹节及其残存的附肢则与雌蝗相似。

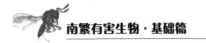

2. 地理分布

（1）国外分布。国外分布于日本、新加坡、马来西亚、菲律宾、斯里兰卡、越南、泰国、缅甸、印度、巴基斯坦等东南亚各地。

（2）国内分布。我国报道约10种，以中华稻蝗分布为最广，北起黑龙江，南至广东，尤其南方十分常见。多栖憩在各种植物的茎叶上，主食禾本科植物，为害水稻、玉米、高粱、小米、甘蔗、茭白等。

3. 为害特征

成虫和若虫都吃食稻叶，轻的造成缺刻，严重的吃光全叶；穗期，会咬伤、咬断穗颈，咬坏谷粒，形成白穗、秕谷和缺粒等。

每年发生1代，以卵期越冬。喜生活于低洼潮湿或近水边地带，以禾本科植物为主要食料，常常为害水稻、玉米、高粱及小麦等。卵期有黑卵蜂寄生。

4. 生活史及习性

浙江、湖南以北年发生1代，以南2代，各地均以卵块在田埂、荒滩、堤坝等土中1.5～4cm深处或杂草根际、稻茬株间越冬。广州3月下旬至4月上旬越冬卵孵化，南昌5月上中旬，北京6月上旬，吉林省公主岭7月中旬；广州6月上中旬羽化，南昌7月上中旬，北京8月上中旬，公主岭为8月中下旬羽化。2代区2代成虫多在9月羽化，各地大体相同。成虫寿命59～113d，产卵前期25～65d，1代区卵期6个月，2代区第1代3～5个月，第2代近1个月，若虫期42～55d，长者80d。喜在早晨羽化，羽化后15～45d开始交配，一生可交配多次，夜晚闷热时有扑灯习性。卵成块产在土下，田埂上居多，每雌产卵1～3块。初孵若虫先取食杂草，3龄后扩散为害茭白、水稻或豆类等。天敌有蜻蜓、螳螂、青蛙、蜘蛛、鸟类。

中华稻蝗在华南地区一年发生2代。第1代成虫出现于6月上旬，第2代成虫出现于9月上、中旬。以卵在稻田田埂及其附近荒草地的土中越冬。越冬卵于翌年3月下旬至清明前孵化，1～2龄若虫多集中在田埂或路边杂草上；3龄开始趋向稻田，取食稻叶，食量渐增；4龄起食量大增，且能咬茎和谷粒，至成虫时食量最大。6月出现的第1代成虫，在稻田取食的多产卵于稻叶上，常把两片或数片叶胶黏在一起，于叶苞内结黄褐色卵囊，产卵于卵囊中；若产卵于土中时，常选择低湿、有草丛、向阳、土质较松的田间草地或田埂等处造卵囊产卵，卵囊入土深度为2～3cm。第2代成虫于9月中旬为羽化盛期，10月中产卵越冬。

5. 防治方法

（1）稻蝗喜在田埂、地头、渠旁产卵。发生重的地区组织人力铲埂、翻埂杀灭蝗卵，具明显效果。

（2）保护青蛙、蟾蜍，可有效抑制该虫发生。

（3）抓住3龄前稻蝗群集在田埂、地边、渠旁取食杂草嫩叶特点，突击防治，当进入3~4龄后常转入大田，当百株有虫10头以上时，应及时喷洒50%辛硫磷乳油或50%马拉硫磷乳油或20%氰戊菊酯乳油。2.5%功夫菊酯乳油2 000~3 000倍液。2.5%氯氰灵乳油1 000~2 000倍液，均可取得较好防治效果。

（4）大面积发生时应使用飞机防治。

（七）稻蓟马

1. 形态特征

（1）成虫。成虫体长1~1.3mm，雌虫略大于雄虫，深褐色至黑色。头近正方形，触角鞭状7节，第6~7节与体同色，其余各节均黄褐色。复眼黑色，两复眼间有3个单眼，呈三角形排列。前胸背板发达，后缘角各有1对长鬃。前翅翅脉明显（2条），上脉鬃7根不连续（其中端鬃3根），脉鬃11~13根。雄成虫末端尖削，圆锥状，雌成虫第8、9腹节有锯齿状产卵器。

（2）卵。肾形，长约0.2mm，宽约0.1mm，初产白色透明，后变淡黄色，半透明，孵化前可透见红色眼点。

（3）若虫。若虫共4龄。初孵时体长0.3~0.5mm，白色透明。触角直伸头前方，触角念珠状，第4节特别膨大。复眼红色，无单眼及翅芽。2龄若虫体长0.6~1.2mm，淡黄绿色，复眼褐色。3龄若虫又称前蛹，体长0.8~1.2mm，淡黄色，触角分向两边，单眼模糊，翅芽始现，腹部显著膨大。4龄又称蛹，体长0.8~1.3mm，淡褐色，触角向后翻，在头部与前胸背面可见单眼3个，翅芽伸长达腹部5~7节。

2. 地理分布

（1）国外分布。国外分布于印度、斯里兰卡及东南亚一带。

（2）国内分布。北起黑龙江、内蒙古自治区，南至广东、广西、云南和海南，东自台湾及各省，西达四川、贵州均有发生。

3. 为害特征

稻蓟马主要在水稻苗期和分蘖期为害水稻嫩叶。成、若虫以锉吸式口器锉破叶面，吮吸汁液，致受害叶产生黄白色微细色斑，叶尖两翼向内卷曲，叶片发黄。

分蘖初期受害早的苗发根缓慢，分蘖少或无，严重的成团枯死。受害重的晚稻秧田常成片枯死似火烧状。穗期主要为害穗苞，扬花期进入颖壳里为害子房，破坏花器，形成瘪粒或空壳。

4. 生活史及习性

（1）发生规律。稻蓟马每年发生代数不同，在江苏年生9～11代，安徽11代，浙江10～12代，福建中部约15代，广东以南15代以上。世代重叠，以成虫在茭白、麦类、李氏禾、看麦娘等禾本科植物上越冬。

翌年3—4月，成虫先在杂草上活动繁殖，然后迁移到水稻秧田繁殖为害。迁移代成虫于5月中旬前后在早稻本田，早播中稻秧田产卵繁殖为害，2代成虫于6月上中旬迁入迟栽早稻本田或单季中稻秧、本田和晚稻秧田产卵为害。

在江淮地区一般于4月中旬起虫口数量呈直线上升，5—6月达最高虫口密度。7月中旬以后因受高温（平均气温28℃以上）影响和稻叶不适蓟马取食为害，虫口受到抑制，数量迅速下降。

稻蓟马的发生、消长与气候、水稻生长期、栽培情况等因素有关。一是气候。稻蓟马不耐高温，最适宜温度为15～25℃，18℃时产卵最多，超过28℃时，生长和繁殖即受抑制。如冬季气候温暖，有利于其越冬和提早繁殖；在6月初至7月上旬，凡阴雨日多、气温维持在22～23℃的天数长，稻蓟马就会大发生。二是水稻生长期。早稻穗期受害重于晚稻穗期，以盛花期侵入的虫数较多，其次为初花期或谢花期，灌浆期最少；双晚秧田，尤其是双晚直播田因叶嫩多汁，易受蓟马集中为害；秧苗3叶期以后，本田自返青至分蘖期是稻蓟马的严重为害期。三是栽培情况。稻后种植绿肥和油菜，将为稻蓟马提供充足的食源和越冬场所，小麦面积较大的地方，稻蓟马的为害就有加重的可能。

（2）生活习性。

① 成虫性活泼，迁移扩散能力强，水稻出苗后就侵入秧田。天气晴朗时，成虫白天多栖息于心叶及卷叶内，早晨和傍晚常在叶面爬动。雄虫罕见，主要营孤雌生殖。雌成虫有明显趋嫩绿秧苗。

② 产卵的习性，一般在2叶期以上的秧苗上产卵，本田多产于水稻分蘖期。卵散产于叶面正面脉间的表皮下组织内，对光可看到针孔大小边缘光滑的半透明卵粒。每雌产卵约100粒，产卵期10～20d。

③ 1龄、2龄若虫是取食为害的主要阶段，多聚集中叶耳、叶舌处，特别是在卷针状的心叶内隐匿取食；3龄若虫行动呆滞，取食变缓，此时多集中在叶尖部分，使秧叶自尖起纵卷变黄。因此，大量叶尖纵卷变黄，预兆着3龄、4龄若虫激增，成虫将盛发。

5. 防控技术

（1）综合防治。以农业防治为基础，物理防治、生物防治相结合，化学防治为辅。

（2）药剂防治策略是狠抓秧田，巧抓大田，主防若虫，兼防成虫。可依据使用实际情况选择合适的药剂，并注意药剂的轮换使用。

（3）拌种处理。待种芽破胸后，将种芽洗净晾干，然后装入袋中，按种子重量1%的剂量加入35%好年冬种子处理剂，来回翻转使之均匀附于种子表面，可防治稻蓟马、叶蝉等害虫，防效期30d。

（4）浸种处理。在播前3d用10%吡虫啉可湿性粉剂4.5kg/hm²，加浸种灵和施宝克各450mL/hm²，对水3 000kg/hm²浸种60h后催芽播种，对苗期稻蓟马防效可达95%以上，药效期长达30d左右。

（5）喷雾防治。在幼虫盛发期，当秧田百株虫量200～300头或卷叶株率10%～20%，水稻本田百株虫量300～500头或卷叶株率20%～30%时，应进行药剂防治。

（八）黑尾叶蝉

黑尾叶蝉［*Nephotettix cincticeps*（Uhler）］，又名黑尾浮尘子、蟓子、青蟓子、蛔虫，属同翅目叶蝉科。

1. 形态特征

（1）成虫。体长4.5～6mm，头至翅端长13～15mm。该科成员种类不少，最大特征是后脚胫节有2排硬刺。该种为我国台湾常见的叶蝉中体型最大的。体色黄绿色；头、胸部有小黑点；上翅末端有黑斑。无近似种。头与前胸背板等宽，向前成钝圆角凸出，头顶复眼间接近前缘处有1条黑色横凹沟，内有1条黑色亚缘横带。复眼黑褐色，单眼黄绿色。雄虫额唇基区黑色，前唇基及颊区为淡黄绿色；雌虫颜面为淡黄褐色，额唇基的基部两侧区各有数条淡褐色横纹，颊区淡黄绿色。前胸背板两性均为黄绿色。小盾片黄绿色。前翅淡蓝绿色，前缘区淡黄绿色，雄虫翅端1/3处黑色，雌虫为淡褐色。雄虫胸、腹部腹面及背面黑色，雌虫腹面淡黄色，腹背黑色。各足黄色。

（2）卵。长茄形，长1～1.2mm。

（3）若虫。末龄若虫体长3.5～4mm，若虫共4龄。

2. 地理分布

（1）国外分布。朝鲜、日本、缅甸、越南、老挝、泰国、柬埔寨、菲律宾、印度尼西亚、印度、非洲南部。

（2）国内分布。我国华东、西南、华中、华南、华北以及西北、东北部分省均有分布，其中浙江、江西、湖南、安徽、江苏、上海、福建、湖北、四川、贵州等地发生较多。

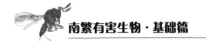

3. 为害特征

黑尾叶蝉为害水稻，一是传播矮缩病，二是直接刺吸汁液。传播矮缩病的症状，见"稻普通矮缩病、稻黄萎病和稻黄矮病"。刺吸为害的症状，先在叶鞘上出现短线状褐色小斑点，叶片上出现点线状白色小斑点，周围有黄晕，斑点较多时，黄晕接连成片。秧苗受害，叶色落黄后不久枯死；分蘖期受害，叶色落黄，植株矮小；穗期受害，穗色青灰，秕谷很多。

4. 生活史及习性

（1）发生规律。黑尾叶蝉在我国每年发生的世代数随纬度不同而有差别。由于成虫产卵期长，田间各世代有明显重叠现象。黑尾叶蝉主要以若虫和少量成虫在绿肥田、冬种作物地、休闲板田、田边、沟边、塘边等杂草上越冬。越冬若虫羽化后的越冬代成虫，从越冬场所迁移到早稻秧田或早稻本田，是一年中第1次大的迁移期。随着早稻黄熟收割，在早稻上的成虫迁移到晚稻秧田和早栽晚稻本田，这是黑尾叶蝉一年中第2次的迁移期，并将早稻病毒传给了晚稻。其迁移高峰期是7月中、下旬早稻大收割时。

（2）生活习性。成虫性活泼，白天多栖息于稻株中、下部，早晨、夜晚在叶片上部为害。在高温、风小的晴天最为活跃，气温低、大风暴雨时，则多静伏稻丛基部或田埂杂草中。成虫趋光性强，并有趋向嫩绿的习性。成虫寿命一般为10~20d，越冬期可长达100d以上。成虫羽化后一般经7~8d开始产卵，卵多产在叶鞘边缘内侧，少数产于叶片中肋内，产卵时先将产卵器伸到叶鞘和茎秆间的夹缝里，再在叶鞘的内壁划破下表皮，卵产在表皮下，所以在叶鞘外面只看到卵块隆起，而没有开裂的产卵痕。

若虫多栖息在稻株基部，少数在2个片或穗上取食，有群聚习性，一丛稻上有10多只乃至数百只，茂密、荫郁的稻丛上虫数最多。若虫共5龄，2~4龄若虫活动力最强，初龄和末龄比较迟钝。若虫期28~29℃为14~16d；23~25℃为20~25d；21~22℃为27~31d；18℃为56d；9~10℃为185~174d。

卵粒单行排列成卵块，每卵块一般有卵11~20粒，最多有卵30粒。卵期28~30℃为5~7d；24~25℃为8~11d；21~22℃为11~15d；16~17℃为20~24d。

5. 防治方法

（1）化学防治。黑尾叶蝉在国内许多稻区，如湖南、湖北、江西、浙江、福建、四川等地，于7月中旬至8月下旬，3、4世代或3、4、5世代重叠发生，数量最多，是全年发生高峰期，主要为害单、双季混栽稻区的迟熟早稻和中稻的灌浆期；单季稻区的单晚分蘖期；双季连作稻区的连早后期，晚秧田和连晚分蘖期，是抓紧防治的关键时期。早稻孕穗抽穗期（6月中下旬），每百丛虫口达300～500只；早插连作晚稻田边数行每百丛虫口达300～500只，而田中央每百丛虫口达100～200只时，即须开展防治。病毒病流行地区，早插连作晚稻本田初期虽未达上述防治指标，也要考虑及时防治。施药时田间要有水层3～5cm，保持3～4d。田中无水而用喷雾时，每亩药液量要在100kg以上。

（2）综合防治。必须采取治虫源、保全面，治前期、保后期，治秧田、保大田，治前季、保后季的防治措施。具体策略应以农业防治为基础，生物防治、物理防治相结合，化学防治为辅。

（九）电光叶蝉

1. 形态特征

（1）成虫。体长3～4mm，浅黄色，具淡褐斑纹。头冠中前部具浅黄褐色斑点2个，后方还有2个浅黄褐色小斑点。小盾片浅灰色，基角处各具1个浅黄褐色斑点。前翅浅灰黄色，其上具闪电状黄褐色宽纹，色带四周色浓，特征相当明显。胸部及腹部的腹面黄白色，散布有暗褐色斑点。

（2）卵。长1～1.2mm，椭圆形，略弯曲，初白色，后变黄色。

（3）若虫。共5龄。末龄若虫体长3.5mm，黄白色。头部、胸部背面，足和腹部最后3节的侧面褐色，腹部1～6节背面各具褐色斑纹1对，翅芽达腹部第4节。

2. 地理分布

（1）国外分布。日本、朝鲜、东南亚和南亚、太平洋岛屿及澳大利亚等。

（2）国内分布。东北地区及江苏、浙江、安徽、江西、湖北、湖南、四川、贵州、台湾、广东和海南。

3. 为害特征

以成、若虫在水稻叶片和叶鞘上刺吸汁液，致受害株生长发育受抑，造成叶片变黄或整株枯萎。传播稻矮缩病、瘤矮病等。

4. 生活史及习性

（1）发生规律。连作地；施用的有机肥未充分腐熟；施用的氮肥过多或过迟；栽培过密，株、行间郁闭；未烤田，或烤田不好，长期灌深水，温暖、高湿、长期连阴雨的气候，有利于该虫害的发生发展。

（2）生活习性。浙江年发生5代，四川5～6代，以卵在寄主叶背中脉组织里越冬。海南年发生10代以上，各虫期周年可见。长江中下游稻区9—11月为害最重，四川东部在8月下旬至10月上旬，我国台湾6—7月和10—11月受害重。雌虫寿命20d，雄虫15d左右。产卵前期7d，产卵量约80粒。卵历期10～14d，若虫历期11～14d，10—11月的若虫历期37d左右。

5. 防治方法

（1）抗虫品种。最有效的措施。冬、春季和夏收前后，结合积肥，铲除田边杂草。因地制宜，改革耕作制度，避免混栽，减少桥梁田。加强肥水管理，避免稻株贪青徒长。有水源地区，水稻分蘖期，用柴油或废机油15kg/hm²，滴于田中，待油扩散后，随即用竹竿将虫扫落水中，使之触油而死。滴油前田水保持3mm以上，滴油扫落后，排出油水，灌进清水，避免油害。早稻收割后，也可立即耕翻灌水，田面滴油耕耙。

（2）灯光诱杀。电光叶蝉有很强的趋光性，且扑灯的多是怀卵的雌虫，可在6—8月成虫盛发期进行灯光诱杀。

（3）化学防治。在大田虫口密度调查，成虫出现20%～40%，即为盛发高峰期，加产卵前期，加卵期即为若虫盛孵高峰期。再加若虫期1/3天数，就是2、3龄若虫盛发期，即药剂防治适期。此时田间如虫口已达防治指标，参照天敌发生情况，进行重点挑治。早稻孕穗抽穗期，每百丛虫口达300～500只；早插连作晚稻田边数行每百丛虫口达300～500只，而田中央每百丛虫口达100～200只时，即须开展防治。病毒病流行地区，早插双季晚稻本田初期，虽未达上述防治指标，也要考虑及时防治。施药时田间要有水层3mm，保持3～4d。农药要混合使用或更换使用，以免产生抗药性。药剂可选用10%吡虫啉可湿性粉剂3 000倍液，或50%叶蝉散可湿性粉剂1 000倍液，或50%杀螟松乳剂1 000倍液，或50%倍硫磷乳剂1 000倍液。

（十）稻绿蝽

稻绿蝽（*Nezara viridula* Linnaeus），属半翅目蝽科。

1. 形态特征

成虫有多种变型，各生物型间常彼此交配繁殖，所以在形态上产生多变。绿蝽有全绿、点斑、黄肩等不同的态型。

全绿型（代表型）：体长12～16mm，宽6～8mm，椭圆形，体、足全鲜绿色，头近三角形，触角第3节末及第4、5节端半部黑色，其余青绿色。单眼红色，复眼黑色。前胸背板的角钝圆，前侧缘多具黄色狭边。小盾片长三角形，末端狭圆，基缘有3个小白点，两侧角外各有1个小黑点。腹面色淡，腹部背板全绿色。

点斑型（点绿蝽）：体长13～4.5mm，宽6.5～8.5mm。全体背面橙黄色至橙绿色，单眼区域各具1个小黑点，一般情况下不太清晰。前胸背板有3个绿点，居中的最大，常为棱形。小盾片基缘具3个绿点中间的最大，近圆形，其末端及翅革质部靠后端各具一个绿色斑。

黄肩型（黄肩绿蝽）：体长12.5～15mm，宽6.5～8mm。与稻绿蝽代表型很相似，但头及前胸背板前半部为黄色、前胸背板黄色区域有时橙红、橘红或棕红色，后缘波浪形。卵环状，初产时浅褐黄色。卵顶端有一环白色齿突。若虫共5龄，形似成虫，绿色或黄绿色，前胸与翅芽散布黑色斑点，外缘橘红色，腹缘具半圆形红斑或褐斑。足赤褐色，跗节和触角端部黑色。

（1）雌成虫。体长13mm左右，宽7mm左右；触角丝状，4节，绿黑相间，长7mm。虫体具多种不同色型，大部分个体全体绿色，或除头前半区与前胸背板前缘区为黄色外，余为绿色；但小部分个体表现为虫体大部橘红色，或除头胸背面具浅黄色或白色斑纹外，其余为黑色。

（2）卵。短桶形，淡黄白色至鲜黄白色。将孵化时为橘红色。

（3）若虫。若虫共5龄，末龄体长7.5～12.5mm，宽5.4～6.1mm。前翅芽伸至第3腹节前缘，腹部两侧有一半圆形红色斑纹。

2. 地理分布

（1）国外分布。朝鲜、日本、斯里兰卡、缅甸、越南、菲律宾、巴基斯坦、印度、孟加拉、马来西亚、以色列、澳大利亚、新西兰、马达加斯加、英国、德国、法国、西班牙、斯洛文尼亚、意大利、尼日利亚、埃及、巴西、委内瑞拉、圭亚那、古巴、美国、希腊。

（2）国内分布。吉林以南地区。

3. 为害特征

为害虫态：若虫、成虫。

为害部位：叶片、嫩茎。

成、若虫吸食寄主嫩茎、花蕾、叶片的汁液，幼苗受害，有如火烧状焦萎；成苗期受害，叶片枯黄、枯死，提前落叶，影响景观，影响植株生长。

4. 生活习性

（1）发生规律。一年发生1～5代。以幼虫在稻草、稻桩及其他寄主植物根茎、茎秆中越冬。越冬幼虫在春季化蛹羽化。由于越冬场所不同，1代蛾发生极不整齐。一般在茭白中因营养丰富，越冬的幼虫化蛹、羽化最早，稻桩中次之，再次为油菜和蚕豆，稻草中最迟，田埂杂草比稻草更迟，其化蛹期依次推迟

10～20d。所以越冬代发蛾期很不整齐，常持续两个月左右，从而影响其他各代发生期也拉得很长，形成多次发蛾高峰，造成世代重叠现象。

（2）生活习性。一年发生4代，世代重叠，以成虫在杂草丛中或在土、石缝、树洞等隐蔽处越冬。雌虫一生交尾1～5次，每交尾一次后产一次有效卵，卵聚产在叶背等处，每块有卵19～132粒不等。初孵若虫在原卵壳上栖息1～2d后开始取食，取食后仍聚集原处栖息，2龄后逐渐分散活动。同型或异型的雌雄个体可以互相交配，所产子代有体型的分化现象。

5. 防治方法

（1）减少虫源。冬春期间，结合积肥清除田边附近杂草，减少越冬虫源。

（2）人工捕杀。利用成虫在早晨和傍晚飞翔活动能力差的特点，进行人工捕杀。

（3）药剂防治。掌握在若虫盛发高峰期，群集在卵壳附近尚未分散时用药，可选用90%敌百虫700倍液、80%敌敌畏800倍液、50%杀螟硫磷乳油1 000～1 500倍液、25%亚胺硫磷700倍液或菊酯类农药3 000～4 000倍液喷雾。

（十一）稻棘缘蝽

稻棘缘蝽（*Cletus punctiger* Dallas），属半翅目缘蝽科。

1. 形态特征

（1）成虫。体长9.5～11mm，宽2.8～3.5mm，体黄褐色，狭长，刻点密布。头顶中央具短纵沟，头顶及前胸背板前缘具黑色小粒点，触角第1节较粗，长于第3节，第4节纺锤形。复眼褐红色，单眼红色。前胸背板多为一色，侧角细长，稍向上翘，末端黑色。

（2）卵。长1.5mm，似杏核，全体具珠泽，表面生有细密的六角形网纹，卵底中央具1圆形浅凹。

（3）若虫。共5龄，3龄前长椭圆形，4龄后长梭形。5龄体长8～9.1mm，宽3.1～3.4mm，黄褐色带绿，腹部具红色毛点，前胸背板侧角明显伸出，前翅芽伸达第4腹节前缘。

2. 地理分布

（1）国外分布。世界各大水稻种植区。

（2）国内分布。分布在湖南、湖北、广东、云南、海南等地。

3. 为害特征

稻棘缘蝽成、若虫主要为害寄主穗部。以口针刺吸汁液、浆液，刺吸部位形成针尖大小褐点，严重时穗色暗黄，无光泽，导致千粒重减轻，米质下降。

4. 生活习性

（1）发生规律。湖北一年发生2代，江西、浙江3代，以成虫在杂草根际处越冬，江西越冬成虫3月下旬出现，4月下旬至6月中下旬产卵。第1代若虫5月上旬至6月底孵出，6月上旬至7月下旬羽化，6月中下旬开始产卵。第2代若虫于6月下旬至7月上旬始孵化，8月初羽化，8月中旬产卵。第3代若虫8月下旬孵化，9月底至12月上旬羽化，11月中旬至12月中旬逐渐蛰伏越冬。广东、云南、广西和海南无越冬现象。羽化后的成虫7d后在上午10时前交配，交配后4～5d把卵产在寄主的茎、叶或穗上，多散生在叶面上，也有2～7粒排成纵列。早熟或晚熟生长茂盛稻田易受害，近塘边、山边及与其他禾本科、豆科作物近的稻田受害重。

（2）生活习性。成虫需要大量补充营养。春秋季日均气温18～22℃，产卵前期长达13～19d，平均15d；盛夏日均气温在27℃以上，产卵前期只有4～8d，平均5.3d。

羽化后3d可以交尾，一生交尾多次，一次交尾3～48h，交尾后可立即产卵。卵散产或数粒间隔呈平行排列。产卵期3～96d，平均34.7d。产卵量12～385粒，平均198粒。

卵在寄主各部位分布规律是，穗部多，茎叶上少；颖壳上多，穗梗和芒上少；上部叶片多，下部叶片少；叶片正面多，反面少；叶面中部多，边缘少。

5. 防治方法

（1）结合秋季清洁田园，认真清除田间杂草，集中处理。

（2）在低龄若虫期，喷50%马拉硫磷乳油1 000倍液或2.5%功夫乳油2 000～5 000倍液、2.5%敌杀死（溴氰菊酯）乳油2 000倍液、10%吡虫啉可湿性粉剂1 500倍液，每亩喷对好的药液50L，防治1次或2次。

（十二）大稻缘蝽

大稻缘蝽（*Leptocorisa acuta* Thunberg），属半翅目细缘蝽科，是缘蝽科昆虫的通称。该虫有4个近缘种。即边稻缘蝽（*L. costalis*）、小稻缘蝽（*L. lepida*）、中华稻缘蝽（*L. chinensis*）、异稻缘蝽（*L. varicornis*）。

1. 形态特征

成虫体长16～19mm，宽2.3～3.2mm，草绿色，体上黑色小刻点密布，头长，侧叶比中叶长，向前直伸。头顶中央有1短纵凹。触角第1节端部略膨大，约短于头胸长度之和。喙伸达中足基节间，末端黑色。前胸背板长，刻点密且显

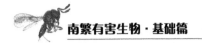

著，浅褐色，侧角不凸出较圆钝。前翅革质部前缘绿色，其余茶褐色，膜质部深褐色。雄虫的抱器基部宽，端部渐尖削略弯曲。卵黄褐色至棕褐色，长1.2mm，宽0.9mm，顶面观椭圆形，侧面看面平底圆，表面光滑。若虫共5龄。

2. 地理分布

（1）国外分布。分布于亚热带和热带水稻种植区。

（2）国内分布。分布在广东、广西、海南、云南、台湾等地。

3. 为害特征

成、若虫主要为害寄主穗部。以口针刺吸汁液、浆液，刺吸部位形成针尖大小褐点，严重时穗色暗黄，无光泽，导致千粒重减轻，米质下降。

4. 生活史和习性

云南年发生3～4代，海南文昌4代，广西4～5代，以成虫在田间或地边杂草丛中或灌木丛中越冬。在云南、海南越冬成虫3月中下旬开始出现，4月上中旬产卵，6月中旬2代成虫出现为害茭白和水稻，7月中旬进入3代，8月下旬发生4代，10月上中旬个别出现5代。成虫历期60～90d，越冬代180d左右。若虫期15～29d。成、若虫喜在白天活动，中午栖息在阴凉处，羽化后10d多在白天交尾，2～3d后把卵产在叶面，昼夜都产卵，每块5～14粒排成单行，有时双行或散生，产卵持续11～19d，卵期8d，每雌产卵76～300粒。禾本科植物多发生重。

5. 防治方法

（1）结合秋季清洁田园，认真清除田间杂草，集中处理。

（2）在低龄若虫期喷50%马拉硫磷乳油1 000倍液或2.5%功夫乳油2 000～5 000倍液、2.5%敌杀死（溴氰菊酯）乳油2 000倍液、10%吡虫啉可湿性粉剂1 500倍液，每亩喷对好的药液50L，防治1～2次。

（十三）稻象甲

稻象甲（*Echinocnemus squamous* Billberg）又称稻根象甲，属鞘翅目象虫科。

1. 形态特征

（1）成虫。体长5mm，暗褐色，体表密布灰褐色鳞片。头部伸长如象鼻，触角黑褐色，末端膨大，着生在近端部的象鼻嘴上，两翅鞘上各有10条纵沟，下方各有一长形小白斑。

（2）卵。椭圆形，长0.6～0.9mm，初产时乳白色，后变为淡黄色半透明而有光泽。

（3）幼虫。长9mm，蛆形，稍向腹面弯曲，体肥壮多皱纹，头部褐色，胸腹部乳白色，很像一粒白米饭。

（4）蛹。长约5mm，初乳白色，后变灰色，腹面多细皱纹。

2. 地理分布

（1）国外分布。分布于日本、印度。

（2）国内分布。分布在北起黑龙江，南至广东、海南，西抵陕西、甘肃、四川和云南，东达沿海各地和台湾。

3. 为害特征

成虫为害水稻茎叶，幼虫为害根系，以幼虫为害为主。成虫以管状喙咬食秧苗心叶，受害轻的心叶抽出后呈现一排小孔，严重时断叶断心，形成"无头苗"，造成缺苗缺丛；为害3叶以后大苗，于齐水处蛀食，使心叶抽出可见"横排孔"；无水时在距泥面2~3cm处蛀洞，使心叶失水枯死。幼虫孵化后先咬食叶鞘组织，尔后很快入土群聚于土下6cm内为害幼嫩须根，轻者稻株叶尖枯黄，生长缓慢，状如缺肥、坐兜，影响水稻长势，虽可抽穗，但成穗不齐。严重时造成水稻成片枯萎、枯死，或穗小，谷粒细长，减产严重。一丛稻根下有幼虫10~100多头。

4. 生活史和习性

（1）发生规律。稻象甲成虫具有扑灯、潜泳、钻土、喜甜味、假死和日潜夜出等习性。在安徽白湖多以成虫越冬，多在干松土缝内、田边杂草中、枝叶、稻桩上蛰伏；少量幼虫和蛹在表土下3~6cm深处稻丛须根边或筑室越冬。为害的主要时期常依各地发生代数和耕作制度不同而略异。越冬成虫首先在早中稻田边取食秧苗心叶、叶片和嫩茎，密度增加时逐渐扩展至田块中间。晴天白日多躲藏在秧苗茎部的株间或田埂的杂草丛中。成虫早、晚及阴天可整天取食为害，坠落水中后仍可游水重新攀株为害。

雌虫在距水面3~4cm稻秧茎部及叶鞘上选一产卵处，先咬一小孔，然后产卵于孔内，每处产1粒至数粒不等。卵在水中能正常发育。初孵幼虫潜入土中，聚集于稻根部周围取食，绝大多数以产卵处的稻丛为中心，直径12cm、深6cm的范围内。

（2）生活习性。

寄主范围：除为害水稻外，在越冬期及春季还为害大小麦、紫云英、蔬菜及看麦娘、马唐、莎草、牛筋、雀稗、狗尾草等其他杂草。

假死、潜水、迁移性：成虫惊动后可以假死或潜入水下为害，在田间可爬行

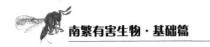

迁移为害，或通过水流及风力传播到其他田块为害。

产卵习性：成虫以产卵器插进近水面稻株，将卵产在叶鞘中脉两侧的内外叶鞘间，每块卵为1～6粒，最多可达10～11粒，如将稻苗对光可隐约见卵。

趋酒醋习性：用酒：醋：水配成1：1：6的溶液浸草把，当平均气温在10℃左右时草把可诱到成虫。

幼虫为害习性：卵孵化后幼虫在叶鞘内进行短暂取食约经1d后即入土为害稻根；幼虫在稻根中分布范围为，离稻丛中心平均距离为3cm左右，幅度0.5～5cm；垂直分布深度平均为2.25cm，幅度0.5～6cm；该范围为幼虫集中区，超过此距离则很少分布。

化蛹习性：老熟幼虫在稻田排水后3～5d，气温在15℃左右时，即开始化蛹。幼虫化蛹时向上移动至表土1～2cm处作土室；土表留有直径0.25cm左右的圆形羽化孔。

5.防治方法

（1）农业防治。

① 清洁田园。通过铲草皮、割草或喷施除草剂等措施，破坏稻象甲越冬及栖息场所。

② 当季作物收获后及时灌水翻耕，消灭部分虫源。

③ 水稻育秧田应尽量选择远离山坡、堤坎等杂草较多的虫源区，并相对集中育秧，减轻为害。

④ 适当推迟一季中稻播期，避开稻象甲为害高峰期，食源植物大量发生后，可以分散稻象甲为害；同时还可推迟水稻抽穗扬花期，避开7月下旬高温热害，增加结实率。

（2）化学防治。

① 喷洒农药时，不仅要对秧苗喷药，还要对秧田周围杂草喷药，能起到较好的杀灭和阻隔作用，对为害较重的田块，可增加用药次数。

② 为提高农药的防治效果，可随药配用农田有机硅助剂"展透"，既增加叶片的农药附着率，又增加农药对害虫的渗透性。

③ 早中稻本田防治稻象甲可选用毒死蜱、三唑磷等，也可用有机磷和菊酯类农药混剂对水喷雾防止成虫取食叶片，拌毒土撒施防止幼虫为害水稻根部。

（十四）稻眼蝶

稻眼蝶（*Mycalesis gotama* Moore），属鳞翅目眼蝶科稻眼蝶属。

1. 形态特征

（1）成虫。稻眼蝶成虫体长15～17mm，翅展约47mm，背面暗褐色，前翅正面有2个蛇目状黑色圆斑，前面的斑纹较小；后翅反面有5～6个蛇目斑，近臀角1个特大。前后翅反面中央从前至后缘横贯1条黄白色带纹，外缘有3条暗褐色线纹。前足退化很小。

（2）卵。稻眼蝶卵呈球形，长0.8～0.9mm，米黄色，表面有微细网纹，孵化前转为褐色。

（3）幼虫。稻眼蝶老熟幼虫体长30mm，青绿色，头部褐色，头顶有1对角状凸起，形似猫头。胸腹部各节散布微小疣突，尾端有1对角状凸起，全体略呈纺锤形。

（4）蛹。稻眼蝶蛹长15～17mm，初绿色，后变灰褐色，腹背隆起呈弓状，腹部第1～4节背面各具1对白点，胸背中央凸起呈棱角状。

2. 地理分布

（1）国外分布。分布于亚洲东、南部。

（2）国内分布。分布河南、陕西以南，四川、云南以东各省区均有发生。

3. 为害特征

稻眼蝶为突发性猖獗性害虫。幼虫沿叶缘为害叶片成不规则缺刻，严重时常将叶片吃光，仅留禾菀部，似"刷把状"但不结苞，影响作物生长发育，造成减产。

4. 生活史及习性

（1）发生规律。稻眼蝶在浙江、福建年发生4～5代，华南5～6代，世代重叠，以蛹或末龄幼虫在稻田、河边、沟边及山间杂草上越冬。翌年3月下旬至4月上旬化蛹，4月中旬羽化。成虫喜在竹林、花丛间活动、交尾、取食花蜜补充营养，交尾后2d开始产卵。初孵幼虫食害稻叶成缺刻，3龄后食量大增，严重时可将稻叶吃光。6—7月1～2代幼虫为害中稻，8—9月3～4代幼虫为害晚稻较重。幼虫老熟后一般1～3d不食不动，再吐丝将尾端固定于叶背，倒挂蜷曲化蛹。稻眼蝶在山区丘陵地带发生较多。早、晚稻生长期间均可受其害，但一般晚稻受害较重。

（2）生活习性。

成虫：稻眼蝶羽化多在6：00—15：00时，成虫白天活动，飞舞于花丛中采蜜，晚间静伏在杂草丛中，经5～10d补充营养，雌雄性成熟。交尾一般在14：00—16：00最为旺盛，交尾后第2d开始产卵，将卵散产在叶背或叶面，产卵

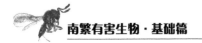

期30多天，每雌平均产卵90多粒，多的可达166粒。腹中遗卵多的可达46粒，少的仅7粒。一般在竹园附近、山边田块及田边产卵较多。水稻、游草、大叶草、小叶丝茅及节瓜、茄子等多种植物均为其产卵寄主。在水稻、游草、大叶草、小叶丝茅上卵多产于叶背；节瓜、茄子等宽大的蔬菜作物则以叶面为多。但节瓜、茄子和豆角上的卵孵化后不能成活。成虫产卵必须补充营养，缺乏补充营养的成虫不能产卵，并且寿命较短。

幼虫：幼虫在3龄前活动力弱，食量少，3龄后食量大增，取食量亦随虫龄的增大而增加，4龄、5龄期食叶量占总量的80%以上。幼虫取食时沿叶缘吃成缺刻，有时把稻叶咬断。整个幼虫期为害16～20片稻叶。特别取食水稻剑叶，对产量影响较大。田间观察稻眼蝶幼虫除为害水稻外，还能取食游草等禾本科杂草。老熟幼虫虫体缩短，渐变透明，多爬至稻株下部吐丝，蜷曲倒挂在叶片上，蜕皮化蛹。

蛹：蛹像灯笼一样倒吊在叶鞘上，初为淡绿色，气温达22～28℃时，化蛹后5～6h即出现气孔和背上的白点。化蛹后半天可看到翅边开始变淡黄，并呈现翅膀上的圆圈，然后整个蛹变褐色或黑色，最后全部变灰，且腹部拉长到1.3～1.4cm再破壳而出。

卵：靠近竹林、林荫以及嫩绿禾苗等地的卵粒多，为害也较重。卵散产，在田间随机分布，多产在披散的中下部叶片的反面。卵块粒数不定，田间大多数是2～4粒一块。孵化率一般80%，高的可达90%，越产在前面的，孵化率越高，相反越低。

5. 防治方法

（1）农业防治。结合冬春积肥，铲除田边、沟边、塘边杂草。科学施肥，少施氮肥，避免叶片生长过于茂盛。利用幼虫假死性，震落后中耕或放鸭捕食。可降低越冬幼虫基数，减少成虫的落卵量，减少幼虫数量。

（2）生物防治。注意保护利用天敌，如稻螟赤眼蜂、蝶绒茧蜂、螟蛉绒茧蜂、广大腿蜂、广黑点瘤姬蜂、步甲、猎蝽和蜘蛛等，可在很大程度上抑制虫害的发生。

（3）化学防治。可选用的药剂有吡虫啉、敌百虫、杀螟松、溴氰菊酯等，是最直接、最见效的防治手段。

（十五）直纹稻弄蝶

直纹稻弄蝶（*Parnara guttata* Bremeret Grey），又名一字纹稻苞虫、直纹稻苞虫，属鳞翅目弄蝶科。

1. 形态特征

（1）成虫。体长17～19mm，翅展28～40mm，体和翅黑褐色，头胸部比腹部宽，略带绿色。前翅具7～8个半透明白斑排成半环状，下边一个大。后翅中间具4个白色透明斑，呈直线或近直线排列。翅反面色浅，斑纹与正面相同。

（2）卵。褐色，半球形，直径0.9mm，初灰绿色，后具玫瑰红斑，顶花冠具8～12瓣。

（3）幼虫。末龄幼虫体长27～28mm，头浅棕黄色，头部正面中央有"山"形褐纹，体黄绿色，背线深绿色，臀板褐色。

（4）蛹。淡黄色，长22～25mm，近圆筒形，头平尾尖。

2. 地理分布

（1）国外分布。分布于日本、朝鲜、马来西亚等。

（2）国内分布。分布于中国水稻种植区。

3. 为害特征

除为害水稻、玉米、高粱等作物外，还可取食游草、茅草、茭白、芦苇、狗尾草、水芹等杂草。直纹稻弄蝶以幼虫吐丝缀叶作苞，咬食叶片形成缺刻，严重时可吃光稻叶，水稻因光合作用受影响导致植株矮小、千粒重下降，对产量影响很大。

4. 生活史和习性

以幼虫取食稻叶，取食时，吐丝将稻叶缀合成苞，故俗称稻苞虫。年发生3～8代；北方稻区2～3代，南岭以南6～8代，四川4～6代。在南方稻区，直纹稻弄蝶以老熟幼虫于背风向阳的稻田边、低湿草地、水沟边、河边等处的杂草中结苞越冬，以在游草上越冬的最多；越冬场所分散。在黄河以北，则以蛹在向阳处杂草丛中越冬。越冬幼虫翌春小满前化蛹羽化为成虫后，主要在野生寄主上产卵繁殖1代，以后的成虫飞至稻田产卵。四川山区一季中稻有3个为害代，丘陵区有4个为害代，均以6—8月发生的2、3代为重害代，以迟中稻、一季晚稻和双季晚稻受害严重。末代幼虫除为害双晚外，多数生活于野生寄主上，天冷后即以幼虫越冬。成虫日间活动，飞行力极强，需补充营养，嗜食花蜜；有趋绿产卵的习性，喜在生长旺盛、叶色浓绿的稻叶上产卵；卵散产，多产于寄主叶的背面，一般1叶仅有卵1～2粒；少数产于叶鞘。单雌产卵量平均约200粒。幼虫白天多在苞内，清晨前或傍晚，或在阴雨天气时常爬出苞外取食，咬食叶片，不留表皮，大龄幼虫可咬断稻穗小枝梗。3龄后抗药力强。有咬断叶苞坠落，随苞漂流或再择主结苞的习性。幼虫共5龄，老熟后，有的在叶上化蛹，有的下移至稻丛基部

化蛹。蛹苞缀叶3~13片不等，苞略呈纺锤形。老熟幼虫可分泌出白色绵状蜡质物，遍布苞内壁和身体表面。化蛹时，一般先吐丝结薄茧，将腹两侧的白色蜡质物堵塞于茧的两端，再蜕皮化蛹。

5. 防治方法

（1）农业防治。结合冬季积肥，铲除田边、沟边、塘边杂草及茭白残株，减少越冬虫源。幼虫虫量不大或虫龄较高时，可人工剥虫苞、捏死幼虫和蛹，或用拍板、鞋底拍杀幼虫。

（2）化学防治。幼虫孵化盛期至低龄幼虫期为防治最佳时期。防治药剂可选用沙蚕毒素类，如杀虫双和杀虫单，或90%晶体敌百虫500倍液，或渗透性好、有内吸传导及熏蒸作用的阿维菌素等药剂。

二、玉米虫害

（一）亚洲玉米螟

亚洲玉米螟（*Ostrinia furnacalis*），属鳞翅目螟蛾科。常见种类还有欧洲玉米螟（*O. nubilalis*）。两种玉米螟的主要识别特征为亚洲玉米螟雄性外生殖器抱器腹的具刺区比前边的基部无刺区长，而欧洲玉米螟则较短；刺的平均数目前者多于后者。

1. 形态特征

（1）成虫。黄褐色，雄蛾体长10~13mm，翅展20~30mm，体背黄褐色，腹末较瘦尖，触角丝状，灰褐色，前翅黄褐色，有2条褐色波状横纹，两纹之间有2条黄褐色短纹，后翅灰褐色；雌蛾形态与雄蛾相似，色较浅，前翅鲜黄，线纹浅褐色，后翅淡黄褐色，腹部较肥胖。

（2）幼虫。老熟幼虫，体长25mm，圆筒形，头黑褐色，背部颜色有浅褐、深褐、灰黄等多种，中、后胸背面各有毛瘤4个，腹部1~8节背面有两排毛瘤，前后各2个。

（3）卵。扁平椭圆形，长约1mm，宽0.8mm。数粒至数十粒组成卵块，呈鱼鳞状排列，初为乳白色，渐变为黄白色，孵化前卵的一部分为黑褐色（为幼虫头部，称黑头期）。

（4）蛹。玉米螟蛹15~19mm，纺锤形、黄褐色、体背密布细小波状横皱纹，臀刺黑褐色、端部有5~8根向上弯曲的刺毛。

2. 地理分布

（1）国外分布。玉米螟系世界性分布的害虫。亚洲玉米螟主要分布在亚洲温带、热带以及澳大利亚和大洋洲的密克罗尼西亚；欧洲玉米螟主要分布在欧洲、北美洲、西北非和小亚细亚。

（2）国内分布。中国新疆伊宁等地分布的是欧洲玉米螟；而从东北到华南的广大东半部优势种则为亚洲玉米螟，其中不少地区2种混生。

3. 为害特征

玉米螟以幼虫为害，可造成玉米花叶、折雄、折秆、雌穗发育不良、籽粒霉烂而导致减产。初孵幼虫为害玉米嫩叶取食叶片表皮及叶肉后即潜入心叶内蛀食心叶，使被害叶呈半透明薄膜状或成排的小圆孔，称为花叶；玉米打苞时幼虫集中在苞叶或雄穗包内咬食雄穗；雄穗抽出后，又蛀入茎秆，风吹易造成折雄；雌穗长出后，幼虫虫龄已高，大量幼虫到雌穗上为害籽粒或蛀入雌穗及其附近各节，食害髓部破坏组织，影响养分运输使雌穗发育不良，千粒重降低，在虫蛀处易被风吹折断，形成早枯和瘪粒，减产很大。

4. 生活史及习性

（1）发生规律。从东北到海南一年发生1～7代。温度高、海拔低，发生代数较多。不论一年发生几代，都是以最后一代的老熟幼虫在寄主的秸秆、穗轴、根茬及杂草里越冬，其中75%以上幼虫在玉米秸秆内越冬。越冬幼虫春季化蛹、羽化，飞到田间产卵。

化蛹期：越冬代幼虫在5月末至6月上旬开始化蛹，6月中、下旬为化蛹盛期，田间开始见到越冬成虫，越冬代蛹羽化盛期是6月末。

产卵期：越冬代蛹羽化盛期也是成虫的产卵盛期，成虫产卵盛期是6月末到7月上旬，卵期一般是5～7d。

幼虫期：玉米螟卵孵化盛期7月中、下旬，也就是第1代玉米螟幼虫开始为害田间玉米的时期，为害最严重时期是7月下旬至8月下旬。9月幼虫进入越冬状态。

（2）生活习性。幼虫多在上午孵化，幼虫孵化后先群集在卵壳上，有啃食卵壳的习性，经1h左右开始爬行分散、活泼迅速、行动敏捷，被触动或被风吹即吐丝下垂，随风飘移而扩散到临近植株上。幼虫有趋糖、趋触（幼虫要求整个体壁尽量保持与植物组织接触的一种特性）、趋湿、背光4种习性。所以4龄前表现潜藏，潜藏部位一般都在当时玉米植株上含糖量较高、潮湿而又隐蔽的心叶、叶腋、雄穗苞、雌穗花丝、雌穗基部等，取食尚未展开的心叶叶肉，或

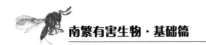

将纵卷的心叶蛀穿，致使叶片展开后出现排列整齐的半透明斑点或孔洞，即俗称花叶。4龄后幼虫开始蛀茎，并多从穗下部蛀入，蛀孔处常有大量锯末状虫粪，是识别玉米螟的明显特征，也是寻找玉米螟幼虫的洞口。

5. 防治方法

（1）农业防治。

① 灭越冬幼虫。在玉米螟冬后幼虫化蛹前期，处理秸秆（烧柴）。

② 机械灭茬方法来压低虫源，减少化蛹羽化的数量。

（2）化学防治。

① 在心叶末期，用50%辛硫磷乳油1kg，拌50～75kg过筛的细沙制成颗粒剂，投撒玉米心叶内杀死幼虫，每公顷1.5～2kg辛硫磷即可。

② 用自制溴氰菊酯颗粒剂、杀灭菊酯颗粒剂投放在玉米心叶内，每株1～2g。

③ 在玉米心叶期，用超低量电动喷雾器，把药液喷施在玉米植株上部叶片，杀死为害心叶的玉米螟幼虫。可用药剂为：4.5%高效氯氰菊酯（或2.5%氟氯氰菊酯），或有机磷类杀虫剂30～50倍液。

（3）生物防治。

① 白僵菌。封垛，越冬幼虫化蛹前（4月中旬），把剩余的秸秆垛按每立方米100g白僵菌粉，每立方米垛面喷一个点，喷至垛面冒出白烟（菌粉）即可。一般垛内杀虫效果可达80%左右；玉米心叶中期，用白僵菌粉0.5kg拌过筛的细沙5kg制成颗粒剂，投撒玉米心叶内，白僵菌就寄生在为害心叶的玉米螟幼虫体内，杀死田间幼虫。

② 赤眼蜂。利用赤眼蜂卵寄生在玉米螟的卵内吸收其营养，致使玉米螟卵破坏死亡而孵化出赤眼蜂，以消灭玉米螟虫卵来达到防治玉米螟的目的。方法是：在玉米螟化蛹率达20%后推10d，就是第一次放蜂的最佳时期，6月末至7月初，隔5d为第2次放蜂期，两次每亩放1.5万头，放2万头效果更好。

（4）物理防治。因为玉米螟成虫在夜间活动，有很强的趋光性。设频振式杀虫灯、黑光灯、高压汞灯等诱杀玉米螟成虫，晚上太阳落下开灯，早晨太阳出来闭灯。不但诱杀玉米螟成虫，还能诱杀所有具有趋光性的害虫。

（二）黏虫

黏虫［*Mythimna separata*（Walker）］，属鳞翅目夜蛾科。

1. 形态特征

（1）成虫。体长15～17mm，翅展36～40mm。头部与胸部灰褐色，腹部暗褐色。前翅灰黄褐色、黄色或橙色，变化很多；内横线往往只现几个黑点，环纹与肾纹褐黄色，界限不显著，肾纹后端有一个白点，其两侧各有一个黑点；外横线为一列黑点；缘线为一列黑点。后翅暗褐色，向基部色渐淡。

（2）幼虫。老熟幼虫体长38mm。头红褐色，头盖有网纹，额扁，两侧有褐色粗纵纹，略呈"八"字形，外侧有褐色网纹。体色由淡绿至浓黑，变化甚大（常因食料和环境不同而有变化）；在大发生时背面常呈黑色，腹面淡污色，背中线白色，亚背线与气门上线之间稍带蓝色，气门线与气门下线之间粉红色至灰白色。腹足外侧有黑褐色宽纵带，足的先端有半环式黑褐色趾钩。

（3）卵。长约0.5mm，半球形，初产白色渐变黄色，有光泽。卵粒单层排列成行成块。

（4）蛹。长约19mm，红褐色，腹部5～7节背面前缘各有一列齿状点刻，臀棘上有刺4根，中央2根粗大，两侧的细短刺略弯。

2. 地理分布

（1）国外分布。黏虫属迁飞性害虫，其越冬分界线在北纬33°一带。

（2）国内分布。在中国除新疆未见报道外，遍布各地。

3. 为害特征

主要为害小麦类、小米、玉米、水稻、高粱、甘蔗等禾本科作物。在大发生年，还能取食豆类、棉花和蔬菜等。黏虫以幼虫咬食叶片。1～2龄幼虫仅食叶肉成白条斑，3龄后才取食形成缺刻，5～6龄幼虫可食尽叶片成光秆，继而为害嫩穗和嫩茎。成虫羽化后需补充营养，吸食花蜜以及蚜虫等分泌的蜜露、腐果汁液及淀粉发酵液等。对糖醋液的趋性很强。成虫昼伏夜出。白天隐伏于草丛、柴垛、作物丛间、茅舍等荫蔽处，傍晚开始出来活动。在黄昏午夜活动最盛。

4. 生活史及习性

（1）发生规律。每年发生世代数中国各地不一，从北至南世代数为：东北、内蒙古年发生2～3代，华北中南部3～4代，江苏淮河流域4～5代，长江流域5～6代，华南6～8代。黏虫属迁飞性害虫，其越冬分界线在北纬33°一带。在33°以北地区任何虫态均不能越冬；在湖南、江西、浙江一带，以幼虫和蛹在稻桩、田埂杂草、绿肥田、麦田表土下等处越冬；在广东、福建南部终年繁殖，无越冬现象。北方春季出现的大量成虫系由南方迁飞所致。成虫产卵于叶尖或嫩叶、心叶皱缝间，常使叶片成纵卷。初孵幼虫腹足未全发育，所以行走如尺蠖；初龄幼虫仅能啃食叶肉，使叶片呈现白色斑点；3龄后可蚕食叶片成缺刻，5～6龄幼虫进入暴食期。幼虫共6龄。老熟幼虫在根际表土1～3cm做土室化蛹。

发育起点温度：卵（13.1±1）℃，幼虫（7.7±1.3）℃，蛹（12.0±0.5）℃，

成虫产卵（9.0±0.8）℃；整个生活史为（9.6±1）℃。有效发育积温：卵期4.3℃，幼虫期402.1℃，蛹期121.0℃，成虫产卵111℃；整个生活史为685.2℃。成虫昼伏夜出，傍晚开始活动。黄昏时觅食，且发生量多时色较深。头部有明显的网状纹和"凸"形纹。体表有5条纵纹，背中线白色，半夜交尾产卵，黎明时寻找隐蔽场所。成虫对糖醋液趋性强，产卵趋向黄枯叶片。在麦田喜把卵产在麦株基部枯黄叶片叶尖处折缝里；在稻田多把卵产在中上部半枯黄的叶尖上，着卵枯叶纵卷成条状。

（2）生活习性。黏虫成虫昼伏夜出，1龄、2龄幼虫仅食叶肉，3龄以后食量逐渐增加，常将叶片吃成缺刻，5龄、6龄为暴食阶段，能吃光叶片，并咬断穗子，具有群集为害，大发生时常吃光一块作物后，成群地向附近田块迁移为害。

每雌产卵500~1 600粒，少的数十粒，多则可达3 000粒。以胶质物黏结卵粒成条块状，包于纵折枯叶内，外面不易见到。幼虫孵化后，群集在折叶内，吃去卵壳后爬出叶面，吐丝分散。第1、第2龄幼虫仅食叶肉，常把叶面吃成细长的白条斑；第3龄后食量渐增，能将叶缘吃成缺刻；第5、第6龄达暴食期，蚕食叶片，啃食穗轴，其食量占整个幼虫期的90%以上。在大发生时不仅食光作物叶片，还咬断穗子。食物不足或环境不适时，常成群结队迁向邻近田块，故有"行军虫"之称。除阴雨天外，幼虫多在夜间活动取食。低龄幼虫常躲于作物心叶和叶鞘中取食。由于虫小荫蔽，为害症状不明显，故往往不易发现。第4龄后，白天幼虫还常常潜伏于植物根旁的松土里或土块下，潜土深度一般为1~2cm。第3龄后的幼虫还有受惊蜷缩下落的假死习性。

幼虫老熟后，钻入作物根际1~2cm深松土内作土室化蛹。在稻田内因田水或土壤过湿，常在离水面3.3cm左右的稻丛基部把脚叶和虫粪黏成茧，化蛹其中。黏虫是一种间歇性猖獗发生的大害虫，黏虫对温湿度要求比较严格，雨水多的年份黏虫往往大发生。成虫产卵最适条件19~23℃，相对湿度90%左右。蜜源植物的多寡对黏虫的发生量常常有一定的影响。该虫成虫需取食花蜜补充营养，遇有蜜源丰富，产卵量高；幼虫取食禾本科植物的发育快，羽化的成虫产卵量高。成虫喜在茂密的田块产卵，生产上长势好的小麦、粟、水稻田、生长茂密的密植田及多肥、灌溉好的田块，利于该虫大发生。天敌主要有步行甲、蛙类、鸟类、寄生蜂、寄生蝇等。

5.防治方法

（1）农业防治。

① 硬茬播种的田块，待玉米出苗后要及时浅耕灭茬，破坏玉米黏虫的栖息环境，降低虫源。

② 人工捕杀。玉米出苗后，在幼虫取食的早晚人工捏杀幼虫。

（2）化学防治。能够防治玉米黏虫的药剂甲维盐、高氯·甲维盐、氯虫苯甲酰胺、高效氯氰菊酯、高效氯氟氰菊酯、联苯·噻虫胺等药剂。

（3）物理防治。利用成虫多在禾谷类作物叶上产卵习性，在麦田插谷草把或稻草把，每亩60～100个，每5d更换新草把，把换下的草把集中烧毁。此外也可用糖醋盆、黑光灯等诱杀成虫，压低虫口。

（4）生物诱杀。利用成虫（夜蛾科）其成虫交配产卵前需要采食以补充能量的生物习性，采用具有其成虫喜欢气味配比出来的诱饵，配合少量杀虫剂进行生物诱杀。可以减少90%以上的化学农药使用量，大量诱杀成虫可以大大减少落卵量及幼虫为害。只需间隔80～100m喷洒一行，大大减少人工成本，同时减少化学农药对食品以及环境的影响。

（三）条螟

条螟［*Proceras venosatus*（Walker）］，属鳞翅目螟蛾科，又称高粱条螟、甘蔗条螟。

1. 形态特征

（1）成虫。体长10～13mm，翅展25～32mm，体及前翅灰黄色，翅面有多数暗色纵皱纹，前缘角尖锐，外线较平直，有7个成排的小黑点，近翅中央有1个黑点。后翅银白色。

（2）幼虫。5龄，老熟时体长20～30mm，淡黄褐色，头棕褐色，夏型幼虫腹部各节背面有4个褐色毛片，排成方形，冬型幼虫毛片上褐色消失，背面出现4条淡紫条纵纹。腹足趾钩双序缺环。

（3）卵。椭圆形，长约1.3mm，淡黄白色，排列2行"人"字形相叠的卵块。

（4）蛹。褐色，长12～16mm，腹末有两对尖锐小凸起。

2. 地理分布

（1）国外分布。世界性害虫。

（2）国内分布。国内分布北起黑龙江，南至台湾、海南及广东、广西、云南，东近国境线，西至山西、陕西、甘肃、四川。

3. 为害特征

幼虫咬食心叶叶肉，留下表皮，呈"窗户纸"状，稍大时咬成不规则的小孔。条螟在玉米上的蛀茎部位多在节间的中部（玉米螟多在茎节附近），呈环状取食茎髓，被害植株遇风折断。

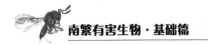

4. 生活史及习性

（1）发生规律。华北一年发生2代，华南一年4～5代，以老熟幼虫在整秆或叶鞘中越冬。在华南越冬幼虫5月下旬化蛹，6月上旬羽化，第1代卵全产在春玉米和春高粱的心叶期，幼虫期30～50d。8月上旬，第2代卵大部分产在夏玉米和夏高粱的心叶期，每头雌蛾产卵200余粒，初孵幼虫在心叶内群集为害，3龄后蛀入茎中取食为害。1株茎秆内或同一虫道内可见到数条幼虫群集为害。蛀茎部位多在节间中部（玉米螟幼虫多在茎节附近蛀入），作环状取食茎髓，被害植株遇风折断如刀割状。春季降雨多，田间湿度大，第1代可能较重发生。

（2）生活习性。

① 成虫。成虫喜在夜间活动，白天多栖居在寄主植物近地面部分的叶下。卵产在玉米叶片表面。每雌可产卵24～459粒，一般200～250粒，卵期5～7d。

② 幼虫。初孵幼虫灵敏活泼，爬行迅速，喜群集为害，先为害心叶10～14d，3龄后钻入茎秆。受害茎秆里同一孔道内常有数条幼虫。老熟幼虫在越冬前蜕皮1次，变成冬型幼虫。

5. 防治方法

（1）农业防治。

① 收获后及时清理残株、枯叶枯苗，沤制堆肥或烧毁。注意及时铲除地边杂草，定苗前捕杀幼虫。

② 结合烧柴、沤肥、饲料等用途，将玉米等寄主植物的秸秆处理完毕，阻止越冬幼虫羽化。

（2）生物防治。

① 释放赤眼蜂。

② 用白僵菌菌粉（以菌粉含孢子50亿/g为标准）与炉渣或土颗粒，按1：10的比例配制成颗粒剂，也有良好效果。

（3）药剂防治。发现玉米苗受害时，用75％辛硫磷乳油0.5kg对少量水，喷拌120kg细土，也可用2.5％溴氰菊酯配成45～50mg/kg毒沙，撒施拌匀的毒土或毒沙20～25kg/亩，顺垄低撒在幼苗根际处，使其形成6cm宽的药带。掌握在卵孵盛期喷洒90％晶体敌百虫800倍液。

（四）桃蛀螟

桃蛀螟［*Conogethes punctiferalis*（Guenée）］，属鳞翅目草螟科蛀野螟属。

1. 形态特征

（1）成虫。体长10～15mm，翅展20～26mm，全体黄至橙黄色，体背、前翅、后翅散生大小不一的黑色斑点，似豹纹。雄蛾腹部末端有黑色毛丛，雌蛾腹部末端圆锥形。

（2）卵。长0.6~0.8mm，宽0.4~0.6mm，椭圆形，具有细密而不规则的网状纹。随时间推移，颜色由初产时乳白或米黄色渐变为橘黄色，孵化前期变为红褐色，可以此推测产卵时间。

（3）幼虫。体长18~25mm，体背多为淡褐、浅灰、浅灰蓝、暗红等色，腹面为淡绿色。头暗褐，前胸盾片褐色，臀板灰褐色，各体节毛片明显，灰褐至黑褐色，背面的毛片较大，第1~8腹节气门以上各具6个，成2横列，前4后2。气门椭圆形，围气门片黑褐色凸起。腹足趾钩不规则的3序环。

（4）蛹期。长11~14mm，纺锤形。初为浅黄绿色，渐变为黄褐至深褐色。头、胸和腹部1~8节背面密布细小凸起，第5~7腹节前后缘有一条刺突。腹部末端有6条臀刺。

2. 地理分布

（1）国外分布。世界各地均有分布。

（2）国内分布。分布北起黑龙江、内蒙古，南至台湾、海南、广东、广西、云南南缘，东接苏联东境、朝鲜北境，西面自山西、陕西西斜至宁夏、甘肃后，折入四川、云南、西藏。

3. 为害特征

桃蛀螟以幼虫为害为主。第1代幼虫主要为害李、杏和早熟桃果，第2代幼虫为害玉米、向日葵花盘、蓖麻籽花穗籽粒和中晚熟桃果，第3代幼虫主要为害栗果。为害玉米时，把卵产在雄穗、雌穗、叶鞘合缝处或叶耳正反面，百株卵量高达1 729粒。主要蛀食雌穗，取食玉米粒，并能引起严重穗腐，且可蛀茎，造成植株倒折。初孵幼虫从雌穗上部钻入后，蛀食或啃食籽粒和穗轴，造成直接经济损失。钻蛀穗柄常导致果穗瘦小，籽粒不饱满。蛀孔口堆积颗粒状粪渣，一个果穗上常有多头桃蛀螟为害，也有与玉米螟混合为害，严重时整个果穗被蛀食，没有产量。

4. 生活史及习性

（1）发生规律。桃蛀螟在中国每年发生代数存在较大差异。如华北地区2~3代，华东地区3~4代，西北地区3~5代，华中地区5代，华南地区5~6代。该虫主要以老熟幼虫在树翘皮裂缝、枝杈、树洞、干僵果内、贮果场、土块下、石缝、园艺地布及覆盖物、板栗壳、玉米和高粱秸秆、杂草堆等处结茧化蛹越冬。华北地区，越冬代幼虫一般在3月下旬开始化蛹，4月中、下旬开始羽化，5

月下旬至6月上旬进入羽化盛期。每日多集中在7--10时羽化，以8—9时数量最多且最为集中。成虫白天常静息在叶背、枝叶稠密处或石榴、桃等果实上，夜间飞出完成交配、产卵、取食等活动，成虫通过取食花蜜、露水及成熟果实汁液补充营养。5月中旬田间可见虫卵，盛期在5月下旬至6月上旬，一直到9月下旬，均可见虫卵，世代重叠严重。成虫产卵多集中在20—22时，多单产于石榴萼筒、板栗壳及其他果树的果与果、果与枝叶相接触处。卵期3～4d，初孵化幼虫在萼筒内、梗或果面处吐丝蛀食果皮，2龄后蛀入果内取食，蛀孔处常见排出细丝缀合的褐色颗粒状粪便。随蛀食时间的延长，果内可见虫粪，并伴有腐烂、霉变特征。幼虫5龄，经15～20d老熟。

（2）生活习性。成虫羽化后白天潜伏在高粱田经补充营养才产卵，把卵产在吐穗扬花的高粱上，卵单产，每雌可产卵169粒。初孵幼虫蛀入幼嫩籽粒中，堵住蛀孔在粒中蛀害，蛀空后再转到另一粒，3龄后则吐丝结网缀合小穗，在隧道中穿行为害，严重的把整穗籽粒蛀空。幼虫老熟后在穗中或叶腋、叶鞘、枯叶处及高粱、玉米、向日葵秸秆中越冬。

5. 防治方法

（1）农业防治。

① 清除越冬幼虫。在每年4月中旬，越冬幼虫化蛹羽化前，清除玉米、向日葵等寄主植物的残体，杀死桃蛀螟害虫，同时可杀死玉米螟幼虫。

② 种植诱杀植物。果实套袋，在套袋前结合防治其他病虫害喷药1次，消灭早期桃蛀螟所产的卵。

③ 一代幼虫发生期，拾地上落果和摘除虫果，消灭果内幼虫。

（2）物理防治。在桃园内点频振式杀虫灯或用糖醋液诱杀成虫，杀虫灯每盏灯控制面积50亩，果园可结合诱杀梨小食心虫进行。

（3）化学防治。在产卵盛期喷洒50%辛硫磷1 000倍液，或2.5%高效氯氟氰菊酯，或阿维菌素6 000倍液，或25%灭幼脲1 500～2 500倍液，或在玉米果穗顶部或花丝上滴50%辛硫磷乳油等药剂300倍液1～2滴，对蛀穗害虫防治效果好。

（五）地老虎

地老虎属鳞翅目夜蛾科，已知为害农作物的害虫有20种左右。其中小地老虎、黄地老虎、大地老虎、白边地老虎和警纹地老虎等为害比较严重。下面主要介绍小地老虎 [*Agrotis ypsilon*（Rottemberg）]。

1. 形态特征

（1）成虫。体长21～23mm，翅展48～50mm。头部与胸部褐色至黑灰色，雄蛾触角双栉形，栉齿短，端1/5线形，下唇须斜向上伸，第1、第2节外侧大部黑色杂少许灰白色，额光滑无凸起，上缘有一黑条，头顶有黑斑，颈板基部色暗，基部与中部各有一黑色横线，下胸淡灰褐色，足外侧黑褐色，胫节及各跗节端部有灰白斑。腹部灰褐色，前翅棕褐色，前缘区色较黑，翅脉纹黑色，基线双线黑色，波浪形，线间色浅褐，自前缘达1脉，内线双线黑色，波浪形，在1脉后外凸，剑纹小，暗褐色，黑边，环纹小，扁圆形，或外端呈尖齿形，暗灰色，黑边，肾纹暗灰色，黑边，中有1黑曲纹，中部外方有1楔形黑纹伸达外线，中线黑褐色，波浪形，外线双线黑色，锯齿形，齿尖在各翅脉上断为黑点，亚端线灰白，锯齿形，在2～4脉间呈深波浪形，内侧在4～6脉间有2楔形黑纹，内伸至外线，外侧有2黑点，外区前缘脉上有3个黄白点，端线为一列黑点，缘毛褐黄色，有一列暗点。后翅半透明白色，翅脉褐色，前缘、顶角及端线褐色。

（2）幼虫。头部暗褐色，侧面有黑褐斑纹，体黑褐色稍带黄色，密布黑色小圆突，腹部末端肛上板有1对明显黑纹，背线、亚背线及气门线均黑褐色，不很明显，气门长卵形，黑色。

（3）卵。扁圆形，花冠分3层，第1层菊花瓣形，第2层玫瑰花瓣形，第3层放射状菱形。

（4）蛹。黄褐至暗褐色，腹末稍延长，有1对较短的黑褐色粗刺。

2．地理分布

（1）国外分布。分布在欧、亚、非洲各地。

（2）国内分布。长江下游沿岸、黄淮地区域、西南和华南地区。

3．为害特征

小地老虎是一种地下害虫，以幼虫为害玉米。小地老虎1～2龄幼虫多集中在幼苗叶片和顶心嫩叶处，昼夜为害，啃食叶肉，造成叶片孔洞或缺刻。3龄以后白天潜入土中，晚上出来活动为害，咬断幼苗、叶柄。4～6龄幼虫暴食为害，并能转移为害，每头幼虫一夜能咬断3～5个幼苗。严重时造成玉米苗期缺塘、死苗、断苗，甚至毁种重播。

4．生活史及习性

（1）发生规律。小地老虎一年发生3～4代，以老熟幼虫在土壤中越冬。翌年春季气温回暖后，越冬幼虫于3月下旬至4月中旬，爬至土表下3～5cm处化蛹，4月下旬至5月上旬羽化成虫。小地老虎的成虫有较强的趋光性和趋化性，成虫夜间活动，交配产卵。卵产在5cm以下矮小杂草（尤其是贴近地面的叶背或嫩茎）上，每雌平均产卵800～1 000粒。成虫对黑光灯及糖醋酒等趋性较强。幼虫

共6龄，3龄前在地面，苗前在杂草或寄主幼嫩部位取食，苗后昼夜取食植物芯叶；3龄后昼间潜伏在表土中，夜间出来为害咬断茎基，动作敏捷，性残暴，能自相残杀。老熟幼虫有假死习性，受惊缩成环形。

（2）生活习性。

① 小地老虎对不同的玉米品种为害区别不大，种植的玉米品种都有为害。

② 对不同的种植方式有所区别。直接塘播的玉米地小地老虎为害较重，一般造成缺塘率达9%～35%。营养袋育苗移栽的为害较轻，被害株率3%左右。

③ 与耕作质量好坏区别较大，耕作粗放杂草多的为害较重，精耕细作及时除草的受害较轻。

5. 防治方法

（1）农业防治。播前深翻，在春玉米田，播种前要深翻，清除杂草，减少小地老虎的落卵量，并杀死初孵幼虫。

（2）物理防治。

① 糖酒醋液诱杀。按糖：醋：酒：水＝3：4：1：2的比例，配成糖酒醋液，再加入90%晶体敌百虫，制成糖酒醋诱杀液，放在田间，可诱杀成虫。

② 毒饵诱杀。用90%晶体敌百虫0.75kg/hm²，加水15kg溶化，喷匀在50kg棉枯饼粉上，制成毒饵，傍晚撒在畦面上，对诱杀小地老虎成虫有较好效果。

③ 黑光灯诱杀。在成虫盛发期，每公顷菜田悬挂40W黑光灯1盏，可有效诱杀成虫。

（3）生物防治。推荐多种作物间作，增加田间植物种类，保持生态多样性，保护利用天敌。小地老虎的主要天敌有寄生蜂、步甲、虎甲等。

（4）人工防治。当小地老虎开始蛀茎，或者幼虫白天潜藏地下时，人工防治效果好，方法是在田间寻找刚出现的枯心苗、萎蔫苗，扒开其周围的土，挖出大龄幼虫，并将这些幼虫杀死。

（5）化学防治。在小地老虎为害玉米的初期，可在地面撒施毒土、毒饵、喷施药粉和药液。早发现、早防治是控制小地老虎为害的关键。在小地老虎为害初期，不仅个体小，而且白天晚上都在地上部活动，是用药的好时机。当玉米幼苗心叶被害率达5%时进行防治，喷洒须均匀，不仅喷到玉米上，而且也要喷到杂草上。也可以撒施毒土、毒饵进行防治。傍晚时顺垄撒施于幼苗附近，毒杀出土为害幼虫。推荐选用绿色、低毒、高效药剂，如辛硫磷、敌百虫、高效氯氟氰菊酯等。

（六）蝼蛄

我国玉米上为害严重的蝼蛄主要是华北蝼蛄（*Gryllotalpa unispina* Saussure）和东方蝼蛄（*Gryllotalpa orientalis* Burmeister）两种。

1. 形态特征

东方蝼蛄的形态特征如下。

（1）成虫。雄成虫体长30mm，雌成虫体长33mm。体浅茶褐色，前胸背板中央有一凹陷明显的暗红色长心脏形斑。前翅短，后翅长，腹部末端近纺锤形。前足为开掘足，腿节内侧外缘较直，缺刻不明显，后足胫节脊侧内缘有3~4个刺，这是识别东方蝼蛄的主要特征，腹末具一对尾须。

（2）若虫。若虫初孵时乳白色，老熟时体色接近成虫，体长24~28mm。

（3）卵。椭圆形，长约2.8mm，初产时黄白色，有光泽，渐变黄褐色，最后变为暗紫色。

2. 地理分布

（1）国外分布。广泛分布于世界各地。

（2）国内分布。华北蝼蛄主要分布在北纬32°以北地区，东方蝼蛄几乎遍及全国。

3. 为害特征

蝼蛄的为害表现在两个方面，即直接为害和间接为害。直接为害是成虫和若虫咬食植物幼苗的根和嫩茎；间接为害是成虫和若虫在土下活动开掘隧道，使苗根和土壤分离，造成幼苗干枯死亡，致使苗床缺苗断垄，育苗减产或育苗失败。

4. 生活史及习性

（1）发生规律。

① 华北蝼蛄。3年左右才能完成1代，在北方以8龄以上若虫或成虫越冬，翌年3月中下旬成虫开始活动，4月出窝转移，地表出现大量垄土隧道。6月开始产卵，6月中、下旬孵化为若虫，进入10—11月以8~9龄若虫越冬。黄淮海地区20cm土温达8℃时的3—4月即开始活动，交配后在土中15~30cm处作土室，雌虫把卵产在土室中，产卵期1个月，产3~9次，每雌平均卵量300粒左右。成虫夜间活动，有趋光性。

② 东方蝼蛄。在南方1年1代，在北方地区2年发生1代，以成虫或若虫在地下越冬。5月上旬至6月中旬是蝼蛄最活跃的时期，也是第1次为害高峰期，6月下旬至8月下旬，天气炎热，转入地下活动，6—7月为产卵盛期。成虫、若虫均喜

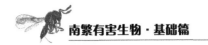

松软潮湿的土壤或沙壤土，20cm表土层含水量20%以上、土温15~20℃最适宜活动。

（2）生活习性。蝼蛄食性广，可采食菊科、藜科和十字花科等多个科的植物，不仅采食植物叶片，还采食根、茎。温度影响蝼蛄采食：20℃以下，随着温度降低，采食量逐渐减少，活动也逐渐减少，5℃时蝼蛄几乎不再活动；20~25℃有利于蝼蛄采食；高于25℃，采食量又开始下降。

蝼蛄生活于土壤中，在土壤中挖掘洞穴，在挖掘洞穴过程中寻找食物，到了产卵期，就产卵于洞穴中。采用吸水脱脂棉作为介质代替土壤，蝼蛄可在其中挖洞、疾走和鸣叫，并在其中生长、产卵繁殖，完成各种行为活动。

5. 防治方法

（1）农业防治。深翻土壤、精耕细作造成不利蝼蛄生存的环境，减轻为害；夏收后，及时翻地，破坏蝼蛄的产卵场所；施用腐熟的有机肥料，不施用未腐熟的肥料；在蝼蛄为害期，追施碳酸氢铵等化肥，散出的氨气对蝼蛄有一定驱避作用；秋收后，进行大水灌地，使向深层迁移的蝼蛄，被迫向上迁移，在结冻前深翻，把翻上地表的害虫冻死；实行合理轮作，改良盐碱地，有条件的地区实行水旱轮作，可消灭大量蝼蛄，减轻为害。

（2）物理防治。蝼蛄的趋光性很强，在羽化期间，晚上7—10时可用灯光诱杀。或在苗圃步道间每隔20m左右挖1小坑，将马粪或带水的鲜草放入坑内诱集，再加上毒饵更好，次日清晨可到坑内集中捕杀。

（3）化学防治。种子处理：播种前，用50%辛硫磷乳油，按种子重量0.1%~0.2%拌种，堆闷12~24h后播种。毒饵诱杀：常用的是敌百虫毒饵，先将麦麸、豆饼、秕谷、棉籽饼或玉米碎粒等炒香，按饵料重量0.5%~1%的比例加入90%晶体敌百虫制成毒饵。先将90%晶体敌百虫用少量温水溶解，倒入饵料中拌匀，再根据饵料干湿程度加适量水，拌至用手一攥稍出水即成。每亩施毒饵1.5~2.5kg，于傍晚时撒在已出苗的菜地或苗床的表土上，或随播种、移栽定植时撒于播种沟或定植穴内。制成的毒饵限当日撒施。

（七）蛴螬

蛴螬是金龟子或金龟甲的幼虫，成虫通称为金龟子或金龟甲。

1. 形态特征

幼虫，体肥大，较一般虫类大，体型弯曲呈"C"形，多为白色，少数为黄白色。头部褐色，上颚显著，腹部肿胀。体壁较柔软多皱，体表疏生细毛。头大而圆，多为黄褐色，生有左右对称的刚毛，刚毛数量的多少常为分种的特征，如华北大黑鳃金龟的幼虫为3对，黄褐丽金龟幼虫为5对。蛴螬具胸足3对，一般后足较长。腹部10节，第10节称为臀节，臀节上生有刺毛，其数目的多少和排列方式也是分种的重要特征。

2. 地理分布

（1）国外分布。广泛分布于世界各地区。

（2）国内分布。全国各地均有分布。

3. 为害特征

玉米地里的蛴螬为害非常厉害，啃咬玉米种子，咬断玉米幼苗、根、茎，断口整齐平截，像刀切面一样，常常造成地面部分玉米幼苗枯死，为害现状非常容易识别。

4. 生活史及习性

（1）发生规律。蛴螬成虫交配后10～15d产卵，产在松软湿润的土壤内，以水浇地最多，每头雌虫可产卵100粒左右。蛴螬年生代数因种、因地而异。这是一类生活史较长的昆虫，一般1年1代，或2～3年1代，长者5～6年1代。蛴螬共3龄。1龄、2龄期较短，3龄期最长。

（2）生活习性。在南方多为1年1代，以幼虫和成虫在55～150cm土层中越冬。卵期一般约10d，幼虫期约350d，蛹期约20d，成虫期近1年。5月中旬至6月中旬为越冬成虫出土盛期，晚上8—9时为成虫取食、交配活动盛期。卵多散产在寄主根际周围松软潮湿的土壤内，以水浇地居多，每个雌虫可产卵100粒左右。当年孵出的幼虫在立秋时进入3龄盛期，土温适宜时，造成严重为害。在翌年4月中旬形成春季为害高峰，夏季高温时则下移筑土室化蛹，羽化的成虫大多在原地越冬。成虫有假死性、趋光性和喜湿性，并对未腐熟的厩肥有较强的趋性。

5. 防治方法

（1）农业防治。精耕细作，及时镇压土壤，清除田间杂草；秋冬翻地可把越冬幼虫翻到地表使其风干、冻死或被天敌捕食，机械杀伤，防效明显；同时，应避免使用未腐熟有机肥料，以防止招引成虫来产卵。

（2）生物防治。利用茶色食虫虻、金龟子黑土蜂、绿僵菌等可达到较好的控制效果。

（3）化学防治。

① 种子处理。主要目的是使种子携带对蛴螬有剧毒的农药，既能防止玉米种子被害虫啃咬破坏，又可避免玉米种子不发芽。这种方法非常简单，使用农药量很少，效果非常好，对环境十分安全。在使用药剂过程中，一定要注意药剂

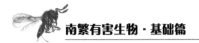

浓度，避免药剂伤害玉米种子，造成发芽率低，这一点千万要引起注意，千万不能麻痹大意，造成不必要的损失。使用40%辛硫磷乳油，按照玉米种子重量的0.25%剂量拌种防治。具体操作方法：将辛硫磷药剂先用种子重量10%的水稀释后，均匀喷拌于待处理的种子上面，搅拌均匀后，堆放闷种一天一夜后，让药液被玉米种子全部充分吸干，随后就可以播种。

② 土壤处理。玉米播种前，结合整地，使用药剂处理土壤。每亩使用0.6kg的40%辛硫磷乳油，搅拌10～15kg细潮土，在蛴螬为害严重的玉米地均匀撒施，再耕地或者整地，可以防止蛴螬害虫的为害。

三、棉花虫害

（一）棉铃虫

1. 形态特征

（1）成虫。体长15～20mm，翅展27～38mm。灰褐色。前翅具褐色环纹及肾形纹，肾纹前方的前缘脉上有2褐纹，肾纹外侧为褐色宽横带，端区各脉间有黑点，后翅黄白色或淡褐色，端区褐色或黑色。

（2）幼虫。老熟幼虫体长30～50mm，体色变化很大，由淡绿、淡红至黑褐色，头部黄褐色，背线、亚背线和气门上线呈深色纵线，气门白色，腹足趾钩为双序中带。两根前胸侧毛边线与前胸气门下端相切或相交。体表布满小刺，其底部较大。

（3）卵。直径0.4～0.5mm，半球形，乳白色，具纵横网格。

（4）蛹。长13～24mm，宽4～7mm，黄褐色，腹部第5节的背面和腹面有7～8排半圆形刻点，臀棘钩刺2根。

2. 地理分布

（1）国外分布。分布于南纬50°与北纬50°之间。

（2）国内分布。各棉区均有分布，在华北、新疆、云南等棉区为害较重。

3. 为害特征

棉铃虫为害棉花时，主要以幼虫蛀食棉花的蕾、花、铃。蕾被蛀食后，苞叶张开发黄，2～3d后脱落；花的柱头和花药被害后，不能授粉结铃；青铃被蛀成空洞后，常诱发病菌侵染，造成烂铃。幼虫也食害棉花嫩尖和嫩叶，形成孔洞和缺刻，造成无头棉，影响棉花的正常发育。

4. 生活史及习性

（1）发生规律。棉铃虫在华南地区每年发生6代，以蛹在寄主根际附近土中越冬。翌年春季陆续羽化并产卵。第1代多在番茄、豌豆等作物上为害。第2代以后在田间有世代重叠现象。成虫白天栖息在叶背或荫蔽处，黄昏开始活动，吸取植物花蜜作补充营养，飞翔力强，有趋光性，产卵时有强烈的趋嫩性。卵散产在寄主嫩叶、果柄等处，每雌一般产卵900多粒，最多可达5 000余粒。初孵幼虫当天栖息在叶背不食不动，第2d转移到生长点，但为害还不明显，第3d变为2龄，开始蛀食花朵、嫩枝、嫩蕾、果实，可转株为害，每幼虫可钻蛀3~5个果实。4龄以后是暴食阶段。老熟幼虫入土5~15cm深处作土室化蛹。

（2）生活习性。

① 耕作栽培制度对种群动态的影响。随着种植结构的调整和作物布局的变化，使棉铃虫得以在不同作物间辗转取食为害，活动的时间和空间大大扩展。此外，由于营养水平的差异使棉铃虫发育进度不一致，田间种群世代参差不齐、交叉重叠，为害历期延长。栽培管理水平提高及栽培制度、耕作制度的改变影响地膜植棉的种植方式，使棉田棉花的生育期普遍提前，为1代棉铃虫发生和繁殖提供了良好的条件。玉米、番茄种植面积的不断扩大，引诱棉铃虫大量为害，在玉米和番茄上繁殖后再回迁到棉田，使2代棉铃虫在棉田的防治压力剧增。随着膜下滴灌以及高密度栽培技术的广泛应用，使垦区秋耕冬灌面积减少，茬灌和干播湿出面积加大，导致棉铃虫羽化率高，越冬基数逐年增多，极易暴发成灾。

② 气候因素与棉铃虫发生的关系。秋季和春季气温的变化直接影响棉铃虫的越冬基数和存活率。9—10月温度偏高，气温下降慢，翌年春季气温稳定回升，棉铃虫的越冬基数大、成活率高，易造成棉铃虫的大发生。冬季气候变暖，有利于棉铃虫的越冬。

5. 防治方法

强化农业防治措施，压低越冬基数，坚持系统调查和监测，控制1代发生量；保护利用天敌，科学合理用药，控制2代、3代密度。

（1）农业防治。

① 秋耕冬灌，压低越冬虫口基数。秋季棉铃虫为害重的棉花、玉米、番茄等农田，进行秋耕冬灌和破除田埂，破坏越冬场所，提高越冬死亡率，减少第1代发生量。

② 优化作物布局，避免邻作棉铃虫的迁移和繁殖在棉田田边、渠埂点种玉米诱集带，选用早熟玉米品种，每亩种植2 200株左右。利用棉铃虫成虫喜欢在玉米喇叭口栖息和产卵的习性，每天清晨专人抽打心叶，消灭成虫，减少虫源。

可减少化学农药的使用，保护天敌，有利于棉田棉铃虫生态的改善。

③ 加强田间管理，适当控制棉田后期灌水，控制氮肥用量，防止棉花徒长，可降低棉铃虫为害。在棉铃虫成虫产卵期使用2%过磷酸钙浸出液叶面喷施，既有叶面施肥的功效，又可降低棉铃虫在棉田的产卵量。适时打顶整枝，并将枝叶带出田外销毁，可将棉铃虫卵和幼虫消灭，压低棉铃虫在棉田的发生量。

（2）药剂防治。当棉田棉铃虫百株虫率1代为5～10头、2代为15～20头、3代25头时可用化学农药进行防治，以挑治为主，严禁盲目全面施药。

棉铃虫卵孵化盛期到幼虫2龄前，施药效果最好。2代卵多在顶部嫩叶上，宜采用滴心挑治或仅喷棉株顶部，3代、4代卵较分散，可喷棉株四周。棉铃虫的防治应以生物性农药或对天敌杀伤小的农药为主。棉铃虫发生较重地块，在产卵盛期或孵化盛期至3龄幼虫前，局部喷洒拉维因、卡死克、赛丹、Bt制剂等防治，关键是抓住防治时期。

（3）生物防治。

① 自然天敌。寄生性天敌主要有赤眼蜂、姬蜂、寄生蝇等；捕食性天敌主要有蜘蛛、草蛉、瓢虫、螳螂、鸟类等。棉田施药过多或选用农药不当，杀伤了大量天敌，失去了天敌对棉铃虫种群的自然控制，是棉铃虫成灾发生的主要原因。

② 诱杀棉铃虫。利用棉铃虫成虫对杨树叶挥发物具有趋性和白天在杨枝把内隐藏的特点，在成虫羽化、产卵时，在棉田摆放杨枝把诱蛾，是行之有效的方法。每亩放6～8把，日出前捉蛾捏死。高压汞灯及频振式杀虫灯诱蛾具有诱杀棉铃虫数量大，对天敌杀伤小的特点，宜在棉铃虫重发区和羽化高峰期使用。

（二）棉蚜

棉蚜（*Aphis gossypii* Glover），属同翅目蚜科蚜属的一种昆虫，俗称腻虫。

1. 形态特征

棉蚜有翅或无翅。

（1）无翅。无翅孤雌蚜体长1.9mm。活体黄，草绿至深绿色。头黑色，胸部有断续黑斑，腹部第2～6节有缘斑，第7～8节有横带，第8节有毛2根。体表有网纹。喙超过中足基节，末节与后跗节2节约等长。跗节第1节毛序为2，3，2。腹管黑色，长为触角第3节的1.4倍，尾片有毛4～7根。有翅孤雌蚜腹部第6～8节各有背横带，第2～4节有缘斑。腹管后斑绕过腹管基部前伸。触角第3节有小环状次生感觉圈4～10个，排成一列。喙末节为后跗节第2节的1.2倍。无翅若蚜与无翅胎生雌蚜相似，但体较小，腹部较瘦。

（2）有翅。有翅胎生雌蚜体长不到2mm，身体有黄、青、深绿、暗绿等色。触角约为身体一半长。复眼暗红色。腹管黑青色，较短。尾片青色。触角比身体短。翅透明，中脉三叉。卵初产时橙黄色，6d后变为漆黑色，有光泽。卵产在越冬寄主的叶芽附近。有翅若蚜形状同无翅若蚜，2龄出现翅芽，向两侧后方伸展，端半部灰黄色。

2. 地理分布

（1）国外分布。世界性分布的害虫。

（2）国内分布。我国各棉区均有分布，北方棉区最严重，长江流域棉区次之。

3. 为害特征

棉蚜以刺吸口器插入棉叶背面或嫩头部分组织吸食汁液，受害叶片向背面卷缩，叶表有蚜虫排泄的蜜露（油腻），并常常滋生霉菌。棉花受害后植株矮小、叶片变小、叶数减少、根系缩短、现蕾推迟、蕾铃数减少、吐絮延迟。

互利共生，棉蚜排泄物为含糖量很高的蜜露，能吸引一种个体较小的黄蚁来取食，而这种小黄蚁为了能与棉蚜长期合作，反过来常常帮棉蚜驱赶棉蚜七星瓢虫等天敌。

4. 生活史及习性

（1）发生规律。棉蚜除华南棉区局部地方外，全国大部分棉区都以卵在越冬寄主上过冬。每年发生十几到三十几代，由北往南代数逐渐增加。越冬寄主主要有花椒、木槿、鼠李、石榴、蜀葵、夏枯草、车前草、菊花、苦菜等。早春卵孵化后，先在越冬寄主上生活繁殖几代，到棉田出苗阶段产生有翅胎生雌蚜，迁飞到棉苗上为害和繁殖。当被害苗上棉蚜多而拥挤时，棉蚜再次迁飞，在棉田扩散，南北不同棉区迁飞次数不一致，一般1~3次。晚秋气温降低，棉蚜从棉花上迁飞到越冬寄主上，产生雌、雄性蚜，交尾后产卵过冬。棉蚜在棉田的为害有苗蚜和伏蚜两个阶段。苗蚜发生在出苗到现蕾以前，适宜偏低的温度，气温超过27℃时繁殖受到抑制，虫口迅速下降。伏蚜主要发生在7月中下旬至8月，适宜偏高的温度，在27~28℃大量繁殖，当平均气温高于30℃时虫口才迅速减退。大雨对蚜虫虫口有明显的抑制作用，因此多雨的气候不利于蚜虫发生。而时晴时雨天气有利于伏蚜虫口增长。苗蚜10多天繁殖一代，伏蚜4~5d就繁殖一代。每头成蚜有10多天繁殖期，共产60~70头仔蚜。有翅蚜有趋黄色的习性，可用黄皿装清水或黄板涂凡士林诱集有翅蚜进行预测预报。

（2）生活习性。棉蚜在棉田按季节可分为苗蚜、伏蚜和秋蚜。

① 苗蚜。在棉苗出土至现蕾阶段发生的棉蚜称苗蚜，在棉田的发生大体上

有3个阶段。一是点片发生阶段。在第1寄主上的有翅蚜发生高峰期与当地棉苗出土期吻合时，有翅蚜迁入棉田，因虫源远近、迁入数量大小和棉田环境的差异，棉蚜在棉田分布很不均匀，出现点片发生（5月上、中旬）。二是普遍发生严重受害阶段。5月下旬至6月上旬，点片发生的棉蚜在棉苗上拥挤，营养恶化，经爬行或有翅蚜飞行扩散到全田，蚜口倍增，使棉苗受害严重。三是衰亡或绝迹阶段。6月上旬末至6月中旬，此时小麦已收割，麦田蚜虫天敌压入棉田，迅速控制棉蚜，虫口下降，甚至达绝迹。

② 伏蚜。棉蚜种群在盛夏形成的生物型，体型小，耐高温。7—8月棉田常发生。

③ 秋蚜。9—10月棉花吐絮期，因气候、施肥、喷药等因素，棉蚜虫口密度迅速增长，造成严重为害且增加了越冬卵量。

5. 防治方法

（1）农业防治。

① 棉麦邻作或与油菜交错种植，改变农田单一生态结构，有利于天敌的保护和繁殖。

② 许多植物与棉花有不同的有害昆虫，但同时又有相同的害虫天敌。利用这个道理，在棉田周围种植油菜，地头和林带种植苜蓿，可有助于增加棉田前期天敌数量，有效控制棉蚜为害。

（2）药剂防治。

① 消灭越冬蚜源。一是消灭冬季室内花卉上的蚜虫；二是消灭黄金树、石榴、葡萄、核桃、鼠李等室内外蚜虫。每年早春在有翅蚜虫形成之前，用3%天达啶虫脒1 500倍液＋2.5%高效氯氟氰菊酯药液防治。温室、大棚种植的黄瓜、葫芦等蔬菜都是棉蚜越冬后的桥梁寄主，应及早喷施2%天达阿维菌素4 000倍药液＋2.5%功夫菊酯1 500倍液防治。

② 中心蚜株的防治。用48%毒死蜱长效缓释剂杀虫剂用水将其稀释10倍，涂抹于棉茎红绿相间处，涂抹长度2～5cm，不能环茎涂抹，以免发生药害；点片发生期是防治效果最好的时期，应抓住防治工作的主动权。点片喷药，用3%天达啶虫脒＋2.5%高效氯氟氰菊酯防效良好。

③ 大面积防治。其防治必须对症下药，可根据实际情况选用对天敌杀伤力较小的尿洗合剂（尿素：洗衣粉：水＝0.5：2：100）、2%的天达阿维菌素、3%天达啶虫脒、2.5%功夫、赛丹、阿克泰等，使用洗尿合剂每亩用水量要达到60kg以上。

（三）棉叶螨

棉叶螨俗称红蜘蛛，为害棉花的叶螨主要是朱砂叶螨 [*Tetranychus cinnabarinus* （Boisduval）]、截形叶螨（ *T.truncatus* Ehara）和土耳其斯坦叶螨 [*T.turkestanni* （Ugarov et Nikolski）]。

1. 形态特征

（1）成螨。朱砂叶螨雌螨体椭圆形，长0.42~0.56mm，宽0.32mm，锈红色或深红色。须肢端感器长为宽的2倍，背感器梭形。雄螨体长0.35mm，宽0.19mm，须肢端感器长为宽的3倍，背感器稍短于端感器。卵圆球形，直径0.13mm。截形叶螨和土耳其斯坦叶螨外部形态与朱砂叶螨十分相似，肉眼或在放大镜下也难以将它们区分开来，但通过做玻片标本在显微镜下观察雄虫，阳具有显著差别。

（2）幼螨。卵初孵的幼螨，体近圆形，长约0.15mm，浅红色，稍透明，具足3对。

（3）若螨。分第1若螨和第2若螨。幼螨蜕皮为第1若螨，再蜕皮为第2若螨。均具4对足，体色变深，体侧出现深红色斑点。

2. 地理分布

（1）国外分布。分布于南纬50°与北纬50°。

（2）国内分布。除土耳其斯坦叶螨只分布在新疆棉区外，其他两种我国各棉区均有分布。

3. 为害特征

棉叶受害初期叶正面出现黄白色斑点，3~5d斑点面积扩大，斑点加密，叶片开始出现红褐色斑块（单是截形叶螨为害，只有黄色斑点，叶片不红）。随着为害加重，棉叶卷曲，最后脱落，受害严重的，棉株矮小，叶片稀少甚至光秆，棉铃明显减少，发育不良。

4. 生活史及习性

（1）发生规律。每年秋季随着日照变短，温度下降，叶螨体色转红，雌螨不再产卵而进入滞育，准备越冬。10月中下旬，随着植物的干枯，逐渐转移到寄主植物附近的枯叶内、杂草根际及土块、树皮裂缝内越冬。翌年3月中下旬至4月初，在棉田周围杂草上取食，繁殖后代，4月中下旬，气温达到12~13℃时，多种杂草寄主上的叶螨发生较为普遍。棉苗出土后，可通过风、人传入棉田。华南棉区1年发生20代以上。在一年中，棉叶螨发生有多次高峰期。温度越高繁殖速

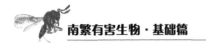

度越快，6—7月降水少，有利其发生，高峰期常常卵、若螨、成螨同时出现，呈现世代交替现象。棉叶螨喜欢高温干旱的气候条件，其繁殖最适宜的温度为22～28℃、湿度为40%～65%。

（2）生活习性。

① 吐丝结网。大量的吐丝结网，且在叶背面，虫体常隐藏在网下繁殖为害。

② 繁殖习性。主要进行两性生殖，也可进行孤雌生殖（产卵）。未受精卵发育成雄螨；雌雄比例，生长季节为8∶1或10∶1，深秋时为4∶1或5∶1。干旱时，雄螨较多；卵多产于网下叶脉两侧和萼凹处。

③ 扩散习性。爬行扩散较慢，幼螨爬行2.4cm/min；成螨爬行3.9～5.5cm/min，在疏松的土中仅爬2.7cm/min。可见叶螨靠自身运动扩散是较慢的，而主要是靠流水、气流高旋、随风飘荡、人为作业、机具作业及虫鸟携带飞翔扩散。

④ 对寄主的选择性。在单子叶和双子叶作物同时存在时，易选择双子叶作物寄生。最易选择的是豆科、锦葵科、葫芦科、菊科等，而百合科、禾本科寄生较少。

5. 防治方法

（1）苗期防治。做好中心株控制，在棉田坚持"查、插、喷"三字方法进行人工挑治，即及时棉田普查发现，插好标记，集中点片围点打圆，围片打圈。有螨株率低于5%时挑治中心株，超过5%时全田防治。

（2）蕾期防治。对中心株在田间分布比较均匀，点多、面广的采用机力喷雾防治。当有螨株率达到5%～10%并有扩展态势时，选用阿维菌素、四螨嗪、哒螨灵、炔螨特、螺螨酯等药剂防治，打顶前后做好棉叶螨控制。防后3～5d调查防效，对防效低于90%的棉田进行补治。

（3）花铃期防治。点片发生时挑治，连片发生或平均有螨株率达到10%以上时全田防治。当棉叶螨虫口密度达到10%以上时，优先选用生物源、低毒、环境友好型药剂及时防治，注意与蕾期药剂轮换。

（4）秋耕冬灌是降低棉叶螨越冬基数最好的方法。

（四）扶桑绵粉蚧

扶桑绵粉蚧（*Phenacoccus solenopsis* Tinsley），属同翅目粉蚧科绵粉蚧属。

1. 形态特征

雌成虫、若虫活体通常淡黄色至橘黄色，虫体椭圆形，2龄后体表逐渐被白色蜡质分泌物覆盖，体背面有系列黑斑，其中腹部背面明显可见3对黑色斑点，体缘有白色蜡突，均短粗，腹部末端2对较长。

（1）成虫。雄成虫羽化后可见虫体黑褐色，体长（1.24±0.09）mm，宽（0.30±0.03）mm。雄虫需经过卵、若虫、蛹和成虫4个虫态。

（2）若虫。分3个龄期，1龄若虫长约0.07mm，宽0.037mm左右；2龄若虫长0.75～1.1mm，宽0.36～0.65mm；3龄若虫长1.02～1.73mm，宽0.82～1.00mm；雌成虫长3.0～4.2mm，宽2.0～3.0mm，腹部下有白色棉絮状的卵囊，并向后膨伸出体外，产卵或若虫于卵囊中，刚产下的卵橘色，孵化前变粉红色。据报道，雄虫一般在2龄末期停止取食，分泌蜡丝，进入蛹期。

（3）蛹期。虫体被蜡丝包裹，剥去丝茧可见虫体呈浅棕褐色，体长（1.41±0.02）mm，宽（0.58±0.06）mm。

2. 地理分布

（1）国外分布。原产于北美，1991年在美国发现为害棉花，随后在墨西哥、智利、阿根廷和巴西相继有报道发现。2005年印度和巴基斯坦有发现，对当地棉花造成了严重为害。2008年8月，在广东省广州市市区的扶桑上国内首次发现了该虫。

（2）国内分布。我国海南、广东、广西、福建、台湾、浙江、江西、湖南、贵州、云南、重庆、湖北、安徽、上海、江苏、山东和河南等17地的大部分区域，新疆、四川、甘肃、宁夏、陕西、山西、河北、北京、天津、辽宁和内蒙古等11地的部分地区，都是该虫的适生区。2010年5月5日农业部、国家林业局发布公告第1380号，将扶桑绵粉蚧增列为全国农业、林业植物检疫性有害生物。

3. 为害特征

以幼虫和成虫的口针刺吸棉株的叶、嫩茎、苞片和嫩叶的汁液，致使叶片萎蔫和嫩茎干枯，植株生长矮小；在被粉蚧侵害部位如植株顶尖、茎及枝上堆积白色蜡质；为害部位因粉蚧排泄的蜜露，引诱蚂蚁的剧烈活动，滋生黑色霉菌，影响植物光合作用，生长受抑制；粉蚧易转移扩散，通过风、水、蚂蚁、人在田间的活动和被侵染材料的调运等其他人类活动进行传播，使其迅速扩散到新地区，不断扩大为害范围；高温低湿有利于扶桑绵粉蚧的迅速繁殖，增加为害程度。

4. 生活史及习性

（1）发生规律。雌成虫产卵、小若虫于白色棉絮状的卵囊内，卵期很短，孵化大多在母体内进行，行卵胎生，5月后观察卵囊内大多为若虫。产下的1龄若虫活跃，爬行迅速，从卵囊中爬出后短时间内即可取食。1～2龄若虫喜欢取食植物幼嫩部位，包括嫩枝、叶腋、叶片（叶片正反两面均有分布）、花芽。2龄后逐步向叶脉、叶柄、花果柄、嫩枝转移为害。3龄若虫及雌成虫喜在较粗壮的叶

柄、花果柄、嫩枝及主秆、主枝上群集为害。

（2）生活习性。扶桑绵粉蚧年发生代数为5～6代。3月随气温回升，越冬代低龄若虫开始活动，至4月中下旬完成越冬世代，出现少量雌成虫，开始产卵，完成1个世代达170d左右。因扶桑绵粉蚧单头雌虫产卵量大，每囊有卵（或若虫）150～600粒（头），且产卵历期平均达10d，一般5～15d，所以世代重叠严重，各虫态并存。扶桑绵粉蚧在海南。7—9月高温季节是繁殖盛期，虫口数量迅速增长且世代重叠严重，为害加重。

扶桑绵粉蚧以卵或其他虫态在植物上或土壤中越冬。其在温室环境中可终年繁殖，代数增加。在22～27℃范围内，扶桑绵粉蚧的存活率最高，繁殖力最强，是该虫生长发育的最适宜温度，而高温和低温对扶桑绵粉蚧的生存均是不利的。若虫死亡率增加，发育历期延长，雌成虫产卵量减少，空囊率增多，且下代1龄若虫有发育不整齐、部分个体滞育现象明显。

扶桑绵粉蚧在不同寄主植物上生长发育存在很大差别，喜欢取食番茄、茄子、辣椒、丝瓜、南瓜、太阳花等植物的疏松、嫩而粗壮组织，且发育快、成活率高；而在马唐、叶下珠、决明子等植物上生长发育缓慢、滞育、存活率低，完成世代发育个体较少。

（3）传播途径。扶桑绵粉蚧雌成虫和若虫无翅，自身传播扩散能力较弱，主要通过株叶接触染有扶桑绵粉蚧虫源的土壤、残株、植株转移为害，或通过风、水、动物和人在田间活动完成近距离传播。染有扶桑绵粉蚧虫源的土壤、植物和被侵染材料的调运、随意倾倒处理等人类活动是远距离传播的主要原因，如从疫区调运带虫花卉苗木、蔬菜，可使扶桑绵粉蚧迅速扩散到新地区，短期内在适生地繁殖并迅速扩散蔓延。

5.防治方法

检疫部门应严格禁止从印度、巴基斯坦等国输入扶桑绵粉蚧的寄主植物；对普查发现扶桑绵粉蚧的作物，采取灭虫措施。看有无白色蜡粉、白色虫体，对照扶桑绵粉蚧形态特征（如虫体背部有一系列的黑色斑）加以确认。及时做好虫情预测预报，及时发现，及早防治。

（1）农业措施。把农田周边有扶桑绵粉蚧的杂草铲除并烧毁，将有扶桑绵粉蚧的植株落叶及枯枝清理烧毁。进行冬耕冬灌，消灭越冬虫蛹，降低和减少翌年越冬基数，减轻为害发生。

（2）化学防治。扶桑绵粉蚧体背被有白色蜡粉，世代重叠严重，防治时根据胡学难等对6种化学药剂致死效果试验结果，啶虫脒、吡虫啉和高氯苯油可作为扶桑绵粉蚧化学防治的备选药剂，吡虫啉和高氯苯油复配具有明显的增效作用。选择低龄若蚧高峰期进行，注意喷施叶片背部，喷足药液量。

（3）生物防治。国内常见的捕食性昆虫六斑月瓢虫（*Cheilomenes sexmaculata*）是扶桑绵粉蚧的天敌，尽快在发生区域寻找和保护天敌，防治该害虫。

（五）斜纹夜蛾

斜纹夜蛾（*Spodoptera Litura* Fabricius），属鳞翅目夜蛾科。

1. 形态特征

（1）成虫。体长14～20mm，翅展35～40mm，深褐色。前翅灰褐色，前翅环纹和肾纹之间有3条白线组成明显的较宽斜纹，自基部向外缘有1条白纹。外缘各脉间有1个黑点，后翅白色无斑纹。

（2）幼虫。体长35～47mm，体色多变，从中胸到第9腹节上有近似三角形的黑斑各1对，其中第1、第7、第8腹节上的黑斑最大，头部黑色，腹足4对，胴部体色因寄主不同而异，呈土黄色、青黄色、灰褐色、暗绿色等。

（3）蛹。长15～20mm，赤褐色至暗褐色，腹部背面第4～7节近前缘处有一小刻点，腹末有1对强大的臀刺。

（4）卵。馒头状，直径约0.5mm，块产，表面有纵横脊纹，初产时为黄白色，不久变为淡绿色，近孵化时呈紫黑色，3～4层卵常重叠成椭圆形的卵块，外覆黄色绒毛。

2. 地理分布

（1）国外分布。广泛分布于亚洲和大洋洲的害虫。

（2）国内分布。除西藏未见报道外，其余各省棉区均有分布。

3. 为害特征

以幼虫咬食叶、蕾、花及果实。在蔬菜上主要为害甘蓝、大白菜、茄子、辣椒、番茄、豆类、瓜类、马铃薯、藕、芋等。以十字花科、芋和水生蔬菜受害最重。初孵幼虫集中在叶背为害，残留透明的表皮，使叶形成纱窗状，3龄后开始逐渐分散转移为害，取食叶片或较嫩部位造成许多小孔，4龄以后随虫龄增加食量逐增，有假死性及自相残杀现象。虫口密度高时，叶片被吃光，呈扫帚状。4龄以上幼虫除啃食叶片外，还可钻食棉桃、茄子等多种农作物的花和果实。棉花受害后造成落花、落蕾、烂桃、落桃等。大发生时可将棉花连片吃光。

4. 生活史及习性

（1）发生规律。斜纹夜蛾年发生5代，各代发生期几乎与棉铃虫和甜菜夜蛾同步，但对环境的要求却大相径庭。斜纹夜蛾要求适温25～28℃、高湿90%左右，最高温度超过38℃时卵不孵化，幼虫及蛹出现反常兴奋，代谢失调，发育出现短暂中断；土壤含水量低于20%，幼虫不能正常化蛹，成虫将无法展翅。由于怕旱怕热的习性，在长期的生存竞争中，形成了卵的孵化以早晚为多，幼虫取食以早晚为盛，成虫选择生长茂密、植株高大的荫蔽棉田产卵，以逃避烈日烘烤。

（2）生活习性。

① 群集性。斜纹夜蛾卵量大，初龄幼虫群集在一起，3龄后才明显扩散为害。

② 隐蔽性。斜纹夜蛾的卵产在叶背上不易发现，直到孵化为害后，才见到为害状，2龄后期开始吐丝分散为害，有昼伏夜出习性，有的白天潜伏在土缝、老叶、土块等背光处，夜间爬到植株上部取食，有时白天只见被害状和粪便，难见虫体。老熟幼虫在表土下1~3cm处化蛹。

③ 暴食性。低龄幼虫食量小，3龄后食量明显加大，4~6龄为暴食期，占整个幼虫期取食量的绝大部分。大量高龄幼虫可在几天内将整株叶片吃尽，豆荚吃光，造成惨重损失。

④ 假死性。幼虫有假死性，而以3龄后最为突出，一受惊动，即假死落地。

⑤ 杂食性。不仅取食棉花、大豆（包括黑皮青仁豆、黑皮黄仁豆），还取食蔬菜、水稻、甜菜等。

⑥ 暴发性。发生世代多而易重叠，加上卵量大而集中，孵化后分散为害，初期不易察觉，可在短期内出现大量虫源，使防治措手不及。

5. 防治方法

在防治上应做到抓住关键时期，按"预防为主，综合防治"的方针，早做准备，积极防治。

（1）农业防治。

① 灌水。对有虫源的豆类等收获田块及时冬耕冻垡消灭越冬虫源，或结合抗旱在蛹期灌水淹蛹。

② 人工摘卵或捉老龄幼虫。产卵高峰期至初孵幼虫期，利用人工摘除卵块带出田外销毁，能起到降低田间基数，减轻发生程度的作用。对高龄幼虫密度较大的田块，利用人工捕捉，也能达到快速降低田间虫口基数，减轻为害的目的。

（2）生物防治。

① 天敌。有步行虫、蜘蛛、寄生蝇、广赤眼蜂、黑卵蜂、小茧蜂、线虫及鸟类。有条件的地方可以开展生物防治。

② 诱捕成虫。用黑光灯诱蛾和根据夜蛾科昆虫对糖、蜜、酒、醋有特别嗜好，设置糖醋毒液诱杀成虫；亦可用有青香气味的树枝把（如杨树枝把）诱蛾。

（3）化学防治。初孵幼虫期至3龄期是化学防治的适期。在化学防治时，应选用高效低毒、低残留农药。

（六）烟蓟马

棉花上的蓟马以烟蓟马（*Trips tabaci*）为主，属黄缨翅目蓟马科。

1. 形态特征

（1）成虫。体长1.2～1.4mm，两种体色，即黄褐色和暗褐色。触角第1节淡；第2节和第6～7节灰褐色；第3～5节淡黄褐色，但第4节、第5节末端色较深。前翅淡黄色。腹部第2～8节背板较暗，前缘线暗褐色。头宽大于长，单眼间鬃较短，位于前单眼之后、单眼三角连线外缘。触角7节，第3节、第4节上具叉状感觉锥。前胸稍长于头，后角有2对长鬃。中胸腹板内叉骨有刺，后胸腹板内叉骨无刺。前翅基鬃7根或8根，端鬃4～6根；后脉鬃15根或16根。腹部2～8背板中对鬃两侧有横纹，背板两侧和背侧板线纹上有许多微纤毛。第2背板两侧缘纵列3根鬃。第8背板后缘梳完整。各背侧板和腹板无附属鬃。

（2）若虫。共4龄，各龄体长为0.3～0.6mm、0.6～0.8mm、1.2～1.4mm及1.2～1.6mm。体淡黄，触角6节，第4节具3排微毛，胸、腹部各节有微细褐点，点上生粗毛。4龄翅芽明显，不取食；但可活动，称伪蛹。

（3）卵。0.29mm，初期肾形，乳白色，后期卵圆形，黄白色，可见红色眼点。

2. 地理分布

（1）国外分布。雌虫广泛分布于世界各大洲，而雄虫仅在地中海、新西兰、纽约等少数地区有分布。

（2）国内分布。全国各地均有分布。

3. 为害特征

当棉苗受到棉蓟马的为害以后，棉叶背面就会出现银灰色斑点，使棉叶变形，严重的还会出现棉叶干枯脱落的症状；如果在棉苗长出真叶前生长点就受到棉蓟马为害，就会使真叶生长失败，出现子叶肥大的"公棉花"；当大苗的生长点受到为害以后，会使生长点出现干枯死亡，最终出现"无头棉"，即便以后能够长出新芽，棉苗枝叶茂盛，还是会形成很多"多头棉"，不利于结铃；如果棉花花朵受到为害，就会导致苞叶提早张开，花朵脱落，造成棉花减产。

4. 生活史及习性

（1）发生规律。棉蓟马在生长的第1年就能够繁衍出6～8代。从每年的4月下旬开始进入棉田为害棉苗生长，一直到5月下旬都属于棉蓟马的为害高峰期，

但是随着温度的升高（25℃以上），棉蓟马对棉苗的为害也会逐渐减弱。

棉蓟马的成虫、若虫和伪蛹通常是在棉田土壤中或枯枝落叶中越冬，有些还会在田外杂草中、树皮下等位置度过，一直到翌年春天，等到温度适宜以后开始活动，也就是将寄生地转移到杂草上，待到棉苗出土以后再进入棉田。此外，棉蓟马喜欢蓝色和白色，因此在地膜覆盖和杂草多的棉田中发生时间较早且严重。棉蓟马喜欢阴暗但温暖的地方，通常在白天躲在叶子背面为害棉苗，只有阴天或晚上才到叶子正面取食。

棉蓟马喜欢的温度在15~25℃，相对湿度不高于60%，这也是它们繁衍和为害的高峰期。一旦温度高于26℃、相对湿度达到75%以上，棉蓟马的数量和为害度就会下降。

导致棉蓟马发生的原因有很多，但最主要的还是棉种拌药不规范和棉蓟马防治思想存在误区。在棉种拌药上，经常出现不规范拌药的情况，通常情况下，棉种药剂的药效达35~50d，但是如果当年气候异常，导致棉蓟马生长周期延长，原来的药效期限过后，棉蓟马还会继续为害棉苗，药剂就起不到相应作用。由于长期种植棉花已经使棉农有了一定的防治经验，但是近年来气候不断变化，传统的防治措施已经不适用于现阶段棉蓟马防治，棉农在思想还存在误区，坚持自己的看法，导致本可以避免虫害威胁的棉田，因棉农不愿出钱购买药剂，使棉蓟马变得猖獗，棉田大量减产。

（2）生活习性。

① 棉蓟马成虫活跃善飞，可借风力进行远距离飞行，对蓝光有强烈趋性。成虫多分布在棉株上半部叶上，怕阳光，白天多在叶背面取食，夜间或阴天时才在叶面活动。雌虫可行孤雌生殖，田间见到的绝大多数是雌虫，雄虫极少。成虫多产卵于寄主背面叶肉和叶脉组织内。1头雌虫每天可产卵10~30粒。1龄若虫多在叶脉两侧取食，体小色浅，不太活动；2龄若虫色稍深，易于辨别；蛹最后羽化为成虫。

② 雄成虫寿命较雌成虫短。成虫羽化后2~3d开始交配产卵，全天均进行。成虫有趋花性，卵大部分产于花内植物组织中，如花瓣、花丝、花膜、花柄，一般产在花瓣上。每雌产卵约180粒，产卵历期长达20~50d。

5. 防治方法

（1）农业防治。在完成棉花采收工作以后，要立即将棉秆全部粉碎，再进行秋翻冬灌，将棉田周边的枯枝落叶完全铲除，防止棉蓟马在此越冬。在翌年春天播种以前，要将棉田内部及周围的杂草全部焚烧，这样做主要是将已经"搬迁"到杂草上的棉蓟马杀死。

（2）物理防治。由于棉蓟马喜爱蓝色和白色，因此可以在田中架设杀虫灯对成虫进行诱杀，也可以在棉田放置蓝色粘虫板，杀死棉蓟马成虫。

（3）生物防治。可以对棉蓟马的天敌进行保护，如小花蝽，营造利于小花蝽生存与繁衍的环境，做到以虫治虫。

（4）化学防治。

① 寄主防治。可以使用70%的吡虫啉或涕灭威。在棉蓟马还没有迁入棉田以前，可以用800倍的乙酰甲胺磷溶液对棉蓟马寄生植物喷洒药物，每隔5d喷洒1次，只要连续喷洒2次就能将大部分棉蓟马杀死。

② 棉苗期。这时就要对棉蓟马的虫情展开调查，如果发现3片真叶前100株有10头棉蓟马、4片真叶后100株至少有20头棉蓟马，或者5%的棉苗都有棉蓟马，一定要进行化学防治。在药剂选择上，可以选用50%的辛硫磷乳油或者是1 000倍液的35%伏杀硫磷乳油等药剂进行化学防治。

③ 喷药技术。由于棉蓟马喜阴暗不喜阳光，通常是白天在棉叶背面进行为害、阴天或日出前后到棉叶正面取食，特别是在清晨或傍晚取食较多，因此可以将喷药时间选择在清晨或傍晚，将棉叶的正反面同时喷药，做到双重保险，提升防治效果。此外，在防治棉蚜的同时，也可以防治棉蓟马。

（七）烟粉虱

烟粉虱（*Bemisia tabaci* Gennadiu），属同翅目粉虱科小粉虱属。

1. 形态特征

（1）成虫。体长14～20mm，翅展35～40mm，深褐色。前翅灰褐色，前翅环纹和肾纹之间有3条白线组成明显的较宽斜纹，自基部向外缘有1条白纹。外缘各脉间有1个黑点，后翅白色无斑纹。

（2）幼虫。体长35～47mm，体色多变，从中胸到第9腹节上有近似三角形的黑斑各1对，其中第1、第7、第8腹节上的黑斑最大，头部黑色，腹足4对，胴部体色因寄主不同而异，呈土黄色、青黄色、灰褐色、暗绿色等。

（3）蛹。长15～20mm，赤褐色至暗褐色，腹部背面第4～7节近前缘处有一小刻点，腹末有1对强大的臀刺。

（4）卵。馒头状，直径约0.5mm，块产，表面有纵横脊纹，初产时为黄白色，不久变为淡绿色，近孵化时呈紫黑色，3～4层卵常重叠成椭圆形的卵块，外覆黄色绒毛。

2. 地理分布

（1）国外分布。广泛分布于全球热带和亚热带地区。

（2）国内分布。我国南部及包括海南岛和台湾岛的东南沿海地区。

3. 为害特征

初孵幼虫集中在叶背为害，残留透明的表皮，使叶形成纱窗状，3龄后开始逐渐分散转移为害，取食叶片或较嫩部位造成许多小孔，4龄以后随虫龄增加食量逐增，有假死性及自相残杀现象。虫口密度高时，叶片被吃光，呈扫帚状。4龄以上幼虫除啃食叶片外，还可钻食棉桃、茄子等多种农作物的花和果实。烟粉虱侵害棉花后造成落花、落蕾、烂桃、落桃等，大发生时可将棉花连片吃光。

4. 生活史及习性

（1）发生规律。烟粉虱年生11～15代，繁殖速度快，世代重叠。在我国南方可常年为害，无越冬现象。

春季主要在杂草、十字花科和茄科蔬菜等寄主上取食，5月上旬部分迁入棉田繁殖为害。条件适合的年份可持续为害到10月中旬，几乎月月出现1次种群高峰，每代15～40d。气温低于12℃停止发育，14.5℃开始产卵，气温21～33℃，随气温升高，产卵量增加，高于40℃成虫死亡。每雌产卵120粒左右，成虫产卵于棉株上、中部的叶片背面，喜在温暖无风的天气活动，有趋黄的习性。粉虱在干旱少雨、日照充足的年份发生早，发生严重，持续为害时间长。因此，在干旱少雨、日照充足的年份要特别注意烟粉虱的发生动态。暴风雨能抑制其大发生，增加灌溉次数也可减轻棉株受害程度。

（2）暴发原因。

① 生态环境适宜。虽然烟粉虱是一种多食性害虫，但主要嗜好部分蔬菜、花卉和棉花等少量经济作物，蔬菜面积逐年扩大的地区，因而食料丰富，非常适宜烟粉虱形成为害。

② 寄主植物频繁调运。随着农业产业结构调整的不断深入和流通领域日趋扩大，蔬菜及花卉的南北调运和苗木的频繁引进，给烟粉虱的扩散为害带来了便利。

③ 越冬场所充足。南繁基地为烟粉虱提供了充足的越冬场所，特别是草莓、黄瓜、番茄、青椒等烟粉虱喜食蔬菜种植偏多，有利于其取食繁殖，为翌年暴发提供了充足虫源。

（4）寄主范围广。由于烟粉虱几乎可以取食所有的农作物，寄主范围广，食性杂，繁殖快，生活周期短，产卵量多，迁徙性强，极不易防治，如不进行联防联治，很难提高总体防治效果。

5. 防治方法

（1）农业防治。

① 控制越冬虫源地。我国主要棉区的烟粉虱冬季一般只能在温室（大棚）内越冬，因此，从越冬环节切断烟粉虱的自然生活史是控制棉田烟粉虱的一种经济有效的措施。

② 合理进行作物布局。避免棉花与瓜菜类等烟粉虱嗜好寄主作物大面积插花种植，也不要在棉田内套种或在田边种植十字花科、葫芦科蔬菜。

③ 加强田间管理。加强棉花中后期管理，及时修棉整枝，摘除棉花底部无效老叶，将布满害虫的废枝废叶带出棉田集中处理。清除棉田内外杂草，减少烟粉虱的寄主，以压低棉田虫口数量。

④ 黄板诱杀。利用该虫趋黄色的习性，在棉行内插黄板，抹上机油来诱杀成虫。

（2）生物防治。目前已发现烟粉虱寄生性天敌45种、捕食性天敌62种和虫生真菌7种。用丽蚜小蜂防治烟粉虱，当每株棉有粉虱0.5～1头时，每株放蜂3～5头，10d放1次，连续放3～4次，并配合使用扑虱灵可达到较好的控制效果。

（3）化学防治。

① 应选择不同类型药剂轮换交替使用，提高防治效果，但必须严格控制使用次数，一般一种药剂只用1次。

② 注意施药方法和施药质量，克服防治难点。烟粉虱发生隐蔽繁殖蔓延快，初发虫口少时难发现，而虫口多时防治难度大，是防治上的一个难点，可采用适宜的施药方法和保证施药质量加以克服。

第五章 南繁区危险性病害

一、水稻病害

（一）水稻稻瘟病

1. 病原

稻瘟病病原菌的无性态是稻梨孢（*Pyricularia oryzae* Cav.），属于有丝分裂孢子真菌；有性态是子囊菌门的稻巨座壳［*Magnaporthe oryzae*（Hebert）Barr］。

（1）形态特征。稻瘟病菌的菌丝具有分隔和分枝，初期为无色，而后逐渐变成褐色；分生孢子梗从病组织表皮或气孔处成簇地长出，具有2~4个隔膜；分生孢子为无色或褐色，呈顶部尖、基部钝的洋梨状或倒棍棒状；分生孢子萌发时在其基部或顶部形成芽管，再由其形成附着胞，最后附着胞生出侵染丝而侵入寄主植物组织。该菌主要通过菌丝体或分生孢子在病谷和病稻草上越冬进而进行初侵染，越冬病稻草长出分生孢子后，又可通过气流传播至健稻株上形成再侵染。

（2）生物学特性。稻瘟菌菌株，在生物学特性和产孢量方面均存在明显差异，这可能是由不同生态区寄主品种、气候条件和种植结构等外部条件影响其遗传结构引起。

① 温度对稻瘟菌产孢量的影响，稻瘟菌分生孢子形成的温度范围为10~35℃，以25~28℃且伴以高湿条件为最适，23℃较33℃条件下稻瘟菌产孢量高，38℃时产孢量最低，表明高温极不利于稻瘟菌孢子的产生，这也许与高温抑制其某些酶及生物大分子的活性有关。

② 光照时间对稻瘟菌产孢量的影响，光暗交替刺激是稻瘟菌株大量产孢的重要条件，稻瘟菌在12h光暗交替条件下产孢量显著高于其他处理，连续黑暗甚至昏暗的光照可能会抑制稻瘟病菌孢子的释放，黑暗处理几乎不产孢，连续光照处理可以产生少量孢子。

2. 为害特征

稻瘟病也是一种常见的世界性水稻真菌病害，近些年在中国、韩国、日本、越南和美国等水稻主产区发生流行。该病在水稻的各个生长阶段均能发生，根据发病时间和侵染部位的差异，可将其分为苗瘟、叶瘟、节瘟、穗颈瘟和谷粒瘟。

（1）苗瘟。病菌主要以分生孢子和菌丝体在稻草和稻谷上越冬，播种带菌种子可引起苗瘟。通常在3叶期发病，发病时根苗会出现灰黑色，上部变为褐色。

（2）叶瘟。叶片显现病斑，通常在3叶期至后期发病，不同水稻品种的抗病能力不同，所以叶瘟所体现出的病变形状、大小、颜色也有明显差异。慢性型病斑初期表现为暗绿色或褐色小点，两端向叶脉延伸褐色坏死线，之后呈现出不规则的大斑。急性型病斑的叶片上表现出大量灰色的霉层，具有很强的流行性。

（3）节瘟。在抽穗后，稻节位置出现褐色小点，之后整个节部发黑、腐烂，可形成白穗。

（4）穗颈瘟。在穗颈部位可见褐色小点，之后逐渐变为黑色，抽穗后为白穗，形成小穗不实。

（5）谷粒瘟。早期发病外壳全部变为灰白色，晚期发病可见褐色病斑。

3. 发生规律

（1）温度。稻瘟病的菌丝生长温限8～37℃，26～28℃为最佳病菌生长温度，孢子的形成温限10～35℃，25～28℃最适宜孢子形成。

（2）湿度。相对湿度90%以上时发病率最高，这是因为孢子萌发需要大量的水分。根据温湿度特点，当适温、高湿天气，有雨、雾、露等自然条件时，最容易发生水稻稻瘟病。

（3）发病期。同一个水稻品种在不同生育期内所表现的抗性明显不同。秧苗4叶期、分蘖期、抽穗期是发生水稻稻瘟病风险最高的时期。相对来说，圆秆期的发病风险比较低。同一器官或组织在组织幼嫩期发病重，穗期以始穗时抗病性弱。

（4）肥水管理。放水早或长期深灌根系发育差，抗病力弱，发病重。光照不足，田间湿度大，有利分生孢子的形成、萌发和侵入。山区雾大露重，光照不足，稻瘟病的发生为害比平原严重。此外，施肥时机不当、稻田灌溉方式不合理也会降低水稻抗病能力，导致稻瘟病害的主要影响因素。

4. 发生特点

影响水稻稻瘟病发病的因素主要是环境和栽培管理措施。病菌发育最适温度为25～28℃；高湿有利分生孢子形成、飞散和萌发，而高湿度持续达一昼夜以上，则有利病菌的侵入，造成病害的发生与流行。阴雨连绵、日照不足、结露时间长有利发病。种植感病品种有利发病；而抗病品种大面积单一化连续种植，极易导致病菌变异产生新的生理小种群，以致丧失抗性。长期灌深水或过分干旱，污水或冷水灌溉，偏施、迟施氮肥等，均易诱发稻瘟病。综上，依据当地气候条件和稻瘟病发病规律，选择抗（耐）稻瘟病水稻栽培品种和优化的栽培管理措施，严格执行品种选择标准，则对当地水稻产业抵御或回避稻瘟病具有重要的生产意义。

5. 防治方法

稻瘟病的防治措施主要包括抗病品种的选育和利用、药剂防治措施、栽培管理以及生物防治措施。

（1）抗病品种的选育和利用。水稻抗病品种的选育与利用是防治稻瘟病最经济有效且绿色环保的手段。由于稻瘟病菌的种群结构具有复杂性和易变性，致使很多抗病品种在大面积种植多年后就会失去抗性。因此，很有必要利用分子标记辅助育种和转基因育种技术等现代分子生物学技术进一步发掘和丰富抗稻瘟病基因资源，拓宽品种抗性，以培育出广谱持久抗瘟品种。

（2）栽培管理。合理密植，提高稻田的通风透光度、降低稻株的湿度；通过采用无病稻种或播种前对其进行消毒处理、适时进行轮换种植等方法消除病原；加强灌溉管理，既不深水漫灌，又不让水稻缺水；科学施肥，切忌过量施用氮肥，增施硅肥，增强稻株抵抗病虫害的能力。

（3）药剂防治措施。药剂防治是稻瘟病大流行时期最直接有效的防治手段。稻瘟病的药剂防治经历了早期的重金属化合物时代，以四氯苯肽、稻瘟净、稻瘟灵等为代表的有机汞制剂替代时期、以烯丙苯噻唑、三环唑、四氯苯肽等为代表的间接作用化合物时代和甲氧基丙烯酸酯类杀菌剂时代4个阶段，其中，以三环唑的防效最为优异，但药剂防治会面临病原菌产生抗药性等问题的挑战。

（4）生物防治措施。通过利用细菌类（主要为芽孢杆菌和假单胞菌）、放线菌类（主要为链霉菌）、真菌类（主要为木霉菌）和植物类（印楝等）生物活体或由它们产生的代谢产物来防治稻瘟病的为害，不但安全有效，并且不容易产生抗药性。

（二）水稻白叶枯病

1. 病原

水稻白叶枯病病原菌是稻黄单胞菌水稻致病变种（*Xanthomonas oryzae* pv. *oryzae*），属真细菌目假单胞菌科黄单胞菌属。

菌体短杆状，大小（1.0~2.7）μm×（0.5~1.0）μm，无芽孢和荚膜，菌体外被具有黏质的胞外多糖包裹。在培养基上菌落为淡黄色或蜜黄色，能够分泌产生非水溶性的黄色素，具有好气性，属于呼吸型代谢；细菌的最适生长温度为25~30℃，最适宜pH值为6.5~7.0。

2. 为害特征

白叶枯病是一种维管束病害，细菌进入水稻后，短短几天就会繁殖充满维管束并从水孔泌出，在叶片上形成珠状或连珠状渗液，这是发病的典型标志。水稻白叶枯病会引发叶枯型和凋萎型两种主要症状。

叶枯型是白叶枯病最常见的症状，主要发生在叶片及叶鞘部位，通常从叶尖和叶缘开始发生，少数从叶肉开始，产生黄绿色、暗绿色斑点，沿叶缘或中脉向下延伸扩展成条斑，病部和健康部分界限明显，病斑数天后转为灰白色（多见于籼稻）或黄白色（多见于粳稻），远望一片枯槁色，这也是白叶枯病名的由来。

凋萎型主要发生在秧苗期至分蘖初期，通常见于秧苗移植后1~4周，主要症状是"失水、青枯、卷曲、凋萎"，最后导致全株死亡。该症状的产生主要是病原细菌自叶面伤口、自然孔口、伤茎或断根等部位入侵，沿维管束向其他器官部位转移，分泌毒素破坏并堵塞输导组织以引起秧苗失水，造成整株萎蔫死亡。

另外，热带地区的稻田还发现白叶枯病的另一种症状类型，被称为黄叶型即一般病株的较老叶片颜色正常，成株上的心部新出叶则呈均匀褪绿或呈淡黄至青黄色。

3. 发生规律

水稻白叶枯病病菌生长温限17~33℃，最适25~30℃，最低5℃，最高40℃，病菌最适宜pH值为6.5~7.0。低于17℃和高于35℃则不会发病。相对湿度90%以上，有利于菌源侵染寄主。

病菌潜伏期短，气温的高低主要影响潜育期的长短。在22℃时潜育期为13d，24℃时为8d，26~30℃时则只需3d。适温、大雨、台风和日照不足可加速病害的扩散和稻叶摩擦，能在短期内造成大流行。地势低洼、排水不良或沿江河一带的地区发病也重。相对湿度低于80%时，不利于病害的发生和蔓延。

条件适宜时，病菌侵入至症状表现只需3~5d，而且病菌再侵染次数增多。病菌可随水传播到较远的稻田，引起连片发病，也可随风作短距离传播，依风向风速传播半径60~100m。在田间高湿的情况下进行农事操作有利病菌传播，加快病害扩散。

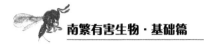

4. 发生特点

病菌在种子、稻草、田间稻茬和李氏禾等田边杂草上越冬，成为主要初侵染源。种子带菌可直接侵染秧苗，病菌由叶片水孔、伤口侵入，稻草上的病菌则通过催芽时盖种、秧田覆盖、堵水口等传给秧苗，水稻的根系分泌物能够吸引周围的病原细菌向根际聚集，并使生长停滞的病原菌活化增殖，形成中心病株。病株上分泌带菌的黄色小球，借风雨、露水、灌水、昆虫、人为等因素传播。高温高湿、多露、暴雨、洪涝是病害流行条件，干旱能抑制病害发生和流行。地势低洼、长期深水灌溉、漫灌、串灌有利于病菌繁殖侵染，并能增加土壤有毒物质的积累，促使稻株抗病力下降，特别是拔节后深灌发病更严重；氮肥使用过多、过迟，过于集中，稻株生长过于茂密，株间通风透光不良，增加田间湿度，叶片浓绿柔嫩，植株的抗病力就会减弱，晨露未干病田操作造成带菌扩散，这些因素都有利病害严重发生。不同类型的水稻抗病性差异很大，一般是籼稻抗性弱，粳稻抗性强。在同类型品种中，抗性也有强弱之分，一般是窄叶品种和耐肥品种较抗病。植株叶面较窄、挺直不披的品种抗病性较强；稻株叶片水孔数目多的较感病。另外，植株体内营养状况也是影响其抗病性的一个重要因素。

通常，感病品种体内的总氮量尤其是游离氨基酸含量高，还原性糖含量低，碳氮比小，多元酚类物质少；而抗病品种则相反。叶片浓绿柔嫩，植株的抗病力就会减弱。一般平原比丘陵发病重，丘陵比山区发病重，不背风比背风发病重，受水淹比不受水淹发病重。因此，适时适度烤田对防治白叶枯病非常重要。

水稻不同生育期抗性也不同，苗期至分蘖期比较抗病，分蘖末期抗性逐渐降低，孕穗、抽穗期最易感病。这是因为白叶枯病菌主要是从水孔侵入，在维束管中蔓延繁殖，与寄主有效地建立寄生关系。而水稻生长后期，伤口侵入的可能性逐渐增加。

5. 防治方法

（1）农业防治。

① 选用抗病品种。选用当地抗病品种，是防治白叶枯病经济、省工、有效的主要措施。

② 处理病稻草。重病田的稻草和打场的残渣瘪谷，经高温堆肥后发酵应用，避免直接还田。

③ 秧田防病。在秧田带病的秧苗移栽后会成为本田的初次侵染源。因此，要做好秧田的防病工作。秧田应选择地势高、排灌方便、远离房屋和晒场的无病田；最好采用旱育苗。

④ 加强肥水管理。要采用因土配方施肥，氮肥切忌多施、晚施。水的管理

要浅水勤灌。严禁深灌、串灌、大水漫灌，以增强稻体内的抗病力。

（2）药剂防治。

① 种子处理。播前用50倍液的福尔马林浸种3h，再闷种12h，洗净后再催芽。也可选用浸种灵乳油（化学成分为二硫氨基甲烷）2mL，加水10～12L，充分搅匀后浸稻种6～8kg，浸种36h后催芽播种。

② 大田防治。大田施药适期应掌握在零星发病阶段，以消灭发病中心。20%叶枯唑可湿性粉剂100～125g/亩或72%硫酸链霉素可溶性粉剂14～28g/亩或77%氢氧化铜悬浮剂600～800倍液均匀喷雾，视病情间隔7～10d喷1次，连续3～4次。

（三）水稻纹枯病

1. 病原

水稻纹枯病的病原菌是立枯丝核菌（*Rhizoctonia solani* Kühn），为真菌界、有丝分裂孢子真菌，属丝孢纲无孢目丝核菌属。有性态为瓜亡革菌［*Thanatephorus cucumeris*（Frank）Donk］，为担子菌亚门真菌，属胶膜菌目。

立枯丝核菌（*R. solani*）为集合种，拥有丰富的多样性，由于其培养性状、形态特征和致病性等方面差异明显，一定程度上制约了种间或种内鉴定工作的进行。在菌丝融合群工作的基础上将138株立枯丝核菌菌株归为4个群，即AG-1～AG-4，建立了4个菌丝融合群。目前，国际上已确认立枯丝核菌种内已有18个菌丝融合群（AG1-IA至AG-11和AG-BI）。其中，某些融合群又可进一步划分为几个种内群（Intraspecific groups，ISGs），如AG-1有IA、IB、IC 3个ISGs，水稻纹枯病则是由立枯丝核菌（*R. solani*）AG-1 IA引起的。

（1）形态特征。菌丝幼嫩时无色，老熟时淡褐色，较粗壮，直径8～12μm。分枝与主枝近于直角，分枝基部明显缢缩，距分枝不远处有分隔。过崇俭（1985）测定认为，水稻纹枯病菌菌丝细胞为多核。多核类型菌株具有相似的隔膜孔器，细胞隔膜上有一直径为0.2～0.3μm的微孔，孔的两边有圆丘形膜状结构，组成高3μm、直径2μm的立体桶状隔膜孔器。

（2）生物学特性。水稻立枯丝核菌的分离物，菌落生长初期，菌丝稀疏、浅褐色，逐渐增多互相纠集，变褐色，形成菌核。菌核初白色，渐变暗呈黑褐色，大小不一，分布全皿。水稻纹枯病菌根据培养性状分3种类型。

A型：菌丝生长紧贴培养基表面，气生菌丝少，常形成不规则的菌核相聚集的块状物，培养基物黑褐色。

B型：菌丝生长特性同A型，培养基表面形成大小不等、表面粗糙的菌核，

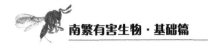

大小0.7~4.8mm，每皿菌核200~600个，培养基物褐色。

C型：气生菌丝繁茂，皿盖上形成少量菌核，大小1.18~8.66mm，每皿菌核2~8个，培养基物淡褐色。

2. 为害特征

稻苗期至抽穗期各阶段均能发生，其中分蘖期至抽穗期阶段为害较为严重，尤为抽穗前后为害最明显，主要为害稻株的基部叶、叶鞘、茎和穗；发病重时常造成软腐而倒伏或致使秕谷率增加，千粒重降低，甚至整株枯死；通常情况下，发病得越早，为害就越严重；发病部位越往上，蔓延至叶片为害也越严重，常造成惨重的减产，产量损失可达5.93%~28.29%。

（1）叶鞘染病。在近水面处产生暗绿色水浸状边缘模糊小斑，后渐扩大呈椭圆形或云纹形，中部呈灰绿或灰褐色，湿度低时中部呈淡黄或灰白色，中部组织破坏呈半透明状，边缘暗褐。发病严重时数个病斑融合形成大病斑，呈不规则状云纹斑，常致叶片发黄枯死。

（2）叶片染病。病斑也呈云纹状，边缘褪黄，发病快时病斑呈污绿色，叶片很快腐烂。

（3）茎秆受害。症状似叶片，后期呈黄褐色，易折。

（4）穗颈部受害。初为污绿色，后变灰褐，常不能抽穗，抽穗的秕谷较多，千粒重下降。湿度大时，病部长出白色网状菌丝，后汇聚成白色菌丝团，形成菌核，菌核深褐色，易脱落。高温条件下病斑上产生一层白色粉霉层即病菌的担子和担孢子。

3. 发生规律

病菌主要以菌核形式在土壤里越冬，也能以菌丝和菌丝体在病残体上或田间杂草等其他寄主上越冬。翌年春灌时，菌核漂浮于水面与其他杂物混在一起，插秧后菌核黏附于稻株近水面的叶鞘上，条件适宜时生出菌丝侵入叶鞘组织，并气生出菌丝侵染临近植株。水稻拔节期病情开始激增，病害向横向、纵向扩展，孕穗期前后是发病高峰。抽穗前以叶鞘为害为主，抽穗后向叶片、穗颈部扩展。发病原因：除品种易感病外，水稻纹枯病适宜在高温、高湿条件下发生和流行。夏、秋气温偏高，连续阴雨，栽插密度过大，稻田施用氮肥过多、过晚，长期深灌、连年重茬种植有利病害发生。株型密集、矮秆阔叶、分蘖株多的水稻品种较易感病。粳稻品种一般较感病，籼稻杂交稻比较耐病。

（1）气候。水稻纹枯病是一种在高温、高湿的情况下发生的病害。温湿度综合因素影响纹枯病的发生。稻株间温度在23℃以上，纹枯病的发生程度与湿度高低关系密切，湿度越大，发生越重。多雨寡照的天气对病原菌扩展有利，田间小气候对病情扩展有一定影响，高温高湿有利于病情扩展。

（2）栽培管理。长期灌深水，稻丛间湿度大，有利于病菌的繁殖和蔓延，特别是孕穗至灌浆期灌深水，则发病重；而浅水勤灌，干湿交替，适时适度烤田，田间保持半干半湿的湿润状态，稻丛间湿度较低，病菌气生菌丝的生长和蔓延受到抑制，发病则轻。

（3）营养。土壤有机质缺乏，偏施氮肥造成营养生长过旺，叶片浓绿披垂，群体密度大，封行早，稻丛间荫蔽光照不足湿度大，空气交换不畅，形成稻体碳、氮比值小，纤维素、木质素减少，茎秆、叶片柔弱，抗病力下降，因而有利于病菌侵入、滋生、蔓延。发生倒伏的稻株病情会更加严重。

（4）温湿度。纹枯病是高温高湿性病害。菌丝生长的最适温度是30℃左右，在10℃以下、38℃以上则停止生长。温度在22℃以上，相对湿度达90%以上即可发病，温度在25～31℃，相对湿度达97%以上时发病最重。因此，在适温范围内湿度对病情发展起着主要作用。

（5）栽植密度。密度与纹枯病的发生关系也很密切。单位面积穴数、每穴苗数越多，其穴与穴间、株与株间越荫蔽，湿度也越大，适于病菌气生菌丝生长和蔓延。这是由于光照差，二氧化碳气体交换少，光合效能低，不利于稻株积累碳水化合物，造成抗病力下降利于侵染发病。

（6）品种及生育期。水稻品种间的抗病性有一定差异，但至今还没有发现完全免疫的品种。不同生育时期其抗病性也有差异，一般分蘖盛期开始发病，孕穗至抽穗期蔓延最快，乳熟期后病势下降，黄熟期发病停止。

4. 发生特点

（1）发病面积大。受气候异常因素影响，各稻型纹枯病发生为害普遍较为严重。杂交中籼稻由于施肥量相对较少，且杂种优势的存在，对纹枯病的耐害性较强，虽然部分田块病情严重，但田间很少出现纹枯病"透顶"现象。而粳稻品种多数感病性强，加上施肥量高，纹枯病垂直发展迅猛，为害程度较重，严重发生田块发生"透顶"现象普遍。从田间调查看，纹枯病严重为害的均为粳稻品种。

（2）病情发展迅速。由于水稻轻型栽培面积的扩大和水稻群体质量栽培技术的推广，使得水稻播栽期推迟、水稻基本苗下降，从而相应推迟了水稻纹枯病发病的盛期。但由于前期水稻群体小，水稻施肥量大幅度增加，水稻群体在短期内急剧上升，恶化田间小气候，同时由于水稻体内氮素代谢旺盛，水稻纹枯病病情呈垂直发展速度，病情上升快，暴发期缩短。

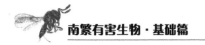

5. 防治方法

水稻纹枯病的防治主要有农业防治措施、化学防治措施和生物防治措施等。

（1）农业防治。

① 选用高抗品种。防治该病最经济高效的手段之一，且符合绿色农业发展的要求。

② 科学施肥。氮、磷、钾3种元素合理搭配，切忌偏施氮肥，基肥要足，追肥要早，有机肥和化肥要并用。

③ 合理灌溉。插秧期水要适中，返青后则需深水培育，再往后则要适时排水，做到干湿交替，在蜡熟、黄熟期停止浇灌，进行晒田处理和合理密植也可以预防水稻纹枯病的发生。

（2）化学防治。水稻纹枯病的防治措施主要是化学防治，其中，井冈霉素是生产中应用于防治水稻纹枯病最理想的杀菌剂，由于长期大量使用，病原菌对它的敏感性出现了钝化现象，其防效已不如某些杀菌剂。然而，杀菌剂的使用具有很多缺陷，包括病原菌耐药性的产生、毒性残留、环境污染和成本高等。

（3）生物防治。

① 筛选拮抗微生物。目前，对立枯丝核菌防治应用研究比较多的生防菌是真菌和细菌，比如哈茨木霉（*Trichoderma harzianum*）、长枝木霉（*T. longibrachiatum*）等木霉菌，青霉（*Penicillium* sp.）等青霉菌（*Penicillium*），芽孢杆菌Drt-11、铜绿假单胞菌（*Pseudomonas aeruginosa*）等细菌。

② 稻鸭共养模式。鸭的分泌物、排泄物和它们踩水、啄食、捕食等一系列活动可以减少各种植物病虫草害的发生，对水稻纹枯病更是具有显著的防治效果；同时可以改善N、P、K 3种元素在土壤中的含量，提高养分利用率，减少化肥的利用；此外，各种温室气体的排放减少1%～2%，具有显著的生态效益。

③ 植物提取物。通过平板扩散法鉴定了44种植物提取物和8种植物油对水稻纹枯病菌的防效。结果表明有36种植物提取物表现出了不同程度的抑菌作用；在各种植物油中，只有丁香油具有显著的抑制效率。丁香、苦楝树叶、迷迭香和天竺葵属植物的提取物质对丝核菌均有一定的防效。

（四）稻曲病

1. 病原

稻曲病的病原菌定名为［*Ustilaginoidea virens*（cooke）Takaheshi］以来，关于稻曲病病原菌的分类地位一直存在争议。最近的研究表明，该病原的无性态为［*Ustilaginoidea virens*（Cooke）Takahashi］，属无性孢子类，绿核菌属，绿核菌。有性态的分类地位还需进一步研究。

稻曲病菌可以产生厚垣孢子、子囊孢子和薄壁分生孢子3种孢子。厚垣孢子最为常见，在光学显微镜下，厚垣孢子呈球形或椭球形，孢子壁厚，橄榄绿色，表面粗糙，有瘤刺状凸起，大小为（4~6）μm×（3~5）μm。在田间可以采集到黄色、黄绿色和黑色3种厚垣孢子。黑色厚垣孢子最为老熟，黄绿色厚垣孢子容易萌发，黑色厚垣孢子要打破休眠后才能萌发。厚垣孢子萌发的最适温度为25~30℃，最适pH值为5~8。另外，常有菌核存在于病粒上，菌核扁平，表面黑色，未成熟时在病粒内侧，成熟后外露，易脱落。脱落后成为下一茬作物发病的初侵染来源。在田间，经过越冬的菌核可以形成子座。子座内有子囊，可产生子囊孢子。厚垣孢子和子囊孢子萌发后都可以形成薄壁分生孢子。这3种孢子均可侵染水稻，引发稻曲病。

2. 为害特征

水稻稻曲病主要为害穗部，多发生于单个谷穗上，很少有相邻谷穗同时发病的。病原菌侵染初期病斑很小，并局限于寄主花序的颖片内，后逐渐扩大，直径可达1cm以上，可完全包裹所在的花序形成稻曲球。成熟稻曲球的体积可达水稻正常籽粒的数倍。稻曲球初期扁平、光滑、淡黄绿色，外被一层膜包裹，继续生长膨大后被膜破裂，露出病原菌的厚垣孢子，形成稻曲。

稻曲开始为橘黄色，后颜色逐渐加深，变为黄绿色、暗绿色、墨绿色至黑色。最后病粒外层覆盖一层绒状厚垣孢子粉。稻曲病引起水稻结实率与千粒重下降，瘪谷、碎米增加，出米率和品质降低。有研究表明，稻曲病为害粳稻的穗重损失与病粒数呈正相关，而且病粒还含有对人、畜、禽有害的物质。稻曲病菌可以产生至少5种毒素，这些毒素对植物幼苗生长有抑制作用，对人和动物的神经系统也有毒害作用。

3. 发生规律

病菌最适宜生长的温度为26~28℃，在气温24~32℃的条件下病菌生长良好，低于12℃或高于36℃都不能生长。水稻进入抽穗期后，如遇到温度适宜、多雨高湿的天气，则易发生此病。另外，此病的发生还与品种、播期、施肥量等密切相关，杂交稻中三系杂交品种的发病程度轻于两系杂交品种的，穗大、适宜密植以及耐肥能力强的水稻品种发病程度偏重，早稻轻于中稻和晚稻；施肥过多，尤其偏施氮肥，贪青晚熟、生长嫩绿的田块明显偏重发生，田间栽植密度过大、灌水过深、排灌系统不完善的田块发病重。

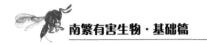

4. 发生特点

气候条件和栽培品种是影响稻曲病菌发育、侵染的重要因素。同时，稻曲病菌的子囊孢子和分生孢子均可借风雨侵入花器。因此，影响稻曲病菌发育和侵染的气候因素以降雨为主，主要取决于水稻破口前6～9d至始穗期间的气候条件。该段时间内如遇适温、多雨，特别是出现连续阴雨，加上光照较少，则病害易大发生。目前抗稻曲病水稻品种方面的研究和应用非常缺乏。生产实践表明，晚熟品种通常比早熟品种发病重；颖壳表面粗糙无茸毛的品种易发病；秆矮、穗大、叶宽、叶尖角度小、耐肥抗倒伏和适宜密植的品种也易发病。

田间栽培管理不当也有利于稻曲病的发生。如桔秆还田时将带病稻草、瘪谷直接返田，会导致大量菌核滞留在田间，成为翌年初侵染来源，为病害的发生提供了基础。部分带菌种子播前未进行药剂处理，为稻曲病的发生提供了充足的菌源。另外，栽培密度过大、灌水过深、排水不良，均有利于病害的发生。尤其是在水稻颖花分泌期至始穗期，稻株生长茂盛，若氮肥施用过多，造成水稻贪青晚熟，剑叶含氮量偏多，会加重病情的发展，病穗、病粒亦相应增多。

5. 防治方法

（1）农业防治。

① 选育抗病品种。鉴定抗性基因以及筛选与抗性基因紧密连锁的分子标记，通过分子标记辅助选择抗病品种，是提高水稻品种抗病能力的有效途径。

② 合理的栽培措施。优先选择生育期较早的水稻品种，避免孕穗期与稻曲病发生所需的低温高湿环境相重叠。插秧前翻耕土地，铲除杂物以消灭越冬菌核。种植过程中避免因种植密度较大造成稻田通风情况差、湿度偏高，给稻曲病的发生提供优良的环境条件。

③ 合理施肥，尤其是氮肥，过量施用易导致稻株叶片过大且稻株氮碳比失调，造成水稻贪青晚熟，容易发病。

④ 通过科学灌水，增强根系活力，可以提高抗病性。

⑤ 田间早期发现稻曲病，应及时将染病植株移出田块避免传染，水稻收获后需进行深翻，并撒生石灰进行消毒。

（2）化学防治。目前稻曲病最常用且有效的防治方法是在孕穗早期使用杀菌剂，大部分杀菌剂如立克秀、丙环唑、苯醚甲环唑和井冈霉素等均有较好防效。具体的喷药时间根据穗型不同有所区别，大穗型在接近一半主穗旗叶叶枕到达2叶时即抽穗前10～15d，小穗型在绝大部分主穗叶枕平齐时即抽穗前5～7d喷施效果理想。发病较重的田块可在齐穗期再次施药以减少稻曲病的发生与传染。但是过度依赖化学农药容易使病原菌产生抗药性，并且会造成环境污染。

（3）生物防治。生防细菌，如复配枯草芽孢杆菌水剂纹曲宁。真菌类的木霉菌处于防治稻曲病的试验阶段，对稻曲病菌的抑制活性亦较高。另外，还可利用基因工程的方法诱导Harpin蛋白，激发水稻产生抗病性从而有效抑制稻曲病的发生。由于自然环境差别较大，生防菌在受到温湿度等外界环境影响的条件下，防治效果会随着其定殖能力的变差而降低，具有不稳定性。因而在实际生产运用中需要不断地优化生防菌的定殖能力，也可与化学农药交替使用，从而增强对稻曲病的防治效果。

（五）稻病毒病

1. 病毒

南繁区水稻的RNA病毒主要有3种，分别为水稻齿叶矮缩病毒（Rice ragged stunt virus，RRSV）、水稻南方黑条矮缩病毒（Southern rice black-streaked dwarf virus，SRBSDV）和水稻草状矮缩病毒（Rice grassy stunt virus，RGSV）。

（1）RRSV。属于呼肠孤病毒科（Reoviridae）水稻病毒属（Oryzavirus）。具有双层衣壳，呈二十面体结构，完整病毒粒体的直径约为65nm，核心颗粒约50nm。外壳附着A型刺突，呈乳头状，宽10～12nm，长8nm，基部与内壳之B型刺突相衔接，B型刺突基部宽25～27nm，长10～13nm。电镜下可观察到直径50～66nm或是40nm的粒子分布在感病水稻叶片韧皮细胞的病毒质体（viroplasm）中；带毒虫体内的器官或组织里也可观察到直径40～45nm或50～75nm两类球形结晶状粒子，聚集或是分散地排列在细胞质的病毒质体中。

（2）SRBSDV。病毒粒体球状，直径70～75nm。病毒基因组为双链RNA（dsRNA），共10个片段，由大到小分别命名为S1～S10。目前斐济病毒属包含8个确定种，分别是斐济病病毒、燕麦不孕矮缩病毒、大蒜矮化病毒、褐飞虱呼肠孤病毒、马德里约柯托病毒、马唐草矮化病毒、玉米粗缩病毒及水稻黑条矮病毒。其中后4种病毒在生物学性状、血清学关系及基因组序列等方面较为相似，归类成一个组，称为第2组，SRBSDV可归属为该组。目前已完成了该病毒基因组全部10个片段的序列测定，在基因组序列水平上，SRBSDV与RBSDV最为相似，其次为MRDV，再次为MRCV，各片段核苷酸序列与已知斐济病毒同一性均小于80%。

（3）RGSV。RGSV病毒，在电镜下可以观察到大量直径6～8nm的线状或长分枝丝状粒体（大部分长为950～1 350nm），并能形成环状结构。病毒粒子是由细线状的核糖核蛋白（ribonucleoprotein，RNP）、病毒正义链（viral-sense RNA，vRNA）、病毒负义链（viral-complementary RNA，vcRNA）、核衣壳蛋白和依赖RNA的RNA聚合酶（RNA-dependent RNA polymerase，RdRp）组成。

2. 为害特征

（1）RRSV。病症主要表现为病株浓绿矮缩，分蘖增多，叶尖旋卷，叶缘有锯齿状缺刻，叶鞘和叶片基部常有长短不一的线状脉肿，脉肿即为叶脉（鞘）局部凸出，呈黄白色脉条膨肿，长0.1～0.85cm，多发生在叶片基部的叶鞘上，但亦有发生在叶片的基部。RRSV的病害症状在不同生育期、不同水稻品种中表现不同。同时，RRSV还能与水稻矮缩病毒（Rice dwarf virus）、水稻暂黄病（Rice transitory yellowing virus）和水稻黄萎植原体（Rice yellow dwarf）等病原物发生二重、三重甚至四重感染。

（2）SRBSDV。水稻各生育期均可感病，症状因染病时期不同而异。秧苗期感病的稻株，严重矮缩（不及正常株高1/3），不能拔节，重病株早枯死亡；本田初期感病的稻株，明显矮缩（约为正常株高1/2），不抽穗或仅抽包颈穗；分蘖期和拔节期感病稻株，矮缩不明显，能抽穗，但穗小、不实粒多、粒重轻。发病稻株叶色深绿，上部叶的叶面可见凹凸不平的皱褶，皱褶多发生于叶片近基部；拔节期的病株，地上数节节部有气生须根及高节位分枝；病株茎秆表面有乳白色大小1～2mm的瘤状凸起（手摸有明显粗糙感），瘤突呈蜡点状纵向排列成一短条形，早期乳白色，后期褐黑色；病瘤产生的节位，因感病时期不同而异，早期感病稻株，病瘤产生在下位节，感病时期越晚，病瘤产生的部位越高。感病植株根系不发达，须根少而短，严重时根系呈黄褐色。

（3）RGSV。水稻草矮病的典型病害症状为病株矮化呈杂草状，分蘖急剧增多，叶片狭窄，叶片褪绿黄化且有许多形状不规则的褐色锈斑，感病水稻基本不抽穗，而且一旦感病很难治愈。

3. 发生规律

（1）RRSV。介体昆虫为褐飞虱（*Nilaparvata lugens*），是一种迁飞性昆虫，其传播为持久性方式，但不经卵和稻种传播。褐飞虱的若虫蜕皮但不失毒，对稻苗的传毒率为2.6%～42.1%，病毒在虫体中的分布以唾液腺中含量最高。褐飞虱最短的获毒时间为0.5h，获毒率为2%；饲毒4h，获毒率最高，可达42%；24.1℃条件下接种，循回期为5～23d，平均10.7d。获毒褐飞虱通过循回期后能终生传毒，传毒过程有间隙现象，间隙期为1～6d，最多能连续传毒8d。水稻感染病毒后，需9～32d潜育期才显症状，不同月份病毒潜育期不同，其长短与温度高低有关。

（2）SRBSDV。SRBSDV经白背飞虱（*Sogatella furcifera*）传毒，试验条件下灰飞虱（*Laodelphax striatellus*）也能传毒但效率较低。病毒可在白背飞虱

体内繁殖，白背飞虱一旦获毒，即终身带毒，若虫及成虫均能传毒，但成虫传毒效率不及高龄若虫。褐飞虱（*Nilaparvata lugens*）及叶蝉不传毒。种子传毒试验未见报道，但同属的其他病毒均不经种传。

（3）RGSV。RGSV是纤细病毒属（*Tenuivirus*）的成员，由介体昆虫褐飞虱（*Nilaparvata lugens*）以持久增殖型方式传播。通过免疫荧光技术研究了RGSV在褐飞虱体内的侵染路线，结果显示RGSV在褐飞虱中肠上皮细胞建立初侵染点，然后穿过基底膜进入中肠肌肉组织，而后扩散至血淋巴，进入唾液腺或者扩散至整个消化系统。这一研究成果对RGSV在褐飞虱体内的侵染路线进行了描述，为制定阻断病毒传播策略提供理论基础。

4.发生特点

（1）发生时间。南繁区水稻病毒病的发生有较为明显的时间规律。从时间上来看，RRSV在2014年1月、10月和2015年4月、11月的检出率处于较高水平，而在2014年7月和2015年6月两次检测中检出率最低；SRBSDV分别在2014年1月和2015年11月检出率较高，其他时间检出率保持较低水平。这说明南繁区水稻病毒病冬、春季的发生率较高，恰好与南繁区每年育制种的时间周期为每年的9月到翌年的5月相吻合。冬、春季时其他地区各种水稻病毒病的传播介体昆虫如传播SRBSDV的白背飞虱等南迁过冬，而南繁区冬季气候温和，有利于它们生长，这些因素都有利于水稻病毒病的传播。夏季由于天气炎热并处于制种间期，不利水稻病毒病的大面积发生。另外值得注意的是在2015年6月的第5次取样检测结果中，只检测出一例RGSV病样，未检测到常见的RRSV与SRBSDV的存在，这与田间调查的结果并不一致。分析出现这种情况的原因，可能与采样时间有关。2015年6月，除较北的澄迈等地区，南繁区内水稻种植区的水稻均已收割完毕，所采集水稻样品大部分为再生稻，这可能对检测结果有较大的影响。

（2）分布区域。南繁区水稻病毒病的发生体现出明显的区域性特点。从患病数量来看，南繁区水稻病毒病发生最严重的依次为三亚、陵水和乐东。琼海和澄迈也有发生，但发生情况较轻。具体来看，RRSV发生最严重的地区为陵水，其次为三亚、乐东、澄迈和琼海等地；由于琼海的样本数太少，在不考虑琼海的情况下，SRBSDV检出率最高的地方为乐东，其次为三亚和陵水。综合来看，RRSV和SRBSDV这两种水稻病毒病从南繁区北部的澄迈和琼海两地往南到陵水、乐东和澄迈发病率呈升高的趋势，其中，三亚、陵水和乐东3地的发病情况最为严重，而这3个地区恰好为南繁育种的核心区。从上述3个地区的水稻病毒病发生的相对情况来看，陵水地区的常见水稻病毒为RRSV，乐东地区的常见水稻病毒为SRBSDV，三亚地区的常见水稻病毒病为RRSV与SRBSDV两种。南繁区

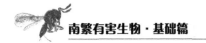

内水稻病毒病发生情况的分化与它们之间的环境差异和区内作物品种比例有关。上述南繁区水稻病毒病的分布特点虽然还有待进一步调查验证，但从中可以看出各地水稻病毒病发生的不同特点，为进行针对性的防控提供一定的基础。

5. 防治方法

（1）加强病情监测。越南及海南南部白背飞虱越冬区冬种水稻及玉米感病程度和虫量，可作为当地及两广和南岭早春迁入地早稻发病趋势判断的依据。尽管白背飞虱不喜嗜玉米，从玉米上获毒的可能性较小，但玉米病情易调查，可作为白背飞虱越冬虫源及毒源基数的重要参考指标。长江中下游、江淮稻区可以华南稻区早稻病情作为发病趋势判断的依据。各地晚稻发病程度，可以当地早稻病情及白背飞虱虫情为依据。早稻病情应包括矮缩病株、轻症病株及无症染病植株；虫情应包括虫量及成虫转移高峰期与晚稻早期的吻合程度。

（2）农业防治。针对各地病毒病发病和流行特点，因时因地采取合适的措施。

① 改进耕作制度，有效地控制该病的流行。

② 选用抗病品种，通过以改换抗病品种为主的综合措施，得到有效地控制。

③ 调整播种插秧时期，使易感病的苗期避开介体昆虫迁飞高峰。

④ 根据短期测报，结合稻田生态（天敌）、品种和苗情，以及田间管理，做好治虫防病工作。

（3）药剂防治。

① 防治策略。采取"切断毒源，治虫控病"的防治策略，控制条纹叶枯病、黑条矮缩病的为害，同时兼治稻飞虱，为夺取水稻丰收打基础。

② 用药时间。移（机）栽后3~5d用药；直播稻随现青随用药，隔5~7d用第2次药。

（六）水稻胡麻叶斑病

1. 病原

稻平脐蠕孢（*Bipolaris oryzae*）和稻平脐蠕孢有性型［*Bipolaris oryzae*（teleomorph：*Cochliobolus miyabeanus*）］。

（1）形态特征。

① 稻平脐蠕孢。形态学观察结果表明，在常规PDA培养基上较难产孢，在PCA培养基上，于28℃恒温培养箱培养10d后，菌落直径为5.8~6.4cm，菌落中央稍凸起，黑褐色，菌落质地绒毛状带絮状灰白色气生菌丝，无渗出液；分生孢子暗褐色，倒棍棒形或近圆柱形，略弯曲，表面光滑，大多具有6个假隔膜，脐

部略突出，大小（50～76）μm×（10～13）μm；分生孢梗茎褐色，顶端颜色稍浅，弯曲，单生，部分有分枝，直径6～8μm。

② 稻平脐蠕孢有性型。在常规PDA培养基上产孢较少，在PCA培养基上，于28℃恒温培养箱培养10d后，菌落直径为5.9～6.6cm，菌落正面颜色为灰色反面为黑褐色，菌落质地丛毛状，无渗出液；分生孢子黄褐色，舟形，略弯曲，表面光滑，大多具有6个假隔膜，脐部略凸出，大小（60～70）μm×（9～10）μm。

（2）生物学特性。病菌菌丝生长适宜温度为5～35℃，最适温度24～30℃；分生孢子形成的适宜温度为8～33℃，以30℃最适，孢子萌发的适宜温度为2～40℃，以24～30℃最适。孢子萌发须有水滴存在，相对湿度大于92%。饱和湿度下25～28℃，4h就可侵入寄主。

高温高湿、有雾露存在时发病重。水稻品种间存在抗病差异。同品种中，一般苗期最易感病，分蘖期抗性增强，分蘖末期抗性又减弱，此与水稻在不同时期对氮素吸收能力有关。一般缺肥或贫瘠的地块，缺钾肥、土壤为酸性或沙质土壤漏肥漏水严重的地块，缺水或长期积水的地块，发病重。

2. 为害特征

水稻胡麻叶斑病以叶片受害最常见，病斑如芝麻粒散布在叶片上。病斑中央为灰褐色至灰白色，边缘为褐色，周围有黄色晕圈，病斑两端无坏死线。发病严重时，病斑逐渐扩大相互融合，形成形状不规则的大病斑。病叶由叶尖逐渐向下干枯，以致整株枯死。穗部受害症状呈现褐色或灰褐色，导致水稻枯穗。谷粒早期受害，严重时全粒呈灰黑色，造成瘪谷。稻株缺氮时病斑较小，缺钾时病斑较大且轮纹明显。严重发病的稻株生长变缓，分蘖少，抽穗迟。病斑逐渐扩大时，内部颜色变浅，叶片变黄。其稻穗也可染病，灌浆和结实都受到极大的为害，形成空秕粒。

3. 发生规律

水稻胡麻叶斑病病菌越冬是以菌丝体的形式在发病稻草和稻壳内，或以分生孢子的形式附着在种子和发病稻草上，成为翌年初侵染源。水稻胡麻叶斑病在水稻整个生长时期均可发病，整个植株除地下部分均可发病，以叶片受害为主。各方面因素均可导致该病害的发生加重。

水稻胡麻叶斑病的发生不仅取决于土壤中的营养元素配比，而且受到天气等其他因素的制约。胡麻叶斑病不仅仅是一种土壤营养不良的疾病。相反，如果是有利于胡麻叶斑病感染的天气条件，即使进行了充分合理的施肥，也能造成种植的损失，土壤营养元素的缺乏并不是导致水稻发病的全部因素。水稻叶片中硅的含量越高，对胡麻叶斑病抗性越强，病情指数越低。胡麻叶斑病通过减少气孔导

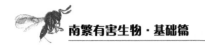

度来减少CO_2的吸收，影响水稻进行光合作用，导致水稻减产，造成经济损失。这种影响同样发生在光化学和生化步骤上，但是影响程度低于气孔传导。

4. 发生特点

水稻胡麻叶斑病病菌菌丝生长的最适条件为PDA培养基，12h光照12h黑暗交替，pH值为9，25℃时碳氮源分别为蔗糖和甘氨酸。孢子萌发的最适光照为24h全光照，最适温度、pH值与菌丝条件相同，碳氮源分别为可溶性淀粉和硝酸钾。

5. 防治方法

（1）农业防治。

① 抗病品种。不同水稻品种对胡麻叶斑病抗性水平不同，因此应加强对水稻胡麻叶斑病的抗病品种选育。首先对胡麻叶斑病抗性较强的材料进行鉴定，筛选抗性种质资源；其次对水稻胡麻叶斑病抗性品种进行分子研究，有针对性开展抗性育种。

② 科学管理棉田。选择在无病田留种，病稻草要及时处理销毁，深耕灭茬，压低菌源；按水稻需肥规律，采用配方施肥技术，合理施肥，增加磷钾肥及有机肥，特别是钾肥的施用可提高植株抗病力。酸性土要注意排水，并施用适量石灰，以促进有机肥物质的正常分解，改变土壤酸度。实行浅灌、勤灌，避免长期水淹造成通气不良。

（2）药剂防治。

① 种子清毒。稻种在消毒处理前，最好先晒1~3d，这样可促进种子发芽和病菌萌动，以利杀菌，之后使用50%多菌灵可湿性粉剂500倍液等浸种48h，浸种后再进行催芽播种。

② 苗期防控。可于发病初期喷洒0.5%等量式波尔多液进行保护，也可采用50mg/kg链霉素和土霉素的合剂与0.25%的氧氯化铜混用或72%农用硫酸链霉素3 000~4 000倍液，从播种后40~50d起，每两周喷1次，连续喷药3次。用20%萎锈灵可湿性粉剂1 000倍液或65%代森锌可湿性粉剂600倍液、炭疽福美800倍液均匀喷雾，也可获得良好的防治效果。

③ 发病田块。选用爱苗等药剂在水稻抽穗前7d左右和齐穗期各喷施1次，对防治胡麻叶斑病等病害有较好效果；使用三环唑可湿性粉剂、富士一号（稻瘟灵）乳油、灭稻瘟一号可湿性粉剂、克瘟散乳油、春雷霉素可湿性粉剂、拿敌稳水分散粒剂、多菌灵可湿性粉剂等，采用喷雾的方式进行病害防治，均有一定的防效；在田间喷施2种含有印度楝树皮提取物和夹竹桃叶提取物的水稻植株可降低水稻胡麻叶斑病发生。

（七）水稻线虫病

1. 种类

（1）水稻根结线虫。侵染水稻的根结线虫有拟禾谷根结线虫（*Meloidogyne graminicola*）、南方根结线虫（*M. incognita*）、爪哇根结线虫（*M. javanica*）、花生根结线虫（*M. arenaria*）、水稻根结线虫（*M. oryza*）和萨拉斯根结线虫（*M. salasi*）等。

属线形动物门，雌虫卵圆形至肾形。2龄幼虫、雄虫线形，其体长分别为545μm和1 667μm，口针为14.2μm和19μm。成熟雌虫乳白色，头颈部细长，其他部分膨大为圆梨状，体后部呈锥形。雌虫尾端卵囊，会阴花纹椭圆形，弓形高度中等。

（2）水稻干尖线虫。滑刃线虫属的大部分线虫都是腐生线虫，其中为害植物的线虫主要有水稻干尖线虫（*Aphelenchoides besseyi*）、菊花滑刃线虫（*A. ritzemabosi*）和草莓滑刃线虫（*A. fragariae*），这3种线虫都被列入我国检疫性病原线虫名单。其中水稻干尖线虫被线虫学家列为十大植物有害线虫。水稻干尖线虫在各种生态类型的水稻上均可为害，一般情况下减产10%～20%，严重时可达30%以上。

（3）水稻潜根线虫。潜根线虫属的种类繁多，为害我国水稻的潜根线虫主要有：水稻潜根线虫（*Hirschmanniella oryzae*）、尖突潜根线虫（*H. mucronata*）和细潜根线虫（*H. gracilis*）3种。

（4）水稻孢囊线虫。孢囊线虫同样是对水稻造成经济损失的一类重要病原线虫，其为害水稻的种类主要有旱稻孢囊线虫（*Heterodera elachista*）、水稻孢囊线虫（*H. oryzae*）、拟水稻孢囊线虫（*H. oryzicola*）和甘蔗孢囊线虫（*H. sacchari*）。

2. 为害特征

（1）水稻根结线虫。在稻田非淹水条件下，该线虫2龄幼虫能够快速侵染寄主根系。幼虫在所形成的根结内经过3次蜕变为成虫，完成一次生命周期需要15～20d，具体时间取决于土壤温度和湿度等条件，持续淹水可减少该线虫为害，因此旱田条件下较水田造成的损失更重，沙性土壤较黏性土壤更有利于根结线虫为害。拟禾谷根结线虫引起的典型症状是在根尖形成根结，稻株受害后变矮，叶片变色，生育期缩短。

（2）水稻干尖线虫。水稻干尖线虫在水中和土壤中不能长期生存，带病种子是最主要的初侵染源，远距离传播主要依靠带病种苗和稻壳等。种子遇水后，线虫开始复苏并游离至水和土壤中，大部分死亡，少数线虫遇幼芽后从芽鞘、叶鞘缝等部位钻入组织内，以口针刺入细胞吸食细胞液。在秧田和本田中随灌溉水传播扩散。少数感病品种在4～5片真叶时开始出现症状，大部分品种在病株拔节后期或孕穗后症状开始明显，健叶叶尖扭曲，变为灰白色，俗称干尖，干尖部分和正常部分常存在黄白色过渡带。干尖并不是水稻干尖线虫为害的唯一症状，很多水稻品种并不表现干尖，但在穗期表现为穗小、结实数少。在幼穗形成时，线虫侵入穗原基，孕穗期集中在幼穗颖壳内外，花期后进入小花并迅速繁殖，随着谷粒成熟，线虫逐渐失水进入休眠状态，造成谷粒带虫。

（3）水稻潜根线虫。水稻潜根线虫系迁移性内寄生线虫，侵入根系后在根内取食形成虫道，造成根系坏死，引起二次侵染。在土壤营养丰富的条件下，低密度的线虫量侵染能刺激水稻苗须根产生，但在中、高密度下则能显著抑制幼苗须根的产生，虫量大时会造成大面积的植株矮化、黄化，并影响有效穗数。

（4）水稻孢囊线虫。孢囊线虫为害根部，主要是在根部形成孢囊，其实质是孢囊线虫雌虫的虫体及卵所形成的囊状物。

3. 发生规律

海南水稻根结线虫的发生为害规律较为复杂，目前还没有造成严重的大面积减产，在一定程度上与海南当前的作物栽培种植模式有一定的关系，大部分地区都实行种植两季水稻一季瓜菜，其实质是水旱轮作和与非寄主作物轮作，这本身就是很好的水稻根结线虫农业防控措施。

（1）气候条件。海南年平均气温约25℃，降水量大于1 200mm，水稻根结线虫可常年发生，局部地区可以产生较大的为害，在海南北部一年发生7～8代，在南部一年发生10代左右。

（2）种植模式。海南冬季瓜菜持续发展，保持了较大的栽培面积，生产上仍保持传统的栽培种植模式稻—稻—菜，这种模式为水稻根结线虫提供了良好的寄主条件，即使冬季，残存的杂草寄主和次生稻苗尚可为水稻根结线虫的繁殖提供条件。另外，中部山区如琼中是水稻根结线虫的传统发病区，山区田块多为小水稻田，不适宜种植冬季瓜菜，也是水稻根结线虫发生与繁殖的理想场所。

（3）杂草寄主。杂草寄主的常年存在和泛滥，使水稻根结线虫的发生为害规律变得复杂。据前期调查，目前稻田中水稻根结线虫的杂草寄主有2科5种，分别为禾本科的芒稗草（*Echinochloa crusgalli*）、莎草科的异型莎草（*Cyperus difformis*）、碎米莎草（*Cyperus iria*）和水虱草（*Fimbristylis miliacea*）。

（4）南繁试验区的存在。海南三亚是全国水稻最主要的南繁试验基地，多种水稻种质资源、各个水稻生育期和生长阶段的稻田交替存在，为水稻根结线虫的繁殖和传播提供了天然条件。

4. 发生特点

稻—稻—菜种植模式既为水稻根结线虫提供了良好的寄主条件，又可以控制其群体数量，达到了一定的生态平衡，这并不矛盾。水稻生育期稻田长期保持浅水层，抑制了线虫的侵染和发育，但是在水稻收割后的稻桩期，水稻线虫又可暴发式侵染，大量繁殖。

稻桩期对水稻线虫的繁殖非常重要，是其虫源积累的关键时刻，同时稻桩期水稻根结线虫的大量发生说明其卵块具有极强的抗逆境能力。土壤长期淹水或通气不良的条件下2龄幼虫的存活率低，稻田长期浸水环境对水稻根结线虫的发育明显不利。南部地区水稻线虫虫源积累和发生为害较北部地区严重，琼中作为传统水稻根结线虫发病区同样发生严重。但只要田间管理水平高，整个生育期都能保持浅水层，2龄幼虫就无法侵染，防治的重点在于降低稻桩期的虫口基数。

5. 防治方法

（1）农业防治。

① 培育无病秧苗。用育秧盘育苗，选用无病基质。

② 保持浅水层。整个生育期保持浅水层，尤其是幼嫩根系较多的苗期。

③ 削减虫源。稻桩期保持适当湿度，使近地表幼嫩根系尽可能多地产生，促进水稻根结线虫卵的孵化和2龄幼虫的充分侵染，在保持稻桩期约1个月后，翻耕晒田，同时将稻桩收集至田外销毁，减少田间根结线虫存量。

（2）药剂防治。由于水稻根结线虫的发生为害特点为两头重，中间轻，化学防治要重点抓水稻生育期的秧苗期和收割后的稻桩期。

① 秧田防治。苗床施药宜用1.5%阿维菌素颗粒剂或10%噻唑磷颗粒剂，与最下层苗床土拌匀，其上覆盖一层土后，再播种。

② 大田防治。对于两季水稻连作的田块，在上季水稻收割后，保持稻桩1个月左右，在稻田撒施1.5%阿维菌素颗粒剂或10%噻唑磷颗粒剂，然后翻耕晒田，同时将稻桩收集到田外销毁，3种措施配合，能在很大程度上减轻下季水稻根结线虫的为害。

二、玉米病害

（一）玉米小斑病

1. 病原

病原菌为玉蜀黍平脐蠕孢 [*Bipolaris maydis*（Nisikado et Miyake）Shoemaker]，属半知菌亚门。有性态为异旋孢腔菌 [*Cochliobolus heterostrophus*（Drechsler），

属子囊菌门。

（1）形态特征。子囊座黑色，近球形。子囊顶端钝圆，基部具短柄，内含2～4个子囊孢子。子囊孢子长线形，彼此在子囊内缠绕成螺旋状，有隔膜，萌发时每个细胞均长出芽管。分生孢子梗淡褐色至褐色，直或呈膝状曲折，基部细胞大，顶端略细色较浅，下部色深较粗，具隔膜3～18个，一般6～8个。孢痕明显，生在顶点或折点上。分生孢子梗散生在病叶病斑两面，从叶上气孔或表皮细胞间隙伸出，2～3根束生或单生。分生孢子长椭圆形，多弯向一方，褐色或深褐色，具隔膜1～15个，一般6～8个，脐点明显。分生孢子着生在分生孢子梗的顶端或侧方。

（2）生物学特性。菌丝发育的适宜温度范围为10～35℃，最适温度为28～30℃，分生孢子形成的适宜温度范围为23～33℃，最适温度为25℃。分生孢子萌发适温为26～32℃，5℃以下或42℃以上很难萌发。分生孢子的形成和萌发都需要高湿，但分生孢子的抗干旱能力较强，在玉米种子上能存活1年。玉米小斑病菌具有生理分化现象，可区分为T、O和C 3个生理小种。T小种和C小种分别对T型和C型细胞质玉米具有强毒力，O小种对不同细胞质玉米的毒力无专化性。病菌对玉米的致病作用主要是由毒素引起，3个小种在寄主体内外均可产生毒素。目前，我国O小种出现频率高，分布广，为优势小种。

2. 为害特征

（1）叶片。叶片上病斑较小，在高温高湿条件下，病斑表面密生1层灰色的霉状物，即病原菌分生孢子梗和分生孢子。因玉米品种和病原菌生理小种不同，而表现为3种不同的病斑类型。

① 病斑椭圆形或近长方形，多限于叶脉之间，黄褐色，边缘褐色或紫褐色，多数病斑连片以后，病叶变黄枯死。

② 病斑椭圆形或纺锤形，较大，不受叶脉限制，灰色或黄褐色，边缘褐色或无明显边缘，有的后期稍有轮纹，苗期发病时，病斑周围或两端形成暗绿色浸润区，病斑数量多时，叶片很快萎蔫死亡。

③ 病斑为黄褐色坏死小斑点，病斑一般不扩大，周围有黄色晕圈，表面霉层极少，通常多在抗病品种上出现。

（2）叶鞘和苞叶。叶鞘和苞叶上病斑较大，纺锤形，黄褐色，边缘紫色或不明显，表面密生灰黑色霉层。

（3）果穗。果穗受害，病部为不规则的灰黑色霉区。严重时，引起果穗腐烂、脱落，种子发黑腐烂。

3. 发生规律

病原菌以菌丝或分生孢子在病株残体内外越冬。在地面上能存活1~2年。存放在室内、树上、篱笆和地面上的病株残体，只要不腐烂均能产生大量分生孢子。所以，堆放在村舍的玉米秸秆以及遗留在田间的病叶、苞叶、秸秆等，都是翌年发病的初侵染主要菌源。病原菌的子囊孢子也能成为初浸染来源，带菌种子也可导致幼苗发病，但都属于次要侵染来源，对田间的发病与流行关系不大。越冬病原菌在翌年遇到适宜温湿度条件，即产生大量分生孢子，借气流或雨水传播到田间玉米叶片上。如遇田间湿度较大或重雾，叶面上存在游离水滴时，分生孢子4~8h即萌发产生芽管侵入叶表皮细胞，3~4d即可形成病斑。以后病斑上产生大量分生孢子，借气流传播，进行重复侵染。玉米收获后，病原菌又随病株残体进入越冬阶段。

4. 发生特点

在田间，玉米小斑病最初在植株的下部叶片上发生，先逐步向周围的植株扩展（水平扩展），然后再向植株上部的叶片扩展（垂直扩展）。

5. 防治方法

（1）农业防治。选用抗病品种是防病增产的重要措施。适时播种，使抽穗期避开多雨天气。施足底肥，适期、适量合理追肥，促进植株生长健壮，特别是必须保证拔节至开花期的营养供应。发病制种基地实行大面积轮作，把病原基数压到最低限度，减少初侵染来源。集中清理底部病叶并带出田外处理，可以压低田间菌量，改善田间小气候，从而减轻病害程度。收获后，清除地面病株残体，把带菌残体充分腐熟，最好不用于玉米制种田。病田应实行秋翻，使病株残体埋入地下10cm以下。

（2）药剂防治。发病初期喷洒药剂，每隔7~10d防治1次，连防2~3次。药剂可选用50%好速净可湿性粉剂1 000倍液，或80%速克净可湿性粉剂1 000倍液，或75%百菌清可湿性粉剂800倍液，或70%甲基硫菌灵可湿性粉剂600倍液，或25%苯菌灵乳油800倍液，或50%多菌灵可湿性粉剂600倍液，或20%草酸青霉水剂50倍液。

（二）玉米大斑病

1. 病原

病原称大斑凸脐蠕孢［*Exserohilum turcicum*（Pass.）Leonard et Suggs］，属子囊菌门格孢菌科毛球腔菌属真菌。有性态［*Setosphaeria turcica*（Luttr.）

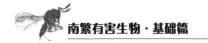

Leonard et Suggs]称玉米毛球腔菌。

玉米大斑病菌的分生孢子梗自气孔伸出，单生或2~3根束生，褐色不分枝，正直或膝曲，基细胞较大，顶端色淡，具2~8个隔膜，大小（35~160）μm×（6~11）μm。分生孢子梭形或长梭形，榄褐色，顶细胞钝圆或长椭圆形，基细胞尖锥形，有2~7个隔膜，大小（45~126）μm×（15~24）μm，脐点明显，凸出于基细胞外部。

自然条件下一般不产生有性世代。成熟的子囊果黑色，椭圆形至球形，大小（359~721）μm×（345~497）μm，外层由黑褐色拟薄壁组织组成。子囊果壳口表皮细胞产生较多短而刚直、褐色的毛状物。内层膜由较小透明细胞组成。子囊从子囊腔基部长出，夹在拟侧丝中间，圆柱形或棍棒形，具短柄，大小（176~249）μm×（24~31）μm。子囊孢子无色透明，老熟呈褐色，纺锤形，多为3个隔膜，隔膜处缢缩，大小（42~78）μm×（13~17）μm。

2. 为害特征

主要为害玉米的叶片、叶鞘和苞叶。叶片染病先出现水渍状青灰色斑点，然后沿叶脉向两端扩展，形成边缘暗褐色、中央淡褐色或青灰色的大斑。后期病斑常纵裂。严重时病斑融合，叶片变黄枯死。潮湿时病斑上有大量灰黑色霉层。下部叶片先发病。在单基因的抗病品种上表现为褪绿病斑，病斑较小，与叶脉平行，色泽黄绿或淡褐色，周围暗褐色。有些表现为不死斑。

3. 发生规律

病原菌以菌丝或分生孢子附着在病残组织内越冬。成为翌年初侵染源，种子也能带少量病菌。田间侵入玉米植株，经10~14d在病斑上可产生分生孢子，借气流传播进行再侵染。温度20~25℃、相对湿度90%以上利于病害发展。气温高于25℃或低于15℃，相对湿度小于60%，持续几天，病害的发展就受到抑制。在春玉米区，从拔节到抽穗期间，气温适宜，又遇连续阴雨天，病害发展迅速，易大流行。玉米孕穗、抽穗期间氮肥不足发病较重。低洼地、密度过大、连作地易发病。

4. 发生特点

病原菌以菌丝或分生孢子附着在病残组织内越冬。成为翌年初侵染源，种子也能带少量病菌。田间侵入玉米植株，经10~14d在病斑上可产生分生孢子，借气流传播进行再侵染。玉米大斑病的流行除与玉米品种感病程度有关外，还与当时的环境条件关系密切。

5. 防治方法

（1）抗病品种。合理搭配，防止单一种植。

（2）合理轮作。适期早播，避开病害发生高峰。施足基肥，增施磷钾肥，掌握适宜的灌水量及次数等。保持玉米田间通风透光好，干、湿度适宜的良好生态环境。

（3）中耕除草培土。摘除基部2～3片叶，降低田间湿度，使植株健壮，提高抗病力。

（4）清洁田园。将秸秆集中处理，经高温发酵使其充分腐熟后，再用作肥料。并要及时翻耕，将遗留田间的病株残体翻入土中，以加速腐烂分解。未作处理的秸秆在翌年玉米播种前应烧毁或是封存。

（5）药剂防治。可在心叶末期到抽雄期或发病初期喷洒50%多菌灵可湿性粉剂500倍液，或50%甲基硫菌灵可湿性粉剂600倍液，或75%百菌清可湿性粉剂800倍液，或40%克瘟散乳油800～1 000倍液。间隔10d喷一次，连续防治2～3次。

（三）玉米圆斑病

1. 病原

病原菌为玉米生平脐蠕孢［*Bipolaris zeicola*（G. L. Stout）Shoemaker］，属半知菌亚门。有性态为异旋孢腔菌（*Cochliobolus carbonum* R.R. Nelson），属子囊菌门。

（1）形态特征。

① 菌落形态。菌落圆形，偶有裂缺，深绿色至黑绿色，气生菌丝较繁茂，绒毡状，可大量形成分生孢子。25℃下培养5d，菌落直径可达78mm。在琼脂＋麦秆培养基上，分生孢子梗暗褐色，膝状弯曲，基部细胞膨大。分生孢子深橄榄色，长椭圆形，中央宽，两端渐窄，孢壁较厚，顶细胞和基细胞钝圆形，多数正直，脐点小，不明显，具隔膜4～8个（多为6～8个）。

② 分生孢子。分生孢子形成初期颜色均匀，后期两端隔膜及其周围颜色变深，大小（42～85）×（12～21）μm（平均64.5μm×16.3μm）。根据这些特征，该分离物属于玉米生离蠕孢［*Bipolaris zeicola*（G. L. Stout）Shoemaker］。根据形成条斑症状的特点，病原物属于玉米生离蠕孢3号生理小种。

（2）生物学特性。

① 温度对菌落生长的影响。该菌在5～35℃下均可生长，15℃以下30℃以上生长较慢，38℃菌丝停止延伸，最适生长温度为25℃。

② 培养基对菌落生长的影响。该菌在供试的几种培养基上均可生长。从生长速度看，在PDA上生长最快，其次为OMA。在水琼脂平板上，气生菌丝稀疏，菌落淡灰白色。

③ 葡萄糖、蔗糖对分生孢子萌发的影响。分生孢子在自来水中可以直接萌发，但萌发率较低，为54.3%。添加一定数量的葡萄糖和蔗糖对分生孢子的萌发有明显促进作用，蔗糖好于葡萄糖，在0.5%的蔗糖溶液中分生孢子萌发率稍高于其他浓度。

④ pH值条件对孢子萌发的影响。分生孢子在pH值3~11的溶液中均可萌发，酸性条件有利于孢子萌发，pH值3~7分生孢子萌发率维持在较高水平，萌发最适pH值为5，当溶液变为碱性时（pH值8），萌发率大大降低。

⑤ 温度对分生孢子萌发的影响。分生孢子在5~40℃均可萌发，5℃以下40℃以上分生孢子的萌发率很低，孢子萌发最适温度为28℃。

⑥ 培养基对分生孢子形态的影响。培养基成分对分生孢子的形态有影响，其中在PDA、PSA、CMA和OMA培养基上孢子的长度、宽度、宽长比差别不明显，与之相比，在Czapek培养基上变化很大。生长在查氏培养基上的分生孢子最短，分隔最少，宽长比也最大。水洋菜＋麦秆培养基中的分生孢子的形态与自然寄主状态的分生孢子最为接近。

2. 为害特征

玉米圆斑病菌侵染玉米叶片，引起玉米圆斑病，果穗、苞叶、叶鞘和茎秆等部位均可受害。该病害潜育期较短，室内或田间接种2d后在叶片、叶鞘上见其病斑。

侵染果穗时常从穗顶侵染，再向下扩展，果穗表面和籽粒间长出黑色霉层，呈煤污状，果穗腐烂变质，病粒最终呈干腐状。

苞叶染病现不整形纹枯斑，有时病斑圆形或椭圆形呈深褐色，一般不形成黑色霉层，病菌从苞叶伸展至果穗内部，为害籽粒和果穗。叶片染病时，因寄主基因型和病原小种互作，形成不同的病斑反应类型，可分为针孔状、斑点、长条形和轮纹状病斑。初生水浸状浅绿色至黄色小斑点，散生，后扩展为圆形至卵圆形轮纹斑。病斑中部浅褐色，边缘褐色，外围生黄绿色晕圈。有时形成长条状线形斑，病斑椭圆形至狭长形，多连接呈串，中间灰白色，边缘黄褐色，周围晕圈略大，淡黄色，病斑表面也生黑色霉层。

叶鞘染病时初生褐色斑点，后扩大为不规则大斑，具同心轮纹，表面产生黑色霉层。

茎秆染病时，病斑不规则，水泽状，边缘淡褐色，不易扩展。

病斑大小因寄主基因型而异，在感病品种上，小病斑为（0.5~1.0）mm×

（0.5～2.0）mm，大病斑则可达（0.5～1.5）mm×（1.0～6.0）mm。病菌除侵染玉米外，还可侵染高粱、大麦、水稻、狗牙根、近缘地毯草和苹果。

3. 发生规律

玉米圆斑病主要为害果穗、苞叶、叶片和叶鞘。通常7—8月平均温度在18～22℃、相对湿度在90%以上的地区，适于圆斑病的发生流行。轮作或合理间套作的发病轻，春夏玉米早播比晚播的病轻，稀植的比密植的病轻，育苗移栽的比同期直播的病轻，肥沃田比瘦瘠地发病轻，地势高、通透性好的比地势低湿发病轻。由于穗部发病重，病菌可在果穗上潜伏越冬。翌年带菌种子的传病作用很大，有些染病的种子不能发芽而腐烂在土壤中，引起幼苗发病或枯死。此外遗落在田间或秸秆垛上残留的病株残体，也可成为翌年的初侵染源。条件适宜时，越冬病菌孢子传播到玉米植株上，经1～2d潜育萌发侵入。病斑上又产生分生孢子，借风雨传播，引起叶斑或穗腐，进行多次再侵染。

4. 发生特点

在田间，玉米圆斑病最初在植株的下部叶片上发生，先逐步向周围的植株扩展（水平扩展），然后再向植株上部的叶片扩展（垂直扩展）。

5. 防治方法

（1）农业防治。选用抗病品种是防病增产的重要措施。适时播种，使抽穗期避开多雨天气。施足底肥，适期、适量合理追肥，促进植株生长健壮，特别是必须保证拔节至开花期的营养供应。发病制种基地实行大面积轮作，把病原基数压到最低限度，减少初侵染来源。集中清理底部病叶并带出田外处理，可以压低田间菌量，改善田间小气候，从而减轻病害程度。收获后，清除地面病株残体，把带菌残体充分腐熟，最好不用于玉米制种田。病田应实行秋翻，使病株残体埋入地下10cm以下。

（2）药剂防治。发病初期喷洒药剂，每隔7～10d防治1次，连防2～3次。药剂可选用50%好速净可湿性粉剂1 000倍液，或80%速克净可湿性粉剂1 000倍液，或75%百菌清可湿性粉剂800倍液，或70%甲基硫菌灵可湿性粉剂600倍液，或25%苯菌灵乳油800倍液，或50%多菌灵可湿性粉剂600倍液，或20%草酸青霉水剂50倍液。

（四）玉米灰斑病

1. 病原

病原为尾孢属真菌玉蜀黍尾孢菌（*Cercospora zeae-maydis* Tehon et Doniels）

和高粱尾孢菌（*Cercospora sorghi* Ell. et Ev.），前者引起的玉米灰斑病，目前已经发展成一重要病害；后者除寄生高粱外，还可寄生玉米引起玉米霉斑病。属于半知菌亚门尾孢属。有性态为子囊菌亚门球腔菌属。

（1）形态特征。子实体于叶片两面着生，无子座或仅有少数褐色细胞，分生孢子梗多簇生，褐色或暗褐色，大小（50～140）μm×（4～6.5）μm，不分枝或罕有分枝，至顶端色较淡，粗细均匀，有1～4个隔膜，多数为1～2个隔膜，直或稍弯曲。产孢细胞合轴式延伸，膝状屈曲，孢痕明显。分生孢子倒棍棒状，无色，较直或稍弯曲，有1～10个隔膜，多数为5～6个隔膜，孢子基部倒圆锥形，有脐，顶端较细，稍钝，分生孢子大小（78～180）μm×5.6μm。

（2）生物学特性。该菌微循环产孢（微循环产孢是孢子度过不良环境的一种生存机制，不经过营养生长阶段而直接由孢子萌发产生新孢子的过程）。受到过氧化氢和铵盐的抑制，但却不受硝酸盐、氨基酸和单糖的影响。温度和相对湿度共同作用对病斑扩展速度及单位面积病组织上的孢子数量影响明显。用玉米叶粉碳酸钙琼脂培养基和玉米叶粉琼脂培养基，在24～25℃下培养，是该菌产孢的理想条件。

2. 为害特征

玉米灰斑病菌主要为害叶片，也侵染叶鞘和苞叶。发病初期病斑为淡褐色，具褪色晕圈，以后逐渐平行延伸成矩形，受叶脉限制，后期病斑中间灰色，边缘褐色，大小（0.5～60）mm×（0.5～6）mm，严重时病斑连片可使叶片枯死。潮湿时叶片两面尤其叶背病部生出灰色霉层，即分生孢子梗和分生孢子。病菌最初先侵染下部叶片引起发病，气候条件适宜可扩展到整个植株的叶片，最终导致茎秆破损和倒伏。玉米受害后主要有7种病斑反应类型，即RH型（长矩形具褪绿晕圈病斑）、RN型（长矩形无褪绿晕圈病斑）、IRH型（不规则形具褪绿晕圈病斑）、IRN型（不规则形无褪绿晕圈病斑）、SH型（斑点形具褪绿晕圈病斑）、RI型（长矩形与不规则形混合病斑）和RS型（长矩形与斑点形混合病斑）。病斑类型的多样性从表现型上反映出病菌与寄主互作的复杂性扩展为灰褐色、灰色至黄褐色的长条斑。

3. 发生规律

玉米灰斑病病菌以菌丝体和分生孢子在玉米秸秆等病残体上越冬，成为翌年的初侵染源。该病较适宜在温暖湿润和雾日较多的地区发生，且连年大面积种植感病品种，是翌年该病大发生的重要条件。该病于6月中下旬初发，开始时脚叶发病；7月缓慢发展，为害至中部叶片；8月上中旬发病加快为害加重；8月下旬、9月上旬由于高温高湿，容易迅速暴发流行。甚至在7d内能使整株叶片干枯，形成农民俗称的"秋风病"。

4. 发生特点

玉米灰斑病在玉米主产区大面积发生，直接威胁着玉米产业的发展。一般感染该病之后，减产达12%~40%，损失750~3 750kg/hm²，甚至颗粒无收。

5. 防治方法

玉米灰斑病的防治应坚持"预防为主、综合防治"的植保方针，牢固树立绿色植保、公众植保的理念。

（1）农业防治。

① 选用抗病品种。选用适合当地种植、丰产性好、抗玉米灰斑病的优质良种，是保证玉米高产稳产的重要措施。

② 合理轮作，加强监测。尤其是发病严重的地块，在种植技术上，合理布局作物与品种，定期轮换，减少玉米灰斑病病菌侵染源。

③ 合理安排作物布局，利用生物多样性控制灰斑病流行。合理密植，改进种植方式，实行宽窄行种植，采用2：2（2行玉米间种2行经济作物）或2：1（2行玉米间种1行豆类作物）。通过改善种植方式，能充分利用光热资源，促进田间通风透光，防止玉米倒伏，降低田间湿度，提高玉米抗病性，减缓病害发生和流行，达到控制病害发生的目的。

④ 适时播种。在田间湿度大或雨季来临之际，将翌年播期提前10~15d，错开7—8月高温多雨多湿季节，以降低灰斑病高发期对玉米生长的影响，减轻其对玉米生长的为害，特别是玉米抽穗期、灌浆期更有利于玉米灰斑病的发生。在海拔1 900m以上的高寒地区要抢抓节令，适期早播，同时采用地膜覆盖措施，缩短玉米生育期，从节令上错开发病高峰，提早玉米成熟期，减少产量损失。

⑤ 合理施肥。增施有机肥，氮、磷、钾肥合理搭配，因地制宜施用微肥，促使玉米健壮生长，提高玉米的抗病能力。根据玉米的生理特性，应遵循施足底肥、轻施提苗肥、重施拔节孕穗肥、巧施粒肥的原则。施足底肥，增施磷钾肥，促进植株健壮生长，从而提高抗病能力。在施农家肥15.0~22.5t/hm²的基础上，施尿素150kg/hm²、普钙525kg/hm²、钾肥75kg/hm²（或25%以上的复合肥600kg/hm²）充分混合拌匀后作种肥或移栽肥，施肥时要特别注意肥料不能直接与种子或根系接触。追肥要轻施提苗肥，重施拔节穗肥，巧施粒肥。第1次追施苗肥，在玉米5~6叶期结合中耕除草，用尿素75~120kg/hm²，促进幼苗平衡生长；第2次追施穗肥，于玉米大喇叭口期追施尿素450~525kg/hm²，深施于玉米2株之间，施后培土，同时进行中耕除草，以促进穗大粒多。第3次追施粒肥，抽雄吐丝期，追施尿素75~150kg/hm²、钾肥75~105kg/hm²，深施于玉米2株之间，施后盖土，

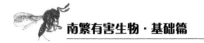

以防玉米早衰，增加粒重，提高单产。

⑥ 加强田间管理。清洁田园，减少病原菌。枯叶、秸秆等病残体是灰斑病的主要病源，玉米收获后，要及时彻底清除遗留在田间地块中的玉米秸秆、病叶等病残体，尤其是堆过秸秆的地方，重病地块，应彻底清除，并且在雨季开始前处理完毕，处理方法是带出田外用火集中烧毁。

（2）药剂防治。应遵循"预防为主，综合防治"的方针。根据灰斑病发生、发展和为害的特点，主要在玉米大喇叭口期、抽雄抽穗期和灌浆初期3个关键时期进行药剂防治。根据防治效果和最低使用成本原则，选择对玉米灰斑病防治效果较好的药剂，主要有：25%丙环唑可湿性粉剂135mL/hm²对水喷雾；43%好力克90mL/hm²＋70%安泰生375g/hm²对水喷雾；10%苯醚甲环唑450g/hm²对水喷雾；75%三环唑（或硫黄唑或稻瘟净）＋农用链霉素＋70%甲基硫菌灵（或多菌灵）各1/2袋混合对水喷雾。5～7d防治1次，连续用药2～3次，施药时要注意喷匀喷透，若喷后1～2h遇雨应重喷，确保防治效果。

（五）玉米弯孢霉叶斑病

1.病原

此病的主要病原菌是新月弯孢霉［*Curvularia lunata*（Wakker）Boed］。

（1）形态特征。分子孢子褐色，多弯曲或近于正直，光滑，近椭圆形，不等边梭形，个别呈"丫"形，一般有3个隔膜分成4个细胞，中间两个细胞色深，从基部数第3个细胞膨大，分生孢子两端钝圆，但顶端粗而钝，基部细而尖。孢子大小为（18～32）μm×（8～16）μm。分生孢子梗淡褐色，有隔不分枝，单生或数根丛生，正直或顶端曲膝状，基部稍胀大。分生孢子呈螺旋状着生于分生孢子梗上，孢子之间间隔很近，一般每个梗上着生4～6个孢子，分生孢子一般由顶部开始萌发，之后基部萌发，少量孢子只一端萌发。

（2）生物学特性。

① 温度对菌落生长的影响。玉米弯孢菌分生孢子在温度8～35℃都可萌发，其萌发适温在25～35℃，尤以30℃时萌发率最高，由此证明了该病菌的孢子萌发的温度范围及萌发适温范围都较广，说明了该菌对温度变化适应性较强，且属喜高温的病菌。

② 分生孢子与萌发时间的关系。玉米弯孢菌的分生孢子在28℃培养条件下，在清水中浸泡2h，即可萌发，虽萌发率较低，但大部分已开始萌动，芽管的长度一般不超过孢子的1/3。3h后芽管长度达孢子的1/2～1倍，4h后芽管伸长达孢子长度的2～3倍，萌发率达到了最高，以后随时间的延长，芽管逐渐伸长，但

萌发率变化不大。

③ pH值条件对孢子萌发的影响。玉米弯孢菌分生孢子在pH值4~11时都可萌发，其萌发最适的pH值范围为6~7。不同pH值不但影响着孢子萌发率，同时也影响孢子萌动的起始时间。

此外，不同的碳源和氮源对该病原菌的生长影响差异较大。以麦芽糖为碳源的培养基最适合该菌落生长。氮源为L-亮氨酸的培养基最适合菌落生长，以L-精氨酸为氮源的培养基较不适合菌落生长，且病原菌只在以甘氨酸为氮源的固体培养基上产孢。

2. 为害特征

田间调查发现玉米弯孢菌主要侵染玉米叶片，也可为害玉米叶鞘和苞叶。初生褪绿小斑点，逐渐扩展为圆形至椭圆形褪绿透明斑，病斑中间呈枯白色或黄褐色，四周有半透明浅黄色晕圈，边缘有较细的褐色环带，一般大小（0.5~4.0）mm×（0.5~2.0）mm，大的可达7.0mm×4.0mm。湿度大时，病斑在玉米叶片正、反面均可产生灰黑色霉状物，即病原菌的分生孢子和分生孢子梗。发病严重时，病斑密布整片叶片，形成大面积坏死，直至整个叶片干枯死亡。

3. 发生规律

病菌在病残体上越冬，翌年7—8月高温高湿或多雨的季节利于该病发生和流行。该病属高温高湿型病害，发生轻重与降雨多少、时空分布、温度高低、播种早晚、施肥水平关系密切。生产上品种间抗病性差异明显。

4. 发生特点

在田间，玉米弯孢霉叶斑病，初生褪绿小斑点，逐渐扩展为圆形至椭圆形褪绿透明斑，中间枯白色至黄褐色，边缘暗褐色，四周有浅黄色晕圈，大小（0.5~4）mm×（0.5~2）mm，大的可达7mm×3mm。湿度大时，病斑正背两面均可见灰色分生孢子梗和分生孢子。该病症状变异较大，在有些自交系和杂交种上只生一些白色或褐色小点。主要为害叶片、叶鞘、苞叶。

5. 防治方法

（1）农业防治。选育和种植抗病品种；轮作换茬和清除田间病残体；适当早播；提倡施用酵素菌沤制的堆肥或充分腐熟有机肥。

（2）药剂防治。选用40%新星乳油10 000倍液或6%乐必耕可湿性粉剂2 000倍液、12.5%特普唑（速保利）可湿性粉剂4 000倍液、50%速克灵可湿性粉剂2 000倍液、58%代森锰锌可湿性粉剂1 000倍液。施药方法应掌握在玉米大喇叭口期灌心，效果较喷雾法好，且容易操作。如采用喷雾法可掌握在病株率达10%

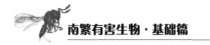

左右喷第1次药，间隔15~20d再喷1~2次。

（六）玉米褐斑病

1.病原

玉米褐斑病的病原为鞭毛菌亚门节壶菌属玉蜀黍节壶菌（*Physoderma maydis* Miyabe），是玉米上的一种专性寄生菌，寄生在薄壁细胞内。休眠孢子囊壁厚，近圆形至卵圆形或球形，黄褐色，略扁平，有囊盖。

2.为害特征

（1）整株黄点型是一种新出现的褐斑病症状，一般是整株叶片发病，叶片上出现密集及大小分布较均匀的小黄点，经镜检，观察到病原菌为玉米褐斑病菌（*Physoderma maydis*），使叶片和植株呈失绿发黄，密集的小黄点老熟后变成褐色的孢子堆，内有近圆形的休眠孢子，这些休眠孢子埋藏于叶肉细胞组织中，不暴露散出孢子粉，这一点与锈病要严格区别开来，发病植株轻者结苞小，产量低，严重者不结苞。

（2）局部褐斑型是一种常见的症状，主要发生在叶鞘、叶主脉上。病斑呈现黑褐色，大小如黄豆粒，有时连成大斑块，成熟病斑变成褐色的孢子堆，内有休眠孢子。

3.发生规律

降水量大小决定初始病斑出现的时间，尤其是暴雨过后连续几天的晴天，更有利于病菌的侵染。感病品种出现初始病斑的时间比中抗品种早7d左右。玉米褐斑病基本上是从下部第6~7片叶片开始发病，发病部位由叶尖开始，叶尖褪绿，出现不规则的浅褐色小斑，逐渐向叶面和叶鞘蔓延，以叶片与叶鞘连接处病斑最多，常密集成行；田间病株迅速增加，发病叶位也随植株的生长而上升，一直到达第13~15叶位，这时许多小病斑常连接成一个隆起的褐色大疱状，待孢子囊成熟时破裂，散出孢子粉，随风传播，进行再侵染。后期玉米褐斑病病情指数上升缓慢甚至停止发展。

从田间调查情况来看，玉米褐斑病的发病部位主要集中在雌穗上下各3片叶及叶鞘部位，在褐斑病发生的早期，病情指数的增加主要是由于病株率的增加所引起的，后期主要是由于病情指数级别的增加引起，而病情指数的增加与叶鞘上病斑的发展密切相关。

4.发生特点

该病一般在玉米六叶一心期至大喇叭口期发病，12片叶以后一般不会再发生此病害。主要发生在玉米叶片、叶鞘及茎秆上，田间可见以下几种类型。

① 发病由下部叶开始，以叶片与叶鞘连接处病斑最多，并且病斑逐步向叶上部扩展。

② 发病由叶尖开始，叶尖褪绿，出现不规则的浅褐色小斑，叶肉褪色为红黄色，出现一大片的病斑。

③ 发病部位由叶中部开始，或是中部叶的叶中部开始，叶面先出现褪绿小点，再出现不规则的浅褐色小斑，叶肉褪色为红黄色，出现一大片的病斑。

④ 整叶发病。在叶上大片的病斑呈现一段一段地分布，即一段叶是正常的，一段叶分布着大片的黄中带粉红色的病斑。

⑤ 叶脉上发生病斑。在以上4种病症的基础之上，叶的主脉上出现比叶面病斑色深的1~2mm大小的红褐色的病斑，这种红褐色的病斑埋在叶脉之中，像锈病的孢子堆。发病后期，病斑表皮破裂，散出褐色粉末。

5. 防治方法

采取以选用抗病品种为主，改良秸秆还田技术，实行平衡施肥，适时进行化学防治的综合防治技术。

（1）农业防治。

① 施足底肥，适时追肥。在玉米4~5叶期追施尿素或氮、磷、钾复合肥150~225kg/hm²；发现病害立即追肥，注意氮、磷、钾肥搭配。

② 及时清除病残体。始见病叶时及时摘除；病重地块，玉米收获前最好能摘除病叶再秸秆还田。

（2）药剂防治。玉米4~5叶期，用25%的三唑酮可湿性粉剂1 500倍液叶面喷雾，可预防玉米褐斑病的发生。发病时，用25%的三唑酮可湿性粉剂1 500倍液，或50%多菌灵可湿性粉剂500~800倍液，或70%甲基硫菌灵可湿性粉剂800~1 000倍液叶面喷雾。如结合玉米大、小斑病和纹枯病的防治，可用25%苯菌灵乳油800倍液，一喷多防。为了提高防治效果，可在药液中适当加些叶面宝、磷酸二氢钾、尿素等，促进玉米健壮，提高玉米抗病能力。多雨的年份，应喷2~3次，间隔7d喷1次，喷后6h内如下雨应雨后补喷。

（七）玉米纹枯病

1. 病原

玉米纹枯病菌有3个种，即立枯丝核菌（*Rhizoctonia solani*）、玉蜀黍丝核菌*R.zeae*和禾谷丝核菌（*R.cerealis*）。立枯丝核菌的有性态是瓜亡革菌（*Thanatephorus cucumeris*），玉蜀黍丝核菌的有性态是（*Waitea circinata*），

禾谷丝核菌的有性态是禾谷角菌（*Ceratobasidium cereale*）。其中玉蜀黍丝核菌主要为害果穗引起穗腐，禾谷丝核菌主要为害小麦。

玉米纹枯病病原主要是立枯丝核菌（*R.solani*，AG-1-IA）。玉米纹枯病菌又根据菌丝融合情况分为不同的融合群。

（1）形态特征。玉米纹枯病菌丝幼嫩时较小无色，老熟后呈褐色。主枝直径8~12.5μm，分枝与主枝成直角、锐角或钝角，第2次分枝多成直角或近直角。分枝处有缢缩和隔膜，无锁状联合和根状菌索，不产生分生孢子，菌丝细胞多核，一般3~10个，多数4~6个。气生菌丝发达，形成蕨描形菌丝。菌丝在基质上先集结成白色的菌丝团，逐渐变为淡褐色至褐色菌核，菌核上凸下凹或平，球形或椭圆形，单生或多个结成不规则形，直径1~15mm，表面有许多微孔。

（2）生物学特性。玉米纹枯病病菌属高温高速型菌群。病菌菌丝生长温度为最低7~10℃，最高38~39℃，最适26~30℃；菌核形成温度为最低11~14℃，最高34~37℃，最适22℃。在14℃时，菌核形成速度最低，需要11d，而在30℃时，2d就可形成。病菌可生长的pH值范围较宽，但仍属于喜微酸菌群。菌核在干燥的土壤中能存活6年，在流动的活水中能活6个月左右。

2. 为害特征

为害叶鞘，也可为害茎秆，严重时引起果穗受害。发病初期多在基部1~2茎节叶鞘上产生暗绿色水渍状病斑，后扩展融合成不规则形或云纹状大病斑。病斑中部灰褐色，边缘深褐色，由下向上蔓延扩展。穗苞叶染病也产生同样的云纹状斑。果穗染病后秃顶，籽粒细扁或变褐腐烂。严重时根茎基部组织变为灰白色，次生根黄褐色或腐烂。多雨、高湿持续时间长时，病部长出稠密的白色菌丝体，菌丝进一步聚集成多个菌丝团，形成小菌核。

3. 发生规律

玉米苗期一般很少发病，多数在喇叭口至抽雄期开始发病，抽雄后开始扩展蔓延，吐丝期发展较快，灌浆至成熟期垂直发展最快，是为害的关键期和重灾期。在5月上旬玉米进入喇叭口期茎基部叶鞘开始有水渍状病斑，5月中下旬拔节时病斑明显，6月上中旬抽雄期病害加快，6月中下旬吐丝至成熟期是为害加剧期和最严重时期。为害期通常在45d左右，最严重为害期约有20d。玉米田发病率常在13.6%~80.5%，产量损失在10%~30%。

4. 发生特点

该病是玉米较为严重的病害，其寄主甚广，除为害玉米外，还可侵染水稻、小麦、高粱、棉花、大豆等多种作物。该病由立枯丝核菌侵染引起，主要为害叶鞘，也可为害茎秆，侵染叶片、苞叶和果穗。玉米拔节至成熟期均可发病，先是茎基部的叶鞘感病，后侵染叶片并向植株的上部蔓延。发病初期多在基部1～2茎节叶鞘上产生暗绿色水渍状圆形或椭圆形病斑，后扩展融合成不规则形或云纹状大病斑，病斑中部灰褐色、边缘深褐色。苞叶、果穗染病也产生同样的云纹状斑。果穗染病后秃顶，籽粒细扁或变褐腐烂。发病严重时根茎基部组织变为灰白色，次生根黄褐色或腐烂。多雨、高湿持续时间长时，病部长出稠密的白色菌丝体，菌丝进一步聚集成多个菌丝团，形成小菌核，多藏于叶鞘内，随玉米秆收获掉入土壤越冬，如不及时对土壤进行消毒，翌年将会侵染玉米新苗导致发病。

5. 防治方法

（1）抗病品种。选用具有强抗、高抗、耐病特性的玉米品种，即便田间发生了纹枯病，由于植株抗性强，仍然可以生长良好，可以把损失降到最低。鉴于目前抗纹枯病能力强的玉米品种较少，今后应加大此类品种的选育和推广力度。

（2）农业措施。

① 科学整地施肥。播种前要深翻土壤，减少表层土壤中菌核的数量；合理密植，注意排渍降湿，均衡施肥，增施有机肥，补施钾肥，配施磷锌肥，避免植株生长过旺，提高抗病力。

② 合理轮作倒茬。在有纹枯病为害的土壤上连作会导致植株生长不良、病害加重，所以应尽量避免同一地块重复种植玉米。

③ 做好田间卫生。田间一旦发现病害，应及早剥离病叶，晒干烧掉或深埋，控制病菌的蔓延，并注意清除田间杂草，以减少病原寄主。玉米收获后要及时清除田间植株病残体。

（3）化学防治。用种子重量0.02%的浸种灵拌种后堆闷24～48h。当田间病株率达到3%～5%时，每亩用5%井冈霉素水剂400～500mL，或40%纹霉星可湿性粉剂50～60g，或50%消菌灵可湿性粉剂40g，对水50～70kg喷雾，隔7～10d再喷1次。为促进病苗恢复，增强植株抗病力，防病时可加入408芸薹素和磷酸二氢钾。特别需要注意的是，喷药前一定要将已感病的叶片及叶鞘剥去（这样防治效果更佳），喷药重点是玉米植株基部。

（八）玉米锈病

1. 病原

玉米锈病是一种气流传播大区域发生和流行的真菌病害。病原菌有3种类型，即玉米柄锈菌（*Puccinia sorghi* Schw.）引起的普通型锈病；玉米多堆柄锈菌（*Puccinia polysora* Underw.）引起的南方型锈病；玉米壳锈菌［*Physopella zeae*（Mains）Cummins et Ramchar〕引起的热带型锈病。我国只有普通型和南方型两种锈病。

（1）形态特征。

① 玉米柄锈菌。夏孢子近球形、椭球形、长椭球形或长卵圆形，或为矩形与不规则形，呈淡褐色至金黄褐色，壁薄，表面布满短且稠密的细刺，大小（19.50~40.00）μm×（17.50~29.75）μm。夏孢子着生在夏孢子柄的顶端，易分离。夏孢子柄柱状，顶端稍宽，向下则缓慢地狭窄，无色。后期，夏孢子外壁明显加厚，深褐色，厚度为2.25~2.50μm。夏孢子沿赤道上有芽孔3~4个，分布不均。

冬孢子椭球形或棍棒形，多为双细胞，隔膜处微缢细或缢细较明显。冬孢子呈红褐色至深褐色，下细胞色淡且较透明。冬孢子上下细胞内各具1个直径为（5.0~7.5）μm的淡色油球。细胞外壁光滑，大小（26.0~52.5）μm×（15.0~28.0）μm；单细胞的冬孢子多为长椭球形或豆形，顶端略增厚，弧圆形或加厚的圆锥形，大小（15.0~32.5）μm×（15.0~22.5）μm。冬孢子着生在冬孢子柄顶端或歪生，具长柄，通常冬孢子柄的顶端粗，向下逐渐均匀地削细。冬孢子柄长是冬孢子体长的1.30~4.36倍。冬孢子与冬孢子柄结合稳固，不脱落。

② 多堆柄锈菌。夏孢子单胞，大多为椭圆形或卵形，少数近圆形，大小（30~40）μm×（23~28）μm，表面具微刺。夏孢子呈淡黄色至金黄色，上有细凸起，膜厚（1.5~2.0）μm，赤道附近具4个发芽孔。

冬孢子栗褐色，近椭圆形，前端截成钝圆或渐尖，基部钝圆或渐狭，大小（18~29）μm×（30~42）μm。冬孢子表面光滑，有一具棱角的细胞，于分隔处缢缩，柄无色或淡色，有时歪生不脱落，其长度显著短于孢子本身。

（2）生物学特性。

① 玉米柄锈菌。玉米柄锈菌夏孢子萌发和侵染的适宜温度为10.8~29.0℃，最适温度为14.9~22.4℃，温度在10.0℃以下萌发终止。玉米收割后，夏孢子在寄主基质上可残生时间为55d以内，此时许多夏孢子体内的颗粒体已消耗殆尽，形成透明的空腔，有的则失去光泽，呈现淡灰褐色，丧失了发芽能力，因而该病菌夏孢子抗逆性很差，一般不能逾越严酷的寒冬。普通锈病转主寄主在我国还未发现，国外则报道其春孢子阶段发生在酢浆草植物上。

② 多堆柄锈菌。多堆柄锈菌的夏孢子发芽最适温度为26℃；夏孢子发芽还必须有水滴和空气。有自然光时，夏孢子发芽率最高，其次为黑色光和蓝色光，而黄色光、红色光、绿色光发芽最少。在适宜条件下，夏孢子经7h发芽率可达最高；夏孢子存活期，在-15℃时不到5d，在12~20℃时鲜病叶为10d，风干病叶

为15～30d。玉米苗期至乳熟期时接种该菌，发病率可达98%～100%，而该病的发病严重度和病害潜育期随生育期的提高而减轻和延长。

2. 为害特征

玉米锈病多发生在玉米生育后期，一般为害性不大，但在一些自交系和杂交种上可引起严重的病害，致使叶片出现提早枯死，造成较重损失。发病初期，仅在叶片两面散生浅黄色长形至卵形褐色小脓疱，之后小疱破裂，散出铁锈色粉状物，即病菌夏孢子；发病后期，病斑上生出黑色近圆形或长圆形凸起，开裂后露出黑褐色冬孢子。普通型锈病和南方型锈病的为害症状略有区别，一般南方型锈病的孢子堆比普通锈病的孢子堆小，且颜色浅。

3. 发生规律

（1）气候条件。阴雨寡照、高温多湿是发病的有利条件，气温在25～32℃最易发病。这样的条件利于孢子的存活、萌发、传播和侵染。氮肥多、密度大、郁闭重的地块玉米锈病加重发生。也有报道，当平均气温24～26℃、相对湿度在85%时极易发生和流行。

（2）土壤条件。排水不畅易产生积水的低洼地块、密度过大通透性差的地块易发病。过多使用氮肥会降低作物抵抗力而加重病害发生。

4. 发生特点

主要侵染玉米叶片，严重时也可侵染玉米果穗、苞叶乃至雄花；在发病中度的田块，可减产10%～20%，感病较重的则可达到50%以上，部分地块甚至绝收。

5. 防治方法

（1）农业防治。

① 种植抗病品种是最经济有效的防治措施。

② 科学管理，合理密植，适当早播，配方施肥，实施健身栽培，提高作物自身抵抗力，是减轻病害的重要环节。在施肥上，避免氮素过多，适当增施磷钾，且整个生育期防止水渍，尤其是高温多雨季节及时排水，可提高作物抗病力。同时及时清除田间杂草和病残体，摘除下部病叶或拔除已病植株并销毁，也可减少病菌孢子传播蔓延。喷施玉米健壮素等叶面营养剂也可使植株健壮，增强抗病能力。

（2）化学防治。

① 选用包衣种子。种子包衣可以减少或避免锈病发生。未包衣的种子可用25%三唑酮可湿性粉剂60g或2%立克锈可湿性粉剂50g分别拌50kg种子。方法

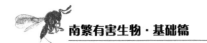

是：先用少许清水把药剂调成糊状，再与种子拌匀，随拌随用。

② 在田间出现锈病发生中心的情况下，可用化学药剂实行药剂保护封锁，防止病害扩散蔓延。玉米锈病的防治关键是掌握防治时期，在感病品种面积大且阴雨连绵的情况下，要密切注意观察病害发生情况，做到早防早治，力求在零星病叶期及时防治，以达事半功倍的效果。根据植保部门的指导混合使用，以提高防治效果。防治次数视防治效果而定，一般间隔7~10d，连喷2~3次即可控制病害。若喷后24h内遇雨，应当在雨后补喷。

③ 在孢子高峰期用药，可抑制孢子萌发，遏止病害蔓延势头，降低损失。

（九）玉米细菌性枯萎病

1. 病原

（1）形态特征。玉米细菌性枯萎病病原物为斯氏泛生菌（*Pantoea stewartii* E.F. Smith），原核生物界，薄壁菌门，肠杆菌科，多源菌属。玉米细菌性枯萎病菌是一种无鞭毛、不产生芽孢、革兰氏染色阴性、兼性厌氧杆菌，大小（0.4~0.7）μm×（0.9~2.0）μm，以单个或短链形式存在。在葡萄糖琼脂培养基上形成奶黄、柠檬黄或橙黄色菌落。

（2）生物学特性。病原细菌最适生长温度是30℃，最低7~9℃，最高39℃，致死温度53℃10min，最适pH值范围为4.5~8.5。生长期高温、土地肥沃潮湿、偏施氮肥可加重病情。种子内的病菌，在8~15℃存活200~250d，在20~25℃可存活110~120d，病菌不能在土壤和病残体中越冬。

2. 为害特征

细菌性枯萎病在玉米生长的各个阶段均能发生，但以开花前最明显。它是一种典型的维管束萎蔫性细菌病，玉米的茎、叶、雄穗和果穗均可被害。主要症状为植株矮化和枯萎。

幼苗感病源于种子带菌。叶片首先表现水渍状，其后叶片变褐色，卷曲，幼苗枯萎或矮缩。病株上的病菌可以由鞘翅目跳甲取食传至健株。昆虫传染的叶片首先自昆虫取食处开始，发生水渍状斑点，然后逐渐向上下扩展，形成不规则形淡绿色或黄色的条纹，随着条纹的扩展，叶片萎蔫死亡，中后期症状类似水稻白叶枯病。

重病株可以全株萎蔫枯死，轻病株多半矮化，茎节变褐，雄蕊早熟，枯萎变白，雌蕊不孕或产生发育不全的果穗。其上所结的种子，内部可能带菌，如果将病株的茎、叶、花序等部分加以横切，则有黄色黏液（菌脓）从维管束切口处溢出，易拉成丝。

玉米上另有一种与其症状极为相似的病害，玉米细菌性叶枯病，从症状上区分这两种细菌性病害较难，不过，玉米细菌性枯萎病的病斑较宽，周围有波纹状的边缘，病斑边缘不明显，而细菌性叶枯病水渍状更突出，病部更透明，茎上病斑和茎腐发生处与健部分界明显。另从病症上看，后者无黄色菌脓。

3. 发生规律

玉米细菌性枯萎病在海南大多在玉米抽雄穗前后发生，也有在苗期和中期发生的。玉米发病后一般在植株下部叶鞘或果穗上出现水渍状条纹或病斑，渐渐向叶片边缘伸展，出现1cm左右条斑，从叶尖沿叶边缘至叶鞘坏死干枯，呈白叶枯病状。茎基部近地面的一、二节维管束受害较重，往往腐烂变黑发臭。剖视病茎维管束，肉眼可见茎节间呈褐色。用显微镜检查病叶片及维管束，可看到有大量细菌溢出。慢慢全株自下而上干枯或青枯倒折死亡。玉米细菌性枯萎病与因生理失调而引起植株枯萎死亡的不一样，拔起病株，根系正常，很少发现黑根、烂根。玉米灌浆后感病的植株仍能结果实，但果穗下垂，出现"吊包"现象。以上病状同现有资料记载的玉米萎蔫病相似，但也有不同之处，例如病茎变色的维管束，未见有淡黄色细菌脓液溢出。

4. 发生特点

与品种、气候和栽培条件有密切关系，其特点如下。

（1）玉米新单一号亲本品种感病最严重，病害一般在去雄之后暴发。

（2）不分沙土、壤土、地势高低，均在灌水后发病多，蔓延快。有些地块在7~10d，可由发病20%扩展到100%。

（3）在玉米打苞抽穗时，若遇上高温多湿，发病最普遍。

（4）施氮肥越多，发病越严重。

5. 防治方法

（1）加强检疫。

① 严格禁止带病的种子调入种植。

② 对已在海南种植调入南繁田块的，要进行彻底检查，特别是在玉米抽雄前后和8月容易发病的时期，要严加检查，如发现发病，要立即采取措施，坚决彻底消灭，除立即拔除病株深埋外，并应及时将发病情况报知上级领导部门，将发病地块的全部玉米单收、单打、单贮，做好妥善安排，作为食用或饲料，不能再做种子，以防其传播蔓延。

（2）疫区控制。一旦发现病株或发现有来自疫区的非法入境种子已经播种（无论是否发病），都应该采取销毁植株，杀灭传播昆虫的措施，并在3~5年严

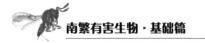

禁种植玉米。

（十）玉米穗腐病

1. 病原

引起玉米穗腐病的病原菌有禾谷镰刀菌（*Fusarium graminearum*）、串珠镰刀菌（*Fusarium moniliforme*）、层出镰刀菌（*Fusarium proliferatum*）、青霉菌（*Penicillium* spp.）、曲霉菌（*Aspergillus* spp）、枝孢菌（*Cladosporium* spp.）等20余种病原真菌。其中禾谷镰孢菌和轮枝镰孢菌为该病害的优势病原。

（1）玉米枝孢穗腐病。果穗上散布具黑色至墨绿色污斑或条斑的病粒。附着在穗轴上的籽粒近脐部首先变色，然后上部出现污斑，但很少到达顶端。贮藏时发展为穗腐。

病原：*Cladosporium herbarum*（Pers.）Link，称多主枝孢，属半知菌类真菌，常形成子座。分生孢子梗顶端或中部常有局部膨大，长250μm；分生孢子表面密生细刺，单胞或双胞，大小（5～23）μm×（3～8）μm，多数为（8～15）μm×（4～6）μm。常见，广布。多生在草本或木本植物上或土壤及空气中。

传播途径及发病条件：病菌从生长破裂处侵入籽粒冠部，繁殖为害。

（2）玉米曲霉穗腐病。玉米穗（粒）腐病主要通过造成果穗腐烂而直接引起减产，被产毒真菌侵染的籽粒不能做粮食或饲料，失去经济价值。此外，由于种子带菌还会引起大量死苗，曲霉菌中的黄曲霉菌不仅为害玉米等多种粮食，而且引起人和家畜、家禽中毒。生产中，部分品种感病严重，特别是高赖氨酸玉米和糯质、甜质及结构疏松的粉质型玉米更易感病。而且穗期虫害严重发生的条件下，也会加重该病的发生。

症状：果穗及籽粒均可受害，被害果穗顶部或中部变色，并出现蓝绿色、黑灰色或暗褐色、黄褐色霉层，即病原菌的菌丝体、分生孢子梗和分生孢子。病粒无光泽，不饱满，质脆，内部空虚，常被交织的菌丝所充塞。果穗病部苞叶常被密集的菌丝贯穿，黏结在一起贴于果穗上不易剥离。

病原：曲霉菌（*Aspergillus* spp.）。

病原菌从玉米苗期至种子贮藏期均可侵入与为害，而霉烂损失在果穗收获风干过程中。病菌以菌丝体、分生孢子或子囊孢子附着在种子、玉米根茬、茎秆、穗轴等植物病残体上腐生越冬，翌年在多雨潮湿的条件下，子囊孢子成熟飞散，落在玉米花丝上兼性寄生，然后经花丝侵入穗轴及籽粒引起穗腐。穗腐的发病程度受品种、气候、玉米螟等害虫为害、农艺活动、果穗贮藏条件等多种因素影响。

（3）玉米青霉穗腐病。

症状：该病主要发生在机械损伤、害虫或鸟等为害的果穗上，在籽粒上或籽粒间产生青绿色或绿褐色霉状物，多发生在穗的尖端。病菌侵入种胚的，种子发芽时，引致幼苗凋萎。

病原：草酸青霉（*Penicillium oxalicum* Currie et Thorn），菌落平坦，绒状，暗绿色。分生孢子椭圆形，光滑。

病原菌一般腐生于各种有机物上，产生分生孢子，借气流传播。通过各种伤口侵入为害，也可通过病健果穗接触传染。青霉病菌发育适温18～28℃，相对湿度95%～98%时利于发病。

（4）玉米丝核菌穗腐病。早期在果穗上长出橙红色霉层，后期病果穗变为暗灰色，在外苞叶上生出白色至橙红色或暗褐色至黑色小菌核。

病原菌为半知菌亚门真菌立枯丝核菌，在种子、土壤或病残体上越冬。

（5）玉米色二孢穗腐病。发病早的果穗苞叶呈苍白色，在吐丝后1周内发病，果穗变为灰褐色，整个果穗萎缩或腐烂。果穗呈直立状态，果穗和内苞叶或内苞叶之间紧密黏附，菌丝在其间生长繁殖，后期苞叶、花苞上及籽粒边缘产生黑色粉状物。植株生长后果穗发病，外表症状不明显。侵染始于果穗基部，从果穗梗处向上扩展。剥开果穗或脱粒时，可发现籽粒之间长有一层白色的霉菌，其顶部已变色。

病原菌为半知菌亚门真菌玉米色二孢，在带病种子或秸秆上越冬，随风传播。玉米吐雄时叶鞘较松散，落入叶鞘里的病原菌直接或经伤口侵入，也可从茎秆基部、不定芽或花丝、穗梗的苞叶间直接侵入。

（6）玉米粉红聚端孢穗腐病。果穗全部或部分生出浅红色霉状物，使籽粒发霉，多发生在收获后的果穗上，遇有秋雨连绵的年份也可发生在田间。

病原菌为半知菌亚门真菌粉红聚端孢，随病残体留在土壤中越冬，翌年春天条件适宜时传播到果穗上，从伤口侵入。发病后病部产生的病原菌借风雨传播蔓延，进行再侵染。病原菌发育适温25～30℃，相对湿度高于85%易发病。

（7）玉米小斑病T小种穗腐病。病部生不规则的灰黑色霉区，引起穗腐，严重的早穗腐烂，种子发黑霉变，还可侵染叶片、叶鞘及苞叶，病斑较大。

病原菌为半知菌亚门真菌玉蜀黍平脐蠕孢T小种，在病残体上越冬，为初侵染源，病原菌借风雨、气流传播进行侵染和再侵染。产生孢子最适温度23～25℃。遇充足水分或高湿条件，病情扩展迅速。玉米孕穗、抽穗期降水多、湿度高，容易造成小斑病的流行。低洼地、过于密植的荫蔽地、连作田发病较重。

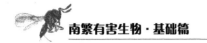

2. 为害特征

穗腐病是对玉米为害比较严重的一种病害，因为其病害一旦产生，不像其他病害只在玉米生长的某一阶段产生为害，而是在玉米的各个生长阶段都会产生严重的为害。在种子阶段，病菌污染黏附在种子表面，如果发病会导致种子霉烂，坏死掉的种子不能发芽出苗，造成缺苗断垄；如果在出苗阶段发病会使幼苗长势趋弱，生长缓慢，或是停滞生长，形成弱苗；如果在开花期发病会导致玉米茎部腐烂而失去再生长的机会；如果在抽穗阶段发生病害，这样就不会结实。发病初期果穗花丝黑褐色，水浸状，穗轴顶端及籽粒变成黄褐色，粉红色或黑褐色，并扩展到果穗的1/3～1/2处，当多雨或湿度大时可扩展到全部果穗。患病的籽粒表面生有灰白色或淡红色霉层，白絮状或绒状，果穗松软，穗轴黑褐色，髓部浅黄色或粉红色，折断露出维管束组织。而此时前期的一些工作及肥水都供应完成，最后收获不到果实，所以经济损失可想而知是最严重的。

3. 发生规律

引起玉米穗腐病的20多种霉菌会附着在玉米的种子、根茬、茎秆、穗轴等病残体上，在经过冬季以后，翌年一遇阴雨潮湿的环境条件，病菌的子囊孢子就会很快生长成熟，遇风飞散，飘落在玉米的花丝上，引起病害，特别是进入夏季，多雨潮湿，温度在25℃以上，湿度达80%的条件正适合病菌的生长和流行，穗腐病往往伴随着虫害的发生而同时发生。如果收获后的玉米在入库时没有充分降水风干，含水量偏高的话，再加上贮藏期仓库密封程度不好，仓库内温度过高，这些情况都比较有利于各种霉菌腐生蔓延，引起玉米粒腐烂或发霉。

4. 发生特点

果穗成熟期遇温暖潮湿的天气对该病的发生流行十分有利。土壤瘠薄或玉米后期脱肥造成早衰。茎腐病、根腐病、叶斑病、玉米螟等病虫为害和冰雹伤害等影响玉米正常生长的各种因素都会加重穗腐病的发生。近年来研究表明，玉米螟在穗部造成的伤口，为病菌提供侵入途径，是穗腐病为害加重的一个重要因素。延迟播种使霜前不能充分成熟，果穗含水量高也会加重病情。

病菌在种子、病残体上越冬，为初侵染病原。病菌主要从伤口侵入，分生孢子借风雨传播。温度在15～28℃，相对湿度在75%以上，有利于病菌的侵染和流行，高温多雨以及玉米虫害发生偏重的年份，穗腐和粒腐病也较重发生。

5. 防治方法

（1）抗性品种。在玉米品种的选择上，尽量选用一些抗病力较强的品种进行种植，好的品种生长快、植株强壮、生命力强，自然对于一些病菌的抵抗力也相对较强，较少染病，在制种上尽量选用抗病亲本进行制种，利用杂交培育优良抗病品种，并建立无病制种基地，培育健康种子。

（2）播种前种子处理。播种前对种子进行优选，去掉伤、病、弱、小种，选用籽粒饱满，粒重较大，色泽纯正的种子，优选后把种子放在强光下晒2~3d，进行杀菌消毒。然后对种子进行包衣，用药剂包衣可以有效抑制病菌对种子的侵害，同时还能减少幼苗的染病几率，防治地下害虫对种子的破坏，起到保种促苗的作用。

（3）加强田间管理。田间管理的重点是肥水、中耕、除草。肥水是玉米生长过程中必备的条件，充足的肥水能确保玉米健康苗壮成长，良好的长势自然增强了对病害的抵抗能力；中耕同样也起到壮苗的作用，通过中耕可以大大改善土壤的物理性状，增强通透性、保水保温，促进玉米根系的发育，起到强化植株的作用；除草能有效地去除杂草和植株的水肥、光照的竞争，利于植株的快速生长，而且除草还能破坏病菌的生存环境，切断病菌的寄宿条件。

（4）收获时要注意防潮、灭菌。玉米在秋后收获时，如果遇到多雨天气，收获后的玉米要分散堆放，并做好防水防潮措施，切不要堆积在一起，防治受潮高温染病。收获后要尽早剥掉苞叶，然后进行通风晾晒，晾晒时也不要堆得太厚，要经常进行翻动，使玉米尽量都能照到阳光，加速降水风干，防止发病，如果发现堆中有发病的果穗，要及时拣出来，不要和其他的玉米混放在一起，防止病菌的进一步扩散。

在剥苞叶过程中，对发现有病的果穗，应在发病与健康交接部位折去霉烂的顶端，防止病害进一步扩展，增加损失。收获后将病果穗挑拣出，尽早脱粒，并在日光下晾晒或在土坑上烘干，以防籽粒进一步受病菌感染而霉烂。

玉米收获后，要尽早进行玉米秆、玉米穗轴、根茬的处理，可采用粉碎做饲料、氨化、沤制农家肥等措施，如果实在多的用不掉，要集中起来进行焚烧，防止病菌的扩散，避免翌年的发病。现在由于大型农机具的普及，秋天可以对土地进行深翻处理，可以把一些落叶、根茬、倒伏在地的茎秆一同深翻到地下，大大减少了发病机会。

（5）化学药剂处理。用50%二氯萘酯可湿性粉剂拌种，每100kg种子用药0.2kg；玉米抽穗期用25%敌力脱乳油2 000倍液，或50%多菌灵可湿性粉剂500倍液，或70%甲基拖布津可湿性粉剂800倍液喷雾，重点喷雌穗及下部茎叶。

（十一）玉米疯顶病

1.病原

玉米疯顶病是由病原菌为霜霉科、指疫霉属大孢指疫霉〔*Sclerophthora*

macrospora（Sacc.）Thirum., Shaw & Naras〕引起的具有毁灭性的一种玉米病害。

（1）形态特征。菌丝体在禾本科植物寄主细胞间隙生长，产生大小为（3.5～4）μm×3.5μm的吸器进入寄主细胞内，但一般不易见到。玉米拔节前，在病叶组织中可见无隔菌丝体，分布在维管束两侧，玉米抽雄后，病组织中很少见到菌丝体。孢囊梗短，单生，少数有分枝，长4.8～30μm，从寄主气孔伸出，顶端着生孢子囊。孢子囊椭圆形、倒卵形、洋梨形、柠檬形，有紫褐色或淡黄色乳突，大量形成时在寄主表面形成霜状霉层。

（2）生物学特性。田间很少产生孢囊梗和孢子囊，但将玉米病叶漂浮或部分浸在水中可诱发产生孢子囊。游动孢子无色，半球呈肾形，双鞭毛。藏卵器和卵孢子位于寄主维管束及叶肉组织中，外有数个无色细胞包围，不易散出。藏卵器球形或椭圆形，壁表面不太光滑，淡黄褐色至茶褐色，大小为（27～83）μm×（27～75）μm，壁厚3～5μm。卵孢子淡黄色至淡褐色，球形、椭圆形，壁平滑，几乎充满藏卵器，直径39.8～52.9μm，平均51.2μm，壁厚约7.2μm，在病叶组织中（多集中在叶脉两侧）大量形成，萌发产生孢子囊。雄器侧生，淡黄至黄色，1～3个，大小（17.5～66.5）μm×（5～29）μm。

2. 为害特征

玉米疯顶病的症状在苗期不明显，抽雄后症状明显。

（1）苗期典型症状。植株矮缩，节间缩短，叶片浓绿、变厚。分蘖增多，一般3～5个，多者达10个。叶色浅绿，心叶黄化，上部叶片扭曲、皱缩或卷成筒状，心叶不展，重者枯死，造成田间缺苗断垄。

（2）玉米抽雄后典型症状。雄穗叶化，局部雄穗异常增生，畸形生长，小花转变为变态小叶；小叶叶柄较长，簇生，使雄穗呈头状。雄穗上部正常，下部大量增生呈团状绣球，不能产生正常雄花。雌穗（果穗）受侵染后，粗长，不抽花丝，苞叶尖端变态为小叶并呈45°丛生；严重时，雌穗内部全为苞叶；穗轴呈多茎节状伸长，不结实；发病较轻的雌穗可产生少量秕瘦的种子。植株不抽雄，上部叶呈对生，有的心叶紧卷，严重扭曲成不规则团状或牛尾巴状。病株疯长，头重脚轻，易倒伏、折断。

3. 发生规律

玉米疯顶病是一种系统侵染的土壤传播病害，病害的发生与环境条件密切相关。湿度是病害发生的重要因素。田间调查表明，玉米苗期淹水是疯顶病发生的必要条件。当田间有病原菌存在时，播种后至3～4叶期，雨水过多或因灌溉而造成田间积水达一定时间则会诱使该病害严重发生。地势低洼，土壤湿度大或积水田发病都较严重；地势较高，排水良好，土壤湿度较低的田块，一般发病较轻。温度是该病害发生的另外一个重要因素，低温有利于病害的发生。

4. 发生特点

玉米疯顶病属土壤传播的系统侵染性病害，病菌侵染胚芽导致系统发病。疯顶病症状类型繁多，这与病菌侵染时间及在植株上定殖程度有关，在不同年份、不同地区、不同田块的主要症状也不尽相同。雌雄穗症状同株发生的病株，在田间较常见，这是玉米疯顶病的典型症状。部分病株表现为雌穗感病雄穗正常或雄穗感病雌穗正常。

5. 防治方法

（1）农业防治。一是选育和种植抗病品种。二是适期浇水，适期浇水不仅有利于玉米幼苗生长发育，而且还能减轻玉米疯顶病的为害。在播种期相同的情况下，出苗前浇水的发病重，发病率高，随着浇水时期推迟发病率逐渐降低，3叶期以后浇水的玉米，抽雄后没有发现病株。所以在病区浇水时，应控制在玉米3叶期以后。地势低洼地应防止大水漫灌、及时排出田间积水、降低土壤湿度，才能减轻发病。三是及时销毁病残体和杂草，遗留在田间的病残体组织内的卵孢子和野生寄主是翌年的主要初侵染来源。因此，玉米收获后及时清除田间病残体并集中销毁，可减轻此病为害。

（2）药剂防治措施。关于药剂处理种子对疯顶病的防治效果问题，至今尚未见报道资料。为尽快控制玉米疯顶病的发展为害，寻找快速、有效的防治方法，其中甲霜灵、雷多米尔锰锌、代森锰锌3种杀菌剂防病效果最好，防效为84%～96.08%，可在生产上推广利用。

（十二）玉米条纹矮缩病毒

1. 病原

玉米条纹矮缩病毒（Maize streak dwarf virus，MSDV），病毒炮弹状，每粒病毒有横纹50条，纹间距4nm。

玉米条纹矮缩病毒超薄切片可见大小为（43～64）nm×（150～220）nm的病毒粒子分布在核膜间和细胞质的内质网膜中。提纯的病毒粒子大小（78～80）nm×（200～250）nm。

2. 为害特征

发病后明显的症状是，节间缩短，植株矮缩，沿叶脉产生褪绿条纹，后期条纹上产生坏死褐斑，病叶提前枯死。叶片、茎部、穗轴、雄花序、苞叶及顶端小叶均可受害，产生淡黄色条纹或褐色坏死斑。病株矮缩程度与受害时期有关。早期受害，生长停滞，提早枯死。中期染病植株矮化，顶叶丛生，雄花不易抽出，植株多向一侧倾斜。后期染病，矮缩不明显，对产量影响很小。根据叶片上条纹的宽度分为密纹型和减纹型两种。

3. 发生规律

土壤、种子、摩擦接种都不传病，病毒只靠灰飞虱传播。玉米整个生育期都可感病，玉米条纹矮缩病的发生和流行与环境条件、播期、温度、品种抗病性等因素密切相关。

4. 发生特点

带毒灰飞虱若虫在新长出的杂草嫩苗及临近麦苗上为害，成虫出现后，迁飞扩散为害，传播病毒病，造成病害流行。不同品种间发病轻重不同，大面积种植感病品种可造成病害流行，灌溉条件好和雨水多的年份，杂草生长旺盛，食料丰富，利于灰飞虱生长繁殖，传播病毒病，则发病较重。

5. 防治方法

（1）适时播种。春玉米早播发病轻，晚播发病重；夏玉米早播发病重，晚播发病轻。苏北地区5月下旬至6月上旬播种，玉米幼苗正值麦收后麦蚜转主迁移高峰期和灰飞虱第1代成虫传播盛期，从而扩大了侵染，发病重。避开这一时期，适时播种，可以躲避玉米幼苗感病阶段。

（2）合理选用抗病品种。尽管目前生产中种植的主栽杂交种抗性不强，但品种间感病程度存在着差异。

（3）提高田间管理水平。提倡大垄双行，实行间套种形式，减少田间湿度和结露，抑制病害发生。秋收后深翻埋压病残体，春季清洁田园，间苗时拔除病株，减少再侵染来源；适时灌水，增施有机肥料，增施磷钾肥，提高植株抗病力；中耕除草，培土保墒，既可增加作物吸肥吸水面积，又可铲除部分毒源。

（4）加强对灰飞虱的防治。实践证明，采取"治虫防病"为主、"钝化病毒"为辅的综合防治措施，可以有效地控制病害。

（5）化学药剂防治。种子经过种衣剂处理后再进行播种；在灰飞虱第1代成虫迁入玉米地初期连续防治2～3次，每次喷药时间相隔7d左右。药剂防治作为一种辅助手段，对于已经发病的田块，采取喷施病毒制剂氯溴异氰尿酸、宁南霉素、吗啉胍、铜制剂等效果较好，在始发病期立即防治，越早越好，结合用吡虫啉治虫。用药1次后短期内症状会得到缓解，为防止病情出现反弹，必须间隔7～10d，再喷1～2次，连续用药2～3次，防效可达60%～80%，喷晚了效果不明显。

（十三）玉米粗缩病

1. 病原

玉米粗缩病病毒有玉米粗缩病毒（Maize rough dwarf virus，MRDV）、水稻黑条矮缩病毒（Rice black streaked dwarf virus，RBSDV）和马德里约柯托病毒（Mal de Río Cuarto virus，MRCV），属呼肠孤病毒科（Reoviridae），斐济病毒属（*Fijivirus*）。

Harpaze首先分离出了MRDV，病毒粒子球状，直径65~70nm，具有典型的呼肠孤病毒特征，双衣壳包裹一个直径为40~50nm的高密度内核，内壳厚3nm，由92个壳粒组成的外壳厚10nm。在欧洲、中东地区及北美洲引起玉米粗缩病的病毒为MRDV。

RBSDV在日本首次发现，与MRDV在形态学、血清学、传毒介体、共同的寄主上所引起的病症相同或相似。近年来，通过对病毒线性基因片段S1~S10的序列同源性分析，确认引起我国玉米粗缩病的病原是RBSDV。MRCV主要分布在阿根廷、巴西和乌拉圭，最初认为是MRDV的一个株系，现已定为新种，其线性基因片段S1~S10的序列与RBSDV同源性达到44.8%~84.5%。

2. 为害特征

玉米幼苗期感染，植株严重矮化，节间变短、变粗；叶部典型症状是在叶背出现白色蜡泪状脉突，手感粗糙，叶色深绿，叶片变短；常不能抽穗或雌穗极小变形，雄花少或无花粉；根粗少，不发次生根，且有根纵裂；后期感染植株矮化不明显。通过带毒（RBSDV）介体灰飞虱接种2~3叶期的玉米幼苗，其叶片表现6个阶段的系统病症。

3. 发生规律

间套作尤其是麦/玉米这一种植模式与粗缩病流行密切相关。套作田灰飞虱的数量显著高于平作田，因传毒介体灰飞虱有喜好通风性良好、植物稀疏的田间活动习性。另外，玉米不是灰飞虱喜食的寄主，只有当田间适宜寄主缺乏时将其作为暂时寄主过渡；小麦既是灰飞虱的适宜寄主，又是RBSDV的寄主，给灰飞虱提供了适宜的栖息繁衍环境，使套种田灰飞虱的虫量明显高于平作田，麦田中的绿矮病株又是当年玉米粗缩病的初侵染源。在灰飞虱严重和中度发生年份，播期是影响夏玉米粗缩病的关键因素。

此外，玉米不同生育期的感病性存在差异，以6~10叶期前易感病。因此，调整播期使玉米感病期尽可能避开灰飞虱迁徙传毒盛期，可避免或减轻粗缩病的

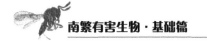

发生。

随着机械化程度的提高，新的耕作方式如少耕、免耕等得到广泛推广，采取硬茬播种等粗放耕作方式，造成田间杂草增多，为传毒提供了良好的传播途径，粗缩病发病率高。同一品种距离杂草越近的玉米植株粗缩病发病率越高，密植田发病率相对较低。因此，在玉米粗缩病流行地区，要加强管理，及时除去田间地头杂草，合理密植，既降低了粗缩病的毒源，又可减少传毒介体灰飞虱的生存繁殖空间，降低粗缩病的发生。

4. 发生特点

田间玉米粗缩病依靠昆虫传播，传播MRDV的介体有额叉飞虱（*Dicranotropis hamata*）、灰飞虱（*Laodelphax striatellus*）、麦叶蝉（*Javasella pellucida*）、稗飞虱（*Sogatella vibix*）。人工机械损伤组织传毒率低。维管穿刺接种传毒率为45%，此法接种催芽的幼胚轴传毒率可达90%以上。

RBSDV的传播介体有灰飞虱、白脊飞虱（*Unkanodes sapporona*）和白带飞虱（*U. albifascia*）。国内大部分地区玉米粗缩病的传毒介体为灰飞虱，仅在云南丽江地区为白脊飞虱。灰飞虱在染病的水稻植株上获毒期为取食后30min，循回期7~35d，终身可传毒。

虽然玉米是RBSDV最敏感的寄主，但不是灰飞虱的适生寄主，以玉米病株为毒源的回接试验往往不能成功。此外，仅感染RBSDV前期的玉米植株能作为侵染源，其人工饲毒的获毒率<8.2%。在自然界玉米粗缩病病株作为病害流行侵染源的作用不大，但作为循环寄主作用不可忽视。在我国北方，感染RBSDV病毒的马唐、稗草和再生高粱是秋播小麦苗期感染的侵染源，第2年麦收前，灰飞虱由小麦迁徙至禾本科杂草、早播玉米等构成了RBSDV的侵染循环寄主。因此，在玉米粗缩病流行地区，因管理粗放而田间杂草多或麦/玉米种植模式是玉米粗缩病易暴发流行的主要原因之一。

5. 防治方法

（1）杀虫防病。杀虫防病是防治玉米粗缩病的有效途径。玉米粗缩病是由带毒灰飞虱吸吮玉米植体汁液时传毒所致的一种病毒性病害，目前在直接防病方面尚未发现有效的药剂和防治措施。因此，杀虫、遏制病源、隔断传毒渠道是防病的有效措施。各地需要具体调查和了解掌握当地一代灰飞虱的准确迁飞为害期，以便确定最佳喷药杀虫防病的时期。可在玉米7叶期前使用2.5%扑虱蚜乳油1 300倍液及10%病毒王可湿性粉剂600倍混合液喷雾防治，隔6~7d喷1次，连喷2~3次，可起到很好的防治效果。

（2）选用抗病品种。选用抗病品种可以有效地防治玉米粗缩病。尽管目前生产中应用的主栽品种缺乏较强的抗病性，但玉米品种对粗缩病的抗性存在着明显的差异。因此，要根据当地条件选用抗性相对较好的品种，同时注意合理布局。避免单一抗源品种的大面积种植。

（3）调节播期。调节播期可以防病避病。根据粗缩病的发病规律，调整玉米播种期，使感病最为敏感的玉米幼苗期避开灰飞虱成虫盛期，春播玉米应当提前到4月中旬以前；夏播玉米则应集中到5月底至6月上旬为宜，最好采用麦后抢茬直播，只有这样才能避开灰飞虱的迁飞和为害时期，减轻和控制玉米粗缩病的发生。

（4）清除杂草。清除杂草可以减少灰飞虱的毒源。路边田间杂草不仅是翌年农田杂草的种源基地，而且是玉米粗缩病传毒介体（灰飞虱）的越冬越夏寄主。清除杂草在一定程度上可以减轻粗缩病的为害。

三、棉花病害

（一）棉花立枯病

1. 病原

病原有性态为瓜亡革菌［*Thanatepephorus cucumeris*（Frank）Donk］，属担子菌亚门亡革菌属；无性态为立枯丝核菌（*Rhizoctonia solani* Kohn），属半知菌亚门丝核菌属。其有性态仅在高温酷暑、高湿的条件下生成，一般不易发现。

（1）形态特征。菌落开始无色，后转为灰白色、棕褐色、灰褐色或深褐色。有的有同心轮纹，后期形成菌核。菌丝发达，蛛网状，粗壮，生长迅速，初期无色、较细，宽5~6μm，近似直角分枝，离分枝点不远处生有1个隔膜；经染色观察，一般1个细胞内有3~16个细胞核，多为4~5个。老熟菌丝常为一连串桶形细胞，黄褐色，较粗壮，宽8~12μm，分枝处也多呈直角分枝。

菌核无一定形状，浅褐至深褐色，由许多桶形细胞菌丝交织而成，并靠绳状菌丝相联系，质地松，大小为0.5~1.0mm。在人工诱发情况下，可产生担子和担孢子。担子无色，单胞，圆筒形或长椭圆形，顶生2~4个小梗，其上各生1个担孢子；担孢子椭圆形或卵圆形，无色，单胞。

（2）生物学特性。病菌可在较宽的温度范围内（0~40℃）生长，其中以17~28℃为最适生长温度。在16~25℃时，侵染发病严重。耐酸碱性强，在pH值为3.4~9.2范围内都能生长，因此分布很广，以pH值为6.8最适。棉花立枯病病菌可抵抗冷冻、高温和干旱等不良气候条件，适应性很强，一般能存活2~3年或

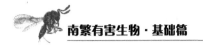

更长，但在高温高湿的条件下只能存活4~6个月。菌体更适宜在湿度适合的土壤中生长，病菌主要分布在5~10cm的土层内。

2. 为害特征

立枯病主要是寄生生活，也可腐生。病菌以菌丝体或菌核在土壤中或病残体上越冬，在土壤中形成的菌核可存活数月至几年。立枯丝核菌可抵抗高温、冷冻、干旱等不良环境条件，适应性很强，一般能存活数年，且耐酸碱，在pH值2.4~9.2范围内均可生长。因此，该菌的寄主范围极其广泛，分布很广。

立枯病的初次侵染主要来自土壤，带菌种子也可传染。棉苗未出土前，立枯丝核菌可侵染幼根和幼芽，造成烂种和烂芽。棉苗子叶期最易感病，棉苗出土的1个月内如果土壤温度持续在15℃左右，甚至遇到寒流或低温多雨，立枯病就会严重发生，造成大片死苗。若收花前低温多雨，棉铃受害，病菌还可侵入种子内部，成为翌年的初次侵染来源。多雨的年份，现蕾开花期的棉株也能发生，茎基部出现黑褐色病斑，表皮腐烂后，露出里面的木质纤维，严重的折断而死，发过病的部位有时瘤状。播种过早，气温偏低，棉花萌发出苗慢，病菌侵染时间长，发病重。多年连作棉田发病重。地势低洼、排水不良和土质黏重的棉田发病较重。

3. 发生规律

棉花立枯病的发生与气候条件、种子质量和耕作栽培措施密切相关。

（1）气候条件。气候条件是影响棉花苗期病害发生的主要因素，立枯病病菌的生长繁殖及侵染需要较高的湿度，因此，阴雨发病重。

（2）耕作栽培措施。

① 多年连作会使土壤中的病菌越积越多，加重病害的发生。

② 地势低洼排水不良，地下水位较高，土壤水分过多，土壤温度偏低，通气性差，棉苗出土时间延长，长势弱，立枯病发病较重。

③ 施肥也可影响病害的发生发展，偏施氮肥则病害较重；向土壤中增施秸秆、绿肥等有机质可减轻发病，因为有效碳能刺激根外及根际土壤中的微生物活动，增加拮抗作用，对丝核菌的繁殖与侵害起到一定的抑制作用。

④ 棉花与甘薯等非寄主作物轮作能有效减轻病害；若前作为麦类、高粱等则发病很重。

4. 发生特点

（1）气候条件。立枯病病菌的生长繁殖及侵染需要较高的湿度，因此，阴雨天最适棉苗立枯病的发生。而且棉花是喜温作物，播种后遇到低温多雨会影响棉籽萌发和出苗速度，易遭受病菌侵染而造成烂种、烂芽。特别是低温伴随有寒流和阴雨，有利于病害大发生，而造成成片死苗。春季温度较低，棉花易发病；在南方棉区，若播种后天气时晴时雨，则立枯病可成为棉苗的主要病害。

（2）种子质量。成熟度好、籽粒饱满、纯度高的种子，生活力强，播种后出苗迅速、整齐而苗壮，不易遭受病菌侵染，故发病轻。质量差的种子，特别是具有较多秕籽、破损的种子，播后很易被病菌侵染。

（3）播期和播种深度。播种过早或过深，使出苗延迟，棉苗弱小，抵抗力差，容易感病。露地栽培播深以4～5cm为宜，地膜覆盖以2～3cm为宜。

（4）土壤质地。土壤质地与发病的关系十分密切，我国黄河和长江流域棉区均报道黏土易发生棉花苗期病害，包括立枯病、炭疽病和红腐病等，各病害初次侵染来源主要是土壤、病株残体和种子。

5. 防治方法

棉苗病害种类多，往往混合发生，因此对棉花苗期病害防治应采取以农业防治为主、棉种处理与及时喷药防治为辅的综合防治措施。

（1）播种前处理。必须精选高质量棉种，经硫酸脱绒，以消灭表面的各种病菌，汰除小籽、瘪粒、杂籽及虫蛀籽，再进行晒种30～60h，以提高种子发芽率及发芽势，增强棉苗抗病力。

（2）加强耕作栽培管理。

①合理轮作。与禾本科作物轮作3～5年，能减少土壤中病原菌积累，可减轻发病。

②深耕改土。将棉田内的枯枝落叶等连同病菌和害虫一起翻入土壤下层，对防治苗期病害有一定的作用。

③适期播种。育苗移栽在不误农时的前提下，适期播种，可减轻发病。

④施足基肥。合理追肥棉田增施有机肥，促进棉苗生长健壮，提高抗病力，能抑制病原菌浸染棉苗。

⑤加强田间管理。出苗后应早中耕，一般在出苗70%左右要进行中耕松土，以提高土温，降低土湿，使土壤疏松，通气良好，有利于棉苗根系发育，抑制根部发病。阴雨天多时，及时开沟排水防渍。加强治虫，及时间苗，将病苗、死苗集中烧毁，以减少田间病菌传染。

（3）药剂防治。出苗后，如果遇到低温多雨天气，有暴发苗病的可能时及时喷药保护，一般在出苗80%左右应进行喷药，可用50%甲基硫菌灵或50%多菌灵可湿性粉剂600倍液、70%百菌清可湿性粉剂600～800倍液喷雾，或用立枯净800～1 000倍液灌根或喷雾。

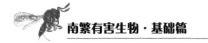

（二）棉花红腐病

1. 病原

多种镰刀菌，主要有串珠镰刀菌中间变种（*Fusarium moniliforme* var. *intermedium* Neish et Leggett）、半裸镰刀菌（*F.semitectum* Berk.et Rav.）、燕麦镰刀菌［*F.avenaceum*（Corde ex Fr.）Sacc.］、禾谷镰刀菌（*F.graminearum* Schwabe）等，均属半知菌亚门。

病菌分生孢子在10~40℃的条件下均能萌发，适温为15~30℃，最适温度为20~25℃，萌发率高达90.5%，40℃时分生孢子萌发受到抑制，萌发率仅为5.2%；光照对病菌孢子的萌发没有明显的影响。在连续光照、12h光照和完全黑暗条件下，培养24h萌发率分别为85.8%、83.6%和80.5%；病菌孢子对pH值适应范围较广，pH值在3~13分生孢子均能萌发，适宜的pH值为7~9，萌发率为74.5%~89.5%，说明孢子萌发喜碱性条件；分生孢子萌发对相对湿度的要求较高，在供试的8种相对湿度梯度里，相对湿度低于86%的处理分生孢子均不能萌发，相对湿度为93%时，萌发率为73.5%；相对湿度为98%时，萌发率为85.4%。

2. 为害特征

主要为害棉苗和棉铃，也可为害茎秆。

（1）苗期。幼苗出土前即可受害，幼芽呈红褐色腐烂。出土的幼苗根部受害，根尖和侧根开始变黄，后变黑褐色腐烂，可蔓延至全根。幼茎发病，茎基部出现黄色条斑，后变褐腐烂，导管变成暗褐色，土面以下的幼茎、幼根肿胀。子叶发病，初生淡黄色水渍状斑，后逐渐变为灰色不规则病斑，常破裂，湿度大时其上产生粉红色霉层，即病菌的分生孢子。

（2）成株期。成株期棉铃受害，铃蕾表面初生无定形病斑，遇潮湿天气或连续阴雨，病情即迅速扩展，遍及全铃甚至棉纤维上，产生均匀的粉红色或浅红色霉层，常与纤维黏结在一起形成块状物。病铃不能正常开裂，棉纤维腐烂层僵瓣状。种子发病后，发芽率降低。成株茎基部偶有发病，产生环状或局部褐色病斑，皮层腐烂，木质部呈黄褐色。

3. 发生规律

（1）菌源。以分生孢子附着在种子短绒上越冬，或以菌丝体潜伏在种子内部越冬，或以分生孢子和菌丝体在病残体、枯枝叶、土壤等处腐生越冬。

（2）传播。翌年播种后带病棉籽或土壤中的病菌即开始侵害幼苗，在棉花生长季节均在土壤中营腐生生活，至铃期又借风、雨、昆虫等传播至棉铃上，从伤口侵入为害。病菌为弱寄生菌，不能直接侵染棉铃，其他棉铃病害所造成的病斑均可诱发红腐病。病铃上可产生大量分生孢子，经风雨传播，进行多次再侵染。病铃使种子内外均带菌，形成新的侵染循环。

4. 发生特点

（1）环境因素。苗期遇低温、高湿的环境，有利于病菌繁殖生长，而不利于棉苗发育，棉苗抗病力低，发病即严重。铃期日照少、雨量大、雨日多可造成大流行。

（2）棉铃受病、虫为害，或机械损伤造成创伤，或棉铃开裂不完全等均可加重病情。

5. 防治方法

（1）农业防治。选择无病棉种或隔年棉种，适期播种，苗期追肥促进棉苗生长，增强幼苗抗病力。清洁田园，及时拔除病株，清除病残体，集中烧毁，减少病菌的初侵染来源。及时防治铃期病虫害，避免造成伤口。

（2）种子处理。用种子重量0.5%的70%甲基硫菌灵可湿性粉剂，或0.5%的70%代森锰锌可湿性粉剂，或0.5%的50%多菌灵可湿性粉剂拌种。

（3）药剂防治。发病初期喷70%代森锰锌可湿性粉剂500～800倍液，或50%多菌灵可湿性粉剂1 000倍液，或15%三唑酮可湿性粉剂800～1 000倍液，或50%福美双可湿性粉剂500倍液喷雾，或50%苯菌灵可湿性粉剂1 500倍液喷雾。隔7d喷1次，连续2～3次。

（三）棉花疫病

1. 病原

苎麻疫霉（*Phytophthora boehmeriae* Sawada.），属鞭毛菌亚门真菌。

（1）形态特征。菌丝初无色，不分隔，老熟后具分隔。孢子囊初无色，后变黄至褐色卵圆形或柠檬形，顶端具一乳突，大小为（36.6～70.1）μm×（30.5～54.8）μm，孢子囊遇水释放出游动孢子。游动孢子大小为9.3μm。

（2）生物学特性。藏卵器球形，幼时淡黄色，成熟后为黄褐色；雄器基生，附于藏卵器底部；卵孢子球形，满器或偏于一侧；厚垣孢子球形，薄壁，淡黄至黄褐色。

2. 为害特征

（1）苗期。苗期发病，根部及茎基部初呈红褐色条纹状，后病斑绕茎一周，根及茎基部坏死，引起幼苗枯死。子叶及幼嫩真叶受害，病斑多从叶缘开始发生，初呈暗绿色水渍状小斑，后逐渐扩大成墨绿色不规则水渍状病斑。在

低温高湿条件下迅速扩展，可延及顶芽及幼嫩心叶，变黑枯死；在天晴干燥时，叶部病斑呈失水褪绿状，中央灰褐色，最后成不规则形枯斑。叶部发病，子叶易脱落。

（2）铃期。铃期发病，在棉株中、下部果枝的棉铃上发生，多雨天气也能高达上部果枝的棉铃。病害多从棉铃苞叶下的果面、铃缝及铃尖等部位开始发生。初生淡褐、淡青至青黑色水浸状病斑，病斑不软腐，湿度大时病害扩展很快，整个棉铃变为有光亮的青绿至黑褐色病铃。多雨潮湿时，棉铃表面可见一层稀薄白色霜霉状物，即病菌的孢囊梗和孢子囊。发生疫病的棉铃很快会诱发其他铃病，使病铃表面成为红、黄、灰、黑等不同颜色，掩盖了疫病的症状。尚未发育成熟的青铃发病，易腐烂或脱落，有的成为僵铃。疫病发生晚者虽铃壳变黑，但内部籽棉洁白，及时采摘剥晒或天气转晴仍能自然吐絮。

3. 发生规律

棉花疫病的发生、流行与气候、虫害情况、寄主抗性、栽培管理等情况相关。结铃吐絮期间，阴雨连绵，田间湿度大，促进疫病发生。蕾铃期害虫严重的棉田烂铃率较高。不同棉花品种间疫病的发生程度有一定差异，一般亚洲棉的疫病较陆地棉轻。同一棉种的不同个体间发病轻重也有差异。果枝节位低、短果枝、早熟品种受害重。迟栽晚发，后期偏施氮肥的棉田发病重。郁闭，大水漫灌，易引起该病流行。

（1）菌源。病菌主要以卵孢子单独或随病残体在土壤中越冬，作为病害的初侵染来源。病菌在铃壳中可存活3年以上，且有较强耐水能力。

（2）传播。当环境条件适合发病时，孢子囊释放出游动孢子，随土面的雨水、水流迅速蔓延传播，从伤口、气孔或寄主表皮直接侵入。随着气温上升，以卵孢子在土壤中越夏，至结铃期又产生孢子囊释放出游动孢子，随风雨飞溅到棉铃上进行侵染。田间可进行多次再侵染。

4. 发生特点

（1）环境因素。多雨年份棉花疫病即发生严重。在温度15～30℃，相对湿度30%～100%条件下都能发病，最适温度为24～27℃，但多雨高湿是发病的关键因素。铃期多雨，发病重。

（2）栽培因素。地势低洼，土质黏重，棉田潮湿郁闭，棉株伤口多，果枝节位低，后期偏施氮肥，发病重。

5. 防治方法

（1）农业防治。

① 清洁田园，实行轮作，以减少初始菌源量。

② 深沟高畦加强排水，土面撒施草木灰等，以减湿防寒，培育壮苗。

③ 加强棉田栽培管理，增强棉田通风、透光能力，降低田间土壤表层湿度，及时去掉空枝、抹赘芽，打老叶。

④ 雨后及时开沟排水，中耕松土，合理密植，及时清除病苗和病铃，带出田间妥善处理。

⑤ 减少农事操作对棉苗、棉铃造成的损伤，及时治虫防病，减少病菌从伤口侵入的机会。

（2）化学防治。发病初期喷70%代森锰锌可湿性粉剂400～500倍液，或25%甲霜灵可湿性粉剂250～500倍液，或58%甲霜灵锰锌可湿性粉剂700倍液，或铃期喷1∶1∶200倍式波尔多液，或64%杀毒矾可湿性粉剂600倍液，或50%福美双可湿性粉剂500倍液。隔10d喷1次，连续2～3次。

（四）棉花褐斑病

1. 病原

棉花褐斑病病原菌为棉小叶点霉（*Phyllosticta gossypina*）和马尔科夫叶点霉（*Phyllosticta malkoffii*）。两菌分生孢子器均埋生在叶片组织内。前者球形黄褐色，高93.8μm，直径85.7μm，顶端孔口直径18μm，深褐色。分生孢子卵圆形至椭圆形，两端各生1油滴，长4.8～7.9μm，宽2.4～3.8μm。马尔科夫叶点霉菌分生孢子椭圆形至短圆柱形，大小（7.04～9.28）μm×（3.63～4.5）μm，也具2个油滴。

2. 为害特征

可为害叶片，在棉花的苗期和后期都可发生，病斑边缘都呈紫红色，病斑都质脆易穿孔，严重时都能引起落叶。

棉花褐斑病主要为害棉苗。病害严重时造成棉苗晚发，甚至叶片枯死。褐斑病在棉苗发病初期，子叶发病，初生针尖大小紫红色斑点，天气潮湿时，病斑扩大成中间黄褐色、边缘紫褐色稍隆起的圆形至不规则形病斑，表面散生小黑点，即病菌的分生孢子器，病斑容易破碎成穿孔。受害严重时，子叶早落，棉苗枯死。褐斑病病菌不侵害茎部和生长点，病株仍能抽生真叶。真叶发病，初生针尖大小的紫色小点，后扩大成黄褐至灰褐色边缘紫红色的圆形病斑。病斑质脆易穿孔，严重时能引起落叶。

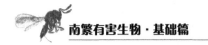

3. 发生规律

以菌丝体和分生孢子器在病残体上越冬，分生孢子均通过风雨传播，低温、阴湿多雨时易发病。病菌在棉花的整个苗期均有致病性。生育后期发病，大多在棉株下部生长较衰的老叶上，对棉株的生长无明显影响。

病菌以分生孢子器在病残组织上越冬，翌年散出分生孢子传播到棉苗上为害。棉苗出土后子叶平展，第1片真叶刚露出还未张开时，最易受害。春季多雨，低温多雨，使棉苗生长衰弱，有利于病菌传播和侵染。

4. 发生特点

棉花第1真叶刚长出时，遇低温降雨，幼苗生长弱，易发病。从分生孢子器中释放出大量分生孢子，通过风雨传播，湿度大的条件下孢子萌发。

5. 防治方法

（1）农业防治。

① 合理轮作，清除病残体，减少真菌越冬环境。

② 在棉花播种前，选用腐熟有机肥或生物有机肥作底肥，增施磷钾肥，精细整地，造足底墒。

③ 选择抗病品种，选择健康饱满的种子，适期播种。

④ 棉苗出土后，及时中耕松土，增温透气，以促进发根壮苗，减小发病的可能性。

（2）药剂防治。

① 选用包衣种子。

② 棉苗出土后，遇到寒流侵袭，气温由20℃猛降至10℃，且有连阴雨3d以上时，在寒流来临前用50％甲基硫菌灵、50％多菌灵、65％代森锌或70％百菌清600倍液喷施，并可与杀虫剂配合，病虫兼治。

③ 对已开始发生病害的棉田，用50％多菌灵、65％代森锌500～800倍液喷雾防治。每5～7d喷1次，连喷3次，可有效减轻和控制病害的发生和蔓延。

（五）棉花轮纹斑病

1. 病原

引起棉花轮纹斑病的病原菌有多种，其中大孢链格孢菌（*Alternaria macropora*）和交链格孢菌（*A. alternata*）为世界范围内棉花轮纹斑病的主要病原菌。

该菌分生孢子梗筒状，正直、有隔，上有分生孢子着生疤痕。分生孢子单生，棍棒状，橄榄褐色，大小（45.0 ~ 155.0）μm ×（7.5 ~ 15.0）μm，具3 ~ 10个横隔膜，0 ~ 8个纵隔膜，分隔处略隘缩，丝状，透明，有隔，长度为21.0 ~ 115.0μm。该菌引起成棉株轮纹斑病，在棉花生育后期发生非常普遍。

2. 为害特征

棉花轮纹斑病可以侵染棉花的子叶和真叶、茎秆、棉铃和花芽，其中对叶部的为害最为严重，在棉花生长的整个周期均可发生，大多发生于棉花幼苗期子叶和成株期叶片上。在幼嫩的子叶上，病害的典型表现为棕色小圆形病斑，病斑边缘紫色；在适宜条件下，病斑直径可扩展至10 ~ 15mm；有时叶柄也会受害，出现黄褐色条斑，严重时子叶干枯、脱落。成株期叶片上的病斑初为褐色圆点斑，伴有紫色晕圈，直径1 ~ 2mm，严重时病斑直径可达2 ~ 3cm；随着病害的发生，病斑扩展为灰褐色近圆形，变干易碎，坏死斑可能会破裂并脱落，形成"洞眼"；病斑两面均具有同心轮纹，叶片正面更为明显；条件适宜时病斑表面出现黑色霉状物，即为病原菌。

3. 发生规律

苗期发病极轻，成株期病情发展迅速，之后病情指数和发病率都达到最高峰，在阴湿多雨的年份极易发生大流行，严重时棉叶脱落、棉株光秆、枯死。在棉花叶部病害中，轮纹斑病分布最广、流行频率极高、为害最严重。

轮纹斑病会启动叶片衰老过程，引起棉花早衰，导致棉叶失绿、变黄、变红，进而叶片焦枯、脱落，严重时整株枯死，是导致棉花早衰的主要原因。轮纹斑病发生发展过程中乙烯的释放量增加，乙烯是造成植物成熟衰老的重要原因之一，因而加速棉花的衰老；同时，链格孢菌毒素也可能是轮纹斑病导致叶片衰老的原因之一。

大孢链格菌对温度的适应性，特别是对低温的适应性很强。用陕棉四号病叶的测定表明7 ~ 35℃范围内均能产生分生孢子，15 ~ 25℃为产孢适温。病斑在7℃时由保湿开始到产孢需46h，但在20℃时保湿8h后即形成分生孢子梗，17h后产孢。分生孢子在2 ~ 35℃范围内皆可萌发，适温为15 ~ 28℃，此时保湿4h后萌发率可达60%以上。20 ~ 25℃为发病适温，潜育期仅为1d。孢子形成、萌发和侵入都需叶面湿润。

4. 发生特点

棉苗遭受低温冷害、雨淋、日灼烫苗后抗病性降低，这是轮纹斑病流行的主导因素。薄膜覆盖期间，若遇寒流和连续阴雨，膜内温度降至10℃左右或更低，虽未出现霜冻，但较长时间低温造成棉苗冷害，发病严重。放苗期间或揭膜后棉

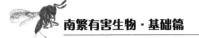

苗突然淋雨受冷，也诱发病害流行。

另外，管理不良时，棉苗遭受霜冻和经受长时间强风吹拂后亦造成子叶脱落和死苗，但此时主要是冻害和风吹失水所造成的直接伤害。受害较轻的也可续发轮纹斑病。

5. 防治方法

（1）农业防治。

① 清除田间棉花病残体。

② 选用大粒饱满种子，播前实行温汤浸种。

③ 加强水肥管理，合理搭配氮、磷和有机肥作底肥，饱灌底墒水，苗期不再追肥和补充灌水。

④ 塑料薄膜保护栽培者应适时通风炼苗。棉苗因暂时高温而茎叶萎蔫时，应先用喷雾器喷温水，使其恢复，然后通风换气。外气温稳定后，应及时撤膜，但寒流、大风、降雨前应及时盖膜保护，防止棉苗受冷或淋雨。

（2）药剂防治。

① 种子处理。在播种前对棉种进行处理，预防棉花轮纹斑病的发生。用戊唑醇和苯醚甲环唑对棉种进行处理，发现在温室条件下，这两种杀菌剂能抑制幼苗期子叶的脱落；在大田条件下，经过处理的种子可以延缓病害进程，且这两种杀菌剂的效果相同。用32%乙蒜素·三唑酮乳油1 000倍液浸种6～8h，之后将种子捞出稍稍晾干再进行拌种，用量为1.5kg棉种拌8%拌种灵·福美双可湿性粉剂10g。

② 苗期防治。齐苗后每5～7d用25%多菌灵可湿性粉剂或40%多硫胶悬剂500倍液喷雾1次，连续喷2～3次；移栽大田后，在茎秆发病初期每7d用32%乙蒜素·三唑酮乳油1 500倍液或50%代森锰锌可湿性粉剂500倍液喷雾1次，连续2～3次，同时在喷药时可混用0.3%磷酸二氢钾溶液以提高防治效果。

③ 生长中后期防治。棉花轮纹斑病的高发期一般在棉花生长中后期，此时要注意天气变化，在降雨以及突发降温前及时喷药保护，药剂可选择代森锰锌等保护性杀菌剂。病害发生时，可选用三唑类药剂进行防治。

（3）选用抗病品种。根据棉花轮纹斑病的发展趋势和病害的为害性，加强抗病品种的选育。尤其是针对棉花生长中后期对轮纹斑病的抗性，应列入育种目标中。

（4）生物防治。近年来，化学农药的过量使用对环境的危害严重，人们越来越重视对生态环境的保护，病害生物防治的研究也越来越重要。非致病性双核丝核菌和苯并噻二唑对棉花轮纹斑病有一定防治效果，发现非致病性双核丝核菌的防治效果要优于苯并噻二唑，且两者具有协同作用。

（六）棉花角斑病

1. 病原

病原为棉角斑病黄单胞菌（油菜黄单胞菌锦葵致病变种）［*Xanthomonas campestris* pv. *malvacearum*（E. F. Smith）Dowson］引起的一种棉花病害。

菌体杆状，大小（1.2～2.4）μm×（0.4～0.6）μm，一端生1～2根鞭毛，能游动，有荚膜。革兰氏染色阴性。在PDA培养基上形成浅黄色圆形菌落。菌体细胞常2～3个结合为链状体。

2. 为害特征

棉花角斑病从子叶到成株期均可发病，且可以从种芽、叶片、茎、枝、苞叶和棉铃等部位发生。叶片发病是先在叶片背面出现深绿色小点，然后迅速扩大形成圆形或近圆形油浸状（水渍状）暗绿色病斑，对光观察有透明感（这是角斑病的典型症状之一）；此时，在叶片下面也显现病斑，可星星点点散生，严重发病时有很多病斑连接成片，受叶脉限制多呈"多角形"；若沿主脉扩展可形成"褐色条状"病斑，甚至引起叶片皱缩扭曲或提早枯黄脱落。花、苞叶受侵染后产生的症状与叶片上的相似。幼茎发病是在天气多雨、空气潮湿的情况下发生，形成黑绿色的水渍状长条形斑，严重时幼茎中部变细甚至折断。枝条发病后一般呈褐色至黑褐色溃疡条斑，有时可导致尖端枯死。顶芽染病会造成"烂顶"。棉铃感病开始在铃柄附近发生油浸状的暗绿色小点，然后扩大成圆形病斑，且变成黑色，中央部分下陷，有时病斑连起来呈"不规则形"的较大病斑，造成大量的烂铃（黑桃）。

3. 发生规律

病菌潜伏在棉籽内外和土壤中的病残体上越冬，以棉籽外部短绒上带菌率最高。带菌棉籽是主要侵染来源，其次是病残体。病原菌可在土壤中存活18个月以上。角斑病菌主要从气孔侵入棉花组织，也可经由伤口侵入。在棉花的生长期，病菌借助雨水冲溅、露滴和风力等蔓延到真叶、茎、枝和蕾铃等各部，并从病株传播到健株。此外，害虫和在棉田操作的农机具等，在造成伤口和扩大角斑病传染方面也起一定的作用。幼苗子叶发病后，病部产生的菌脓经风雨、昆虫等传播后，可引起再侵染。

病菌在休眠阶段对不良环境的抵抗能力很强，在干燥条件下可耐80℃的高温和-21℃的低温。但被阳光直射，40℃以上和0℃以下均很快死亡。

病菌的生长适温为25～30℃，最高36～38℃，最低10℃。病原细菌单独

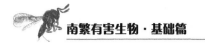

存在时，其致死温度为50～51℃ 10min，但存在于种子内部时，则需55～60℃ 30min。

苗期角斑病能否发生，除与病原菌的存在与否及品种的抗病性强弱有关外，主要决定于土温、土湿。一般土温10～15℃时不发或很轻，16～20℃时发病较多，在27～28℃时发病最剧烈。30℃以上幼苗很少被害。同样，土壤湿度对发病影响也大，在土湿为40%时，最适于病菌侵染。

大气的温、湿度对棉角斑病病菌的再次侵染和病害的流行有密切的关系，在棉花生长期中，当气温达26℃以上及相对湿度为85%以上时，适宜发病。高湿度是病菌入侵的必需条件，而后的较高温度则是促进病菌增殖和病程发展的主要影响因素，因这时棉株内的水分已能满足病菌生育的需要。

4. 发生特点

带菌种子和病残体是棉花角斑病的初侵染源。在温度30～36℃、空气湿度85%以上时有利于该病的发展流行。其导致大面积发病的原因主要有：一是连作重茬，土壤中病残体带菌较多；二是阴雨天气较多（特别是在遭受暴风雨及雹灾棉花枝叶受损的情况下）有利于病菌侵染；三是品种之间存在明显差异。

5. 防治方法

（1）农业防治。

① 抗病品种。选择抗病品种是防治棉花角斑病的经济有效途径。角斑病在我国的广大棉区均有发生，在华南棉区和新疆棉区发生较重。我国目前的抗病育种着重于抗枯萎病、黄萎病新品种的选育。美国在生产上曾推广种植过14个抗角斑病的品种，而且已发现有些抗角斑病的基因型与抗虫性和抗铃病有相关性，正在建立以抗御角斑病为中心的复合抗性群计划，试图选育多种抗性的品种。

② 科学管理棉田。苗期发病重的棉田，要早间苗，晚定苗，及时剔除病苗。集中焚烧病株残体，避免将其留在田间或带入棉田；要合理施肥，增施有机肥和磷、钾肥，重病田实施轮作或深翻，合理灌溉，及时开沟排水。多雨年份要抓紧中耕放墒培土，有防止病株茎折倒及减轻为害作用。

雨后及时排出积水，中耕散墒，遇旱浇水时注意不要大水漫灌，同时注意施肥要合理搭配，不要过量使用尿素等氮肥；把棉田中的残枝、落叶等及时清除田外，并集中销毁或深埋。

（2）药剂防治。

① 棉种清毒。可进行硫酸脱绒、温汤浸种、拌药的办法。即先用55～60℃的温水浸种0.5h后捞出晾干，再用种子重量1/10的敌克松草木灰（敌克松与草木灰的比为1：20）拌种或用种子重量1/20的20%三氯酚酮可湿性粉剂拌种，随拌

随播。

②苗期防控。可于发病初期喷洒0.5%等量式波尔多液进行保护，也可采用50mg/kg链霉素和土霉素的合剂与0.25%的氧氯化铜混用或72%农用硫酸链霉素3 000～4 000倍液，从播种后40d起，每两周喷1次，连续喷药3次。用20%萎锈灵可湿性粉剂1 000倍液或65%代森锌可湿性粉剂600倍液均匀喷雾，也可获得良好的防治效果。

③发病田块。可用720g/L农用链霉素1 500～2 000倍液，并选择加配50%多菌灵2g/L、或70%甲基硫菌灵1.25g/L、或25%络氨铜2g/L、或65%代森锌1.75g/L药液喷雾防治。为促进植株健壮生长，可同时加配质量好的叶面肥、植物生长促进剂（如芸薹素、复硝酚钠、天丰素、硕丰481等），间隔5d左右喷1次，连续喷2～3次。

（七）棉花炭疽病

1. 病原

炭疽病病原物无性态为棉刺盘孢菌（*Colletotrichum gossypii* Soutllw.），半知菌亚门刺盘孢属；有性态为棉小丛壳菌［*Glomerella gossypii*（Southw.）Edg.］，子囊菌亚门小丛壳属，在自然情况下很少发生。

（1）形态特征。分生孢子盘周围生有许多褐色刚毛，盘上产生许多根棒状、无色的分生孢子梗，梗顶端各生一个分生孢子。分生孢子长椭圆形或一端稍窄短棒状，无色、单胞，尺度为（9～26）μm×（3.5～6.7）μm，许多分生孢子聚集一堆时，形成橘红色的黏质物。

（2）生物学特性。孢子发芽适温为25～30℃，35℃时发芽少，芽管伸展慢，10℃时不萌发。病菌的致死温度为51℃ 10min。但种子内部菌丝体在50～60℃温水中经过30min，也不会全部死亡。病菌在微碱性条件下发育较好，pH值在5.8以下则停止生长。

2. 为害特征

棉花各生育期均可发病，以苗期和铃期受害最重。

（1）苗期。发芽后出苗前受害可造成烂种，不能出土而死亡。幼苗出土后，茎基部出现红褐色至紫褐色条斑，后扩大变褐，略凹陷，严重时失水纵裂，幼苗倒伏死亡。潮湿时病斑上产生橘红色黏质物，即分生孢子。子叶发病，多在叶缘生半圆形褐色病斑，边缘红褐色，后干燥脱落使子叶边缘残缺不全。

（2）成株期。成株期主要为害棉铃，叶及茎部很少发病。叶片发病病斑呈不整圆形，易干枯开裂。茎部被害，病斑呈红褐色至暗黑色，圆或长形，中央凹陷，表皮常破裂露出木质部，病株遇风易折断。棉铃发病，初生紫红色小点，后逐渐扩大为圆形或近圆形褐色病斑，稍凹陷。潮湿时，在病斑中央产生橘红色略带轮纹和黏结的分生孢子团。病斑可相互连接，扩大到全铃。铃内未成熟的纤维部分或全部腐烂，成为暗黄色的僵瓣。

3. 发生规律

（1）病原越冬。病菌主要以分生孢子在棉籽短绒上越冬，少部分以菌丝体潜伏于种内越冬，也有部分病菌在田间枯叶及烂铃残体上越冬。种子带菌是重要的初侵染源。棉籽带菌率在30%左右，严重的在60%以上，甚至达100%。

（2）传播。种子萌发时，病菌即开始侵染为害。由于炭疽病菌分生孢子萌发后，可形成具有长期潜伏特性的附着胞。棉花铃期这些潜伏的病菌，遇适宜条件，就能侵染和为害棉铃。病部可产生大量的分生孢子，通过风、雨、昆虫及灌溉水等传播。此外，带菌棉籽还能通过轧花机将病菌传染到无病棉籽上。

（3）发生时期。在棉苗出土后15d内是死苗高峰期；铃期多发生在接近吐絮的成熟棉铃上，以40～60d的棉铃为主，在生长老健和早衰的棉株上发病较多。

4. 发生特点

（1）环境因素。此病的发生受气象因子的影响很大，尤其温度与湿度是决定病害流行与否的重要因素。苗期低温多雨、铃期高温多雨，此病就容易流行。

（2）栽培因素。播种过早或过深、管理粗放、田间通风透光差或连作多年等，都可加重炭疽病的发生。连作地、土壤湿度大的地块，发病重。棉铃伤口多，发病重。

5. 防治方法

（1）农业防治。选用质量好的无病种子或种衣剂播种。加强田间管理，促使棉苗早发、壮苗，减少苗期发病。加强肥水管理，防止棉株铃期早衰和生长过旺。加强田间通风透光，降低田间湿度，使之不利于病菌侵染。及时防治棉铃害虫。做好田园清洁，收获后清洁田园，深翻覆土。实行水旱轮作也可有效减轻病害的发生。

（2）药剂防治。

① 种子处理。水温保持在55～60℃浸泡种子30min，可杀死种子携带的大部分病菌，捞出晾干后即可播种。用种子重量0.5%的40%拌种双可湿性粉剂，或0.5%的70%甲基硫菌灵可湿性粉剂拌种，或0.5%的70%代森锰锌可湿性粉剂，或0.5%的50%多菌灵可湿性粉剂拌种。

② 在苗期及铃期。于发病初期喷50%多菌灵可湿性粉剂500倍液，或70%甲

基硫菌灵可湿性粉剂800倍液喷雾，或70%代森锰锌可湿性粉剂500倍液，或25%溴菌清可湿性粉剂500倍液，或70%百菌清可湿性粉剂600~800倍液，或15%三唑酮可湿性粉剂800~1 000倍液，隔7~10d喷1次，连续2~3次。

（八）棉铃黑果病

1. 病原

棉色二孢（*Diplodia gossypina* Cooke），属半知菌亚门球壳孢目壳二孢属。有性阶段为［*Physalspora gossypina* Stavens.］，属子囊菌亚门。

（1）形态特征。

分生孢子器球形，黑色，大小300~400μm，埋生。分生孢子梗不分枝。分生孢子无色，椭圆形，单胞，成熟后黑褐色，双胞，大小（14.4~29.44）μm×（9.6~14.10）μm。子囊座黑色，丛生，直径250~300μm。子囊长90~120μm。子囊孢子无色，单生，大小（24~421）μm×（7~17）μm。

（2）生物学特性。

① 温度。棉铃黑果病菌对温度要求范围较宽，但更适宜在高温的条件下生长，菌丝生长的温度范围为10~38℃，以24.5~30℃为最适；分生孢子萌发温度范围为10~42℃，以24~30℃为最适。

② 湿度。高湿有利于孢子萌发，该病发生盛期的雨日为66.7%，日平均雨量15.5mm的结果也基本相符，在棉花铃期如遇高温高湿条件该病易于流行，在发病盛期通过栽培措施控制田间小气候的湿度可减轻病害的发生。

③ pH值。在强酸条件下，如pH值为1时，未成熟孢子萌发率可高达30%，而成熟的仅为2%，在pH值2时，未成熟孢子萌发率为86%，而成熟的仅为41%，pH值3时，未成熟的萌发率为75%，而成熟的为62%；pH值适应范围为3~14，以pH值4~6为最适。

④ 光照。黑暗有利于孢子萌发，光照有一定的抑制作用。尤其是紫外光，在相对湿度90%~100%情况下萌发率较高。棉组织的汁液能显著地促进其萌发。

2. 为害特征

棉铃黑果病是棉花铃期的一种常见病害，仅为害棉铃。在发病初期铃壳呈淡褐色，全铃发软，后转为棕褐色，多僵硬不开裂，逐渐变黑。铃壳表面密生小凸起黑点，即病菌分生孢子器。发病后期铃壳表面布满煤粉状物，棉絮腐烂成黑色僵瓣状。

3. 发生规律

（1）病原越冬。病原以分生孢子器在病残体上越冬。

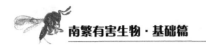

（2）传播。条件适宜产生分生孢子进行初侵染和再侵染。病菌可直接穿透棉铃表面的蜡质层和皮质层，亦可直接穿透无蜡质多细胞的表皮绒毛或开放的气孔。

4. 发生特点

黑果病发生的温度范围较宽，但对湿度要求很高，雨量大发病重。在棉铃有损伤的情况下，如虫伤、机械伤、灼伤或其他棉铃病害等均可诱发黑果病大发生。此外，种植密度大、通风透光不好，氮肥施用太多，生长过嫩，发病重；田间病残体多易发病，土壤疏松、偏酸、腐殖质多的田块易发病；肥料未充分腐熟、有机肥带菌或肥料中混有作物病残体的易发病；地势低洼积水、排水不良、土壤潮湿易发病；高温、高湿、多雨易发病。

5. 防治方法

（1）农业防治。

① 减少棉铃损伤，从而减少病菌侵入的机会。避免农事操作损伤棉铃；及时防治铃期害虫，减少因虫伤而引起的烂铃。

② 发现病铃，及时摘除、剥晒，减少损失。病残体要集中销毁。

（2）药剂防治。

① 种子处理。浸种，用80%多菌灵可湿性粉剂200倍液浸种24h捞出晾干播种；或用种子重量0.5%的80%多菌灵可湿性粉剂或70%甲基硫菌灵可湿性粉剂拌种。

② 田间用药。发病初期开始喷施80%多菌灵可湿性粉剂1 000倍液，或70%甲基硫菌灵可湿性粉剂1 000倍液，或80%代森锰锌可湿性粉剂600倍液，或25%咪鲜胺水剂1 000倍液，或10%苯醚甲环唑水分散粒剂1 500倍液，或32.5%苯甲·嘧菌酯悬浮剂2 500～3 000倍液。视病情隔7～10d喷1次，连续1～2次。

（九）棉铃曲霉病

1. 病原

棉铃曲霉病由黄曲霉（*Aspergillus flavus* Link）、烟曲霉（*Aspergillus fumigatus* Fres.）、黑曲霉（*Aspergillus niger* van Tiegh.）3种曲霉菌引起，均属半知菌亚门，丝孢纲，丝孢目，丛梗孢科，曲霉属真菌。

黄曲霉，分生孢子穗亚球形，上生小梗1～2层，分生孢子梗顶囊球状，分生孢子粗糙，圆形黄色，大小3.5～5μm，菌落颜色初为黄色，后变黄绿色至褐绿色。

烟曲霉，分生孢子穗圆筒形，直径40μm，分生孢子梗光滑，带绿色，直径

2 ~ 8μm；分生孢子球形，粗糙，大小2.5 ~ 3μm。

黑曲霉，分生孢子穗灰黑色至黑色，圆形，放射状，大小0.3 ~ 1mm；分生孢子梗大小（20 ~ 400）μm×（7 ~ 10）μm；顶囊球形至近球形，表生两层小梗；分生孢子球形，初光滑，后变粗糙或生细刺，有色物质沉积成环状或瘤状，大小2.5 ~ 4μm，有时产生菌核。

2. 为害特征

初在棉铃的裂缝、虫孔、伤口或裂口处产生水浸状黄褐色斑，接着产生黄绿色或黄褐色粉状物，填满铃缝处，造成棉铃不能正常开裂，连阴雨或湿度大时，长出黄褐色或黄绿色绒毛状霉，即病菌的分生孢子梗和分生孢子，棉絮质量受到不同程度污染或干腐变劣。

3. 发生规律

在我国各棉区均有分布，温暖的灌溉棉区和虫害重的棉田发病较重，其发生的轻重与气温高低有密切关系。生长适温为33℃。在国内，曲霉病也发生在气温较高的时期，一般平均气温在25 ~ 30℃的8月中下旬至9月上旬发生为多。未开裂棉铃不易被曲霉菌侵害，开裂1 ~ 3mm的铃瓣易于受到病菌的侵染，而开裂1cm以上的铃瓣，由于纤维裸露和缺少水分而避免了侵染。此菌为弱寄生菌，但有时对棉铃衰老组织则仍有较强的侵染力，特别在高湿条件和32℃以上的情况下，在棉铃开裂时沿缝隙的衰老组织和湿棉絮是病菌立足的理想基物。棉田郁蔽、通风透光条件差、田间湿度大，发病就严重。曲霉病的发生轻重与虫害多少也有密切的关系，由红铃虫为害造成羽化孔是曲霉病重要的入侵途径。

4. 发生特点

只侵染棉铃。感病初期棉铃裂缝、虫孔和伤口处产生水浸状黄褐色斑，后产生黄绿色或黄褐色粉状物，填满铃缝处，造成棉铃不能正常开裂。连阴雨或湿度大时，长出黄绿色或黄褐色绒毛状霉菌，即病菌分生孢子梗和分生孢子，可使棉絮质量受到污染或干腐变质。

5. 防治方法

（1）农业防治。改善棉株间通风透光条件，以降低棉田湿度，减少寄生性病害，促进棉铃及时开裂吐絮。冬季清除烂铃及病残体，减少侵染来源；棉花与禾本科作物，特别是水稻轮作。注意防治铃期虫害，减少虫孔传病的途径。

（2）药剂防治。

① 种子处理。用种子重量0.5%的80%多菌灵可湿性粉剂或70%甲基硫菌灵可湿性粉剂拌种。

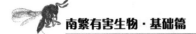

②田间施药。发病初期喷80%代森锰锌可湿性粉剂600倍液，或70%甲基硫菌灵可湿性粉剂800倍液，或50%福美双可湿性粉剂500倍液，或50%异菌脲可湿性粉剂2 000倍液，或50%苯菌灵可湿性粉剂1 500倍液。隔7~10d喷1次，连续2~3次。

第六章 南繁区危险性草害

一、禾本科杂草

（一）稗草

稗草［*Echinochloa crusgalli*（L.）Beauv］，是一种一年生草本植物，属禾本科稗属。

1. 形态特征

稗和稻外形极为相似。秆直立，基部倾斜或膝曲，光滑无毛。叶鞘松弛，下部者长于节间，上部者短于节间；无叶舌；叶片无毛。圆锥花序主轴具角棱，粗糙；小穗密集于穗轴的一侧，具极短柄或近无柄；第1颖三角形，基部包卷小穗，长为小穗的1/3～1/2，具5脉，被短硬毛或硬刺疣毛，第2颖先端具小尖头，具5脉，脉上具刺状硬毛，脉间被短硬毛；第1外稃草质，上部具7脉，先端延伸成1粗壮芒，内稃与外稃等长。形状似稻但叶片毛涩，颜色较浅。稗与稻共同吸收稻田养分，因此稗属于恶性杂草。

稻田禾本科杂草种类繁多，苗期往往难以区分，稗草区别于其他禾本科杂草的显著特点就是没有叶耳，没有叶舌，确定这2点，基本可断定为稗草。

2. 发生规律

生长在稻田里、沼泽、沟渠旁、低洼荒地。生于湿地或水中，是沟渠和水田及其四周较常见的杂草。平均气温12℃以上即能萌发。最适发芽温度为25～35℃，10℃以下、45℃以上不能发芽，土壤湿润，无水层时，发芽率最高。土深8cm以上的稗籽不发芽，可进行二次休眠。在旱作土层中出苗深度为0～9cm，0～3cm出苗率较高。东北、华北稗草于4月下旬开始出苗，生长到8月中旬，一般在7月上旬开始抽穗开花，生育期76～130d。在上海地区5月上中旬出现一个发生高峰，9月还可出现一个发生高峰。

3. 为害特点

（1）为害面积广。有水稻就有稗草。几乎种水稻的地方必有稗草发生，无论是在东北稻区、华南稻区及长江流域稻区均有不同种群稗草分布。

（2）种类多。全球稗属已发现有50余种（包括亚种和变种），其中伴随水稻生长产生为害的有13种，中国有10种，5个变种。

（3）抗性复杂。在常年使用单一除草剂的选择压力下，稗草对二氯喹啉酸、五氟磺草胺、双草醚、敌稗等单一药剂产生的抗性叫做"单抗性"；近年来出现了稗草对2类及2类以上作用机理的药剂产生抗性即"多抗性"，如对二氯喹啉酸和五氟磺草胺同时产生抗性等。

（4）种子量大且寿命长。前茬失防，后期封闭不到位的田块，稗草密度最高可达1 400株/m²，严重影响水稻生长，研究表明稗草种子在地下可以存活的最长时间为7年。

4. 防治方法

（1）稻田稗草。

① 播种期。覆土后盖膜前，每亩使用60%丁草胺乳油100mL加12%噁草酮乳油100mL或25%噁草酮乳油50mL，对水40kg喷雾；或使用50%禾草丹乳油300～400mL，对水40kg喷雾。

② 苗期。可选用20%敌稗乳油250～350mL与96%禾草敌乳油150mL混合，对水40kg喷雾；也可使用96%禾草敌乳油150mL加48%灭草松100mL，对水40kg，撒水层后喷洒，一天后覆水。

③ 直播田和秧田。将50%吡嘧·二氯喹可湿性粉剂45～60g，对水30～40kg，于水稻直播2.5叶期后至稗草3～4叶期，均匀喷雾，稗草大、基数多适当增加用量，用药前浅水或泥土湿润状喷雾，施药后2～3d放水回田，保持3～5cm水层。

（2）大田稗草。

① 插前。可选用下列配方之一：每亩使用50%排草净（戊草净与哌草磷混剂）乳油75～150mL，加30kg细潮土拌匀或对水20kg，插前3d喷洒。也可使用60%丁草胺乳油100mL加25%噁草酮乳油25～50mL，加20kg细潮土拌匀或对水20kg，插前2d喷洒。

② 插后。每亩可选用以下药剂来防除：一是用60%环草敌乳油50～100mL加12%噁草酮乳油50～100mL或25%噁草酮25～50mL，对水20kg或拌20kg细潮土，插后3～7d喷洒。二是96%禾草敌乳油150～250mL，对水20kg或20kg细潮

土，插后5~10d内泼撒。三是50%二氯喹啉酸可湿性粉剂40g，插后7~10d茎叶喷雾处理。四是秧苗移栽后稗草3~4叶期用1%嘧啶肟草醚（韩乐天）水剂300~400mL或5%嘧啶肟草醚水剂60~70mL，对水喷雾。

③抛秧、移栽、机插田。可于秧苗抛栽后7~8d，于秧苗返青期每亩用50%吡嘧·二氯喹可湿性粉剂45~60g拌细潮土、沙、肥均匀撒施，或69%苄嘧苯噻酰50g或53%苄嘧苯噻酰40~60g或68%吡嘧苯噻酰40~50g＋50%吡嘧·二氯喹可湿性粉剂30~50g拌细潮土、沙、肥均匀撒施。

（二）臂形草

臂形草［*Brachiaria eruciformis*（J. E. Smith）Griseb.］，属禾本科黍亚科臂形草属，一年生草本植物。

1. 形态特征

一年生草本，高30~40cm。秆纤细，基部倾斜，节上生根，多分枝，节具白柔毛。叶鞘无毛或鞘缘疏生疣毛；叶舌退化呈一圈白色缝毛；叶片线状披针形，扁平，内卷，长1.5~10.5cm，宽3~6mm，边缘齿状粗糙，密生脱落性细毛。圆锥花序由4~5枚总状花序组成，总状花序长5~12cm；穗轴被纤毛，棱边粗糙；小穗卵形，长约2mm，被纤毛，具长约0.2mm的柄；第1颖长0.2~0.3mm，膜质，无毛，顶端下凹；第2颖与小穗等长，具5脉，第1外稃与第2颖同形，具5脉，内稃狭窄；第2外稃长圆形，坚硬，光滑，长约1.5mm，边缘稍内卷，包着同质的内稃。

2. 发生规律

生长在轮作田、多年生作物田和水湿环境，为害轻。夏初抽穗，种子繁殖。

3. 为害特点

适应性广泛，适于在热带地区的各类土壤上生长。耐贫瘠的酸性土，耐牧，耐践踏，侵占性强。

4. 防治方法

（1）播后芽前除草剂，即通常说的封闭型除草剂，如乙草胺、乙莠、异丙甲草胺等。

（2）苗后早期除草剂，一般在玉米3~5叶茎叶处理，常为内吸性选择性除草剂，如烟嘧磺隆、莠去津、硝磺草酮（玉米3~8叶期）等。

（3）苗后中晚期除草剂草甘膦等。

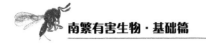

（三）铺地黍

铺地黍（*Panicum repens* L.），属禾本科黍亚科黍属，多年生草本植物。

1. 形态特征

根茎粗壮发达，秆直立，坚挺，高50～100cm。叶鞘光滑，边缘被纤毛；叶舌长约0.5mm，顶端被睫毛；叶片质硬，线形，长5～25cm，宽2.5～5mm，干时常内卷，呈锥形，顶端渐尖，上表皮粗糙或被毛，下表皮光滑；叶舌极短，膜质，顶端具长纤毛。

圆锥花序开展，长5～20cm，分枝斜上，粗糙，具棱槽；小穗长圆形，长约3mm，无毛，顶端尖；第1颖薄膜质，长约为小穗的1/4，基部包卷小穗，顶端截平或圆钝，脉常不明显；第2颖约与小穗近等长，顶端喙尖，具7脉，第1小花雄性，其外稃与第2颖等长；雄蕊3枚，其花丝极短，花药长约1.6mm，暗褐色；第2小花结实，长圆形，长约2mm，平滑、光亮，顶端尖；鳞被长约0.3mm，宽约0.24mm，脉不清晰。花果期6—11月。

2. 发生规律

广布世界热带和亚热带；中国东南各地有分布。铺地黍喜温暖湿润气候，适生在热带、亚热带地区。具有较强的耐旱、抗寒能力，能耐低温和霜冻。对土壤要求不严，从较贫瘠的酸性红黄壤土至海边沙土上均能生长，但适宜在肥沃的潮湿沙地或冲积土壤上生长。

3. 为害特点

为旱地的一种地区性恶性杂草，对坡地和坝地作物、橡胶树，各种果树、茶、桑树均有为害，对广东湛江地区和海南地区一带的旱地作物为害较为严重。它生长迅速，粗大根茎深入土层，能刺穿作物根部，抢夺田间大量肥分；地上部分则遮盖作物茎叶，使田间通风透光不良，从而影响作物的生长发育。铺地黍是稻纵卷叶螟的寄主，并感染作物的瘟病、锈病、黑粉病等。该种也是草坪的主要害草之一，为害潜力高，难根除，目前尚无理想的除草剂可防治，应避免侵入。

4. 防治方法

禾本科草坪草选择性除草剂，此类除草剂专门用于禾本科草坪草的杂草防除，可防除一年生及多年生阔叶杂草，由于它除草时具有选择性，因此，在杀死阔叶杂草的同时，不会伤害禾本科植物，此类除草剂包括2,4-D丁酯、二甲四氯、百草敌、苯达松、使它隆等，它们的优点是对禾本科草坪草有选择性，缺点是不能杀死禾本科杂草。

（四）千金子

千金子 [*Leptochloa chinensis*（L.）Ness]，属禾本科千金子属。

1. 形态特征

一年生草本，高30～90cm。秆丛生，上部直立，基部膝曲，具3～6节，光滑无毛。叶鞘大多短于节间，无毛；叶舌膜质，多撕裂，具小纤毛；叶片条状披针形，无毛，常卷折。花序圆锥状，分枝长，由多数穗形总状花序组成；小穗含3～7花，成2行着生于穗轴的一侧，常带紫色；颖具1脉，第2颖稍短于第1外稃；外稃具3脉，无毛或下部被微毛。颖果长圆形。幼苗淡绿色；第1叶长2～2.5mm，椭圆形，有明显的叶脉，第2叶长5～6mm。7～8叶出现分蘖和匍匐茎及不定根。

2. 发生规律

旱直播和湿润直播稻，在水稻播种后至稻苗2～3叶期，土壤处于湿润水分状态，无水层，此时期非常有利于千金子的萌发和出苗。

水稻播种后3～4d，千金子开始陆续出苗，播后6～7d进入出苗高峰期，持续约7d，随后出苗数量明显下降，其总的出苗期持续约15d。千金子自6～7叶期起长出匍匐茎，每3d左右长1条茎，平均每株可长出6条茎左右。匍匐茎下部茎节生有不定根，上部茎节长有分枝。

3. 为害特征

影响水稻的有效穗数、每穗实粒数和千粒重，从而导致水稻减产。随着千金子植株密度增加，水稻产量呈明显下降趋势。千金子与不同类型或不同株型的水稻的竞争力存在一定的差异。在千金子较低密度条件下，对水稻产量及产量因子的影响数据存在不一致性。

4. 防治方法

（1）播种后防治。防治千金子关键是适期防治，一般在播种2～4d，选用40%苄嘧·丙草胺（直播净）可湿性粉剂每亩45～69g或30%丙草胺（扫弗特）乳油每亩100mL，对水30～40kg喷雾，在杂草萌发期施用效果最好，但必须注意是催芽播种田。

施用田块要求平整，施药时至施药后3d必须保持湿润，对千金子的防效在95%以上。或者在稻种催芽播种后1～4d，主攻千金子、稗草兼治其他杂草，可采用30%丙草胺乳油每亩100～120mL，加10%苄嘧磺隆粉剂15～20g，对水45kg均匀喷雾，第2次在2叶1心至3叶期，即播种后12～13d，选用苯噻酰·苄或丁·苄粉剂拌尿素撒施，并保持5～7d不断水，以杀灭稗草和阔叶杂草第2个出草高峰的杂草。播种除草后，不能使田晒开裂，造成千金子发生为害。

（2）中期。在前期千金子失治情况下，可在千金子2～3叶期，每亩用10%氰氟草酯乳油60～100mL，在3～5叶期每亩用药100～150mL，在5叶期以上时每亩用药150～200mL，每亩用水量30～40kg，高浓度细喷雾，在药液中加入有机硅助剂有利于提高防效。

施药时田面水层应小于1cm或排干（保持土壤水分处于饱和状态，使杂草生长旺盛，保证防效），施药后24h灌水，防止新的杂草萌发。该药可与五氟磺草胺、二氯喹啉酸、丙草胺等药混用。氰氟草酯与二甲四氯、灭草松及磺酰脲等部分防除阔叶杂草的除草剂混用可能会产生拮抗作用，表现为氰氟草酯的防效降低，混用时可以适当增加氰氟草酯的用量。

稻田如需防除阔叶杂草和莎草，最好在施用氰氟草酯7d后再施用防除阔叶杂草的除草剂。或在千金子2～3叶期，选用10%千金乳剂每亩40～50mL，对水30～40kg均匀喷雾，施药前排干田水，使杂草露出水面，药后48h再灌浅水，对千金子防效达90%以上。

（3）分蘖期后。千金子开始分蘖、匍匐生长和分枝时，可采取后期补救措施，可选用6.9%精噁唑禾草灵（威霸）水乳剂750倍液进行茎叶处理，施药时必须实行见草打药原则，切忌全田喷洒，防止重喷，否则容易产生药害，一般在药后3～4d千金子开始变黄萎而死亡，防效几乎可达100%，注意用药不能超量。在防治7～8叶期的大龄千金子，还可用10%氰氟草酯（千金）乳油每亩60mL，用药量不宜再增加，以防产生药害，防治时保持田间无水或仅有浅水层，保证药液能喷洒到千金子茎叶上。

二、阔叶杂草

（一）飞机草

飞机草（*Eupatorium odoratum* L.），属菊科泽兰属，多年生草本植物。

1. 形态特征

根茎粗壮，横走。茎直立，高1～3m，苍白色，有细条纹；分枝粗壮，常对生，水平射出，与主茎成直角，少有分披互生而与主茎成锐角的；全部茎枝被稠密黄色茸毛或短柔毛。叶对生，卵形、三角形或卵状三角形，长4～10cm，宽1.5～5cm，质地稍厚，有叶柄，柄长1～2cm，上面绿色，下面色淡，两面粗涩，被长柔毛及红棕色腺点，下面及沿脉的毛和腺点稠密，基部平截或浅心形或宽楔形，顶端急尖，基出三脉，侧面纤细，在叶下面稍凸起，边缘有稀疏的粗大而不规则的圆锯齿或全缘或仅一侧有锯齿或每侧各有一个粗大的圆齿或三浅裂状，花序下部的叶小，常全缘。

头状花序多数或少数在茎顶或枝端排成伞房状或复伞房状花序，花序径3~6cm，少有13cm的。花序梗粗壮，密被稠密的短柔毛。总苞圆柱形，长1cm，宽4~5mm，约含20个小花；总苞片3~4层，覆瓦状排列，外层苞片卵形，长2mm，外面被短柔毛，顶端钝，向内渐长，中层及内层苞片长圆形，长7~8mm，顶端渐尖；全部苞片有3条宽中脉，麦秆黄色，无腺点。花白色或粉红色，花冠长5mm。

瘦果黑褐色，长4mm，5棱，无腺点，沿棱有稀疏的白色贴紧的顺向短柔毛。花果期4—12月。

2. 发生规律

飞机草是喜热性杂草，主要分布于北纬30°至南纬30°、海拔500~1 500m温暖潮湿的热带、亚热带地区，尤其以800m左右的地段最多，并随海拔高度的上升其出现的频率逐渐下降；在低海拔地区，飞机草对坡向的反应不明显，但在海拔1 000m以上的山区，其主要分布在30°以下的阳坡或平缓地；在年均温高于19℃以及最冷月均温在12℃以上、降水量900~2 000mm、相对湿度75%~90%的地带生长特别旺盛。

光照、温度、营养和水分等环境条件是影响植物生长发育的主要因子，对入侵植物亦然。一般而言，与本地种相比，外来种对环境条件变化的适应能力更强。飞机草在强光下能通过降低捕光色素复合体Ⅱ的含量以减少光能吸收，同时提高最大净光合速率来增加光能利用；而在弱光下则通过降低比叶重、提高单位干重叶绿素含量、维持低日间热耗散和较高的光合系统Ⅱ非环式电子传递效率来增强对光的吸收，使其能够充分利用环境中有限的光能。较高的光能利用效率和抵御强光破坏的能力为飞机草的旺盛生长和强入侵性奠定了基础。

3. 为害特点

（1）分泌化感物质，排挤本地植物，使草场失去利用价值，影响林木生长和更新。

（2）飞机草可依靠种子和根茎进行繁殖，生长速度快，分枝多，再生能力强。影响粮食作物、桑树、花椒、香蕉等的生长，降低产量。

（3）飞机草的入侵性极强，在适宜的条件下可入侵草地、农田、果园等生态系统，对当地的畜牧业和农业生产造成严重的危害。在草场，飞机草能够和牧草争夺阳光、水分、肥料，当高度达15cm或更高时，便能明显地影响其他草本植物的生长，一般的牧草大都会被"排挤出局"，2～3年后草场就失去利用价值。

（4）叶有毒，含香豆素类的有毒化合物，引起人的皮肤炎症和过敏性疾病，误食嫩叶引起头晕、呕吐，引起家畜、家禽和鱼类中毒。

4. 防治方法

（1）机械防治。机械防治指用人力、火烧或机械的方式清除飞机草，一般先刈除植株的地上部分，再挖掘出根系晒干，此方法对清除入侵初期、尚未形成单优群落的飞机草有一定的作用，但需要的劳动力多，费用较高，且只能实现短期防治。机械防治处理时最好避开飞机草的开花结实期，以免造成种子的更大范围扩散。

（2）化学防治。毒莠定、麦草畏、绿草定等药剂较为常用。其中敌百隆、莠去津对飞机草的幼苗有效，而对定植多年的草丛则需混用才可防除。相对而言，化学防治的作用时间快、效果明显，但由于飞机草的根系较深，仅用一种除草剂难以奏效，且对于成熟灌丛其灭杀作用更弱，并容易导致出现环境污染与杂草抗性上升等问题，需要谨慎应用。

（3）生物防治。生物防治指从原产地引进食性或寄主范围较为专一的天敌（包括昆虫、微生物），利用天敌将飞机草的种群密度控制在生态和经济危害水平之下的方法。香泽兰灯蛾的幼虫能够大量啃食飞机草的叶片，褐黑象甲专门采食飞机草的种子，香泽兰瘿实蝇的幼虫则可以取食飞机草的茎，从而导致飞机草整株枯萎死亡。在微生物方面也已筛选、分离到飞机草尾孢菌（*Cercopora euatorii*）和链格孢菌（*Aliternaia alternata*）这两种有潜力的生防菌种。

（二）假臭草

假臭草 ［*Praxelis clematidea*（Griseb.）R. M. King et H. Rob.］，属菊科泽兰属，一年生草本植物。

1. 形态特征

全株被长柔毛，茎直立，高0.3～1m，多分枝。叶对生，叶长2.5～6cm，宽1～4cm，卵圆形至菱形，具腺点，先端急尖，基部圆楔形，具3脉，边缘明显齿状，每边5～8齿。叶柄长0.3～2cm，揉搓叶片可闻到类似猫尿的刺激性味道。头状花序生于茎、枝端，总苞钟形，大小（7～10）mm×（4～5）mm，总苞片4～5层，小花25～30朵，藏蓝色或淡紫色。花冠长3.5～4.8mm。瘦果黑色，条状，具3～4棱。种子长2～3mm，宽约0.6mm，顶端具一圈白色冠毛，30～34根，冠毛长约4mm。

2. 发生规律

假臭草为一年生草本，在热带亚热带地区盛花期一般为5—11月，种子成熟和传播主要在夏、秋两季，但冬春季也能见假臭草的植株开花、种子成熟，在广州花果期为全年。假臭草以种子繁殖为主，种子数量很多，繁殖率极高。而且种子极小、重量很轻，种子上白色的冠毛使得它很容易被风和其他昆虫传播，传播能力极强。在适宜条件下，种子全年可以萌发。假臭草也具有无性繁殖的能力，可以从距离地面很近的茎部产生不定根扎入土壤后形成新的植株，其嫩枝也极容易扦插生根成活。

3. 为害特点

繁殖速度快，所到之处其他低矮草本植物常被逐渐排斥，入侵后常常形成单优群落，减少了生境生物的多样性。由于其对土壤肥力吸收能力强，能极大地消耗土壤养分，对土壤的可耕性破坏严重，影响其他植物的生长。在华南果园中，它迅速覆盖整个果园的地面，与果树争水、争肥，严重影响果树的生长。当假臭草入侵牧场后，能排斥牧草，同时能分泌一种有毒的恶臭味，影响家畜觅食。因此，假臭草入侵后会给当地农业、林业、畜牧业及生态环境带来极大的危害。

与大多数菊科外来杂草一样，假臭草也具有化感作用。有研究表明，假臭草水浸提液对小白菜和萝卜的发芽率、根生长、茎生长具有不同程度的化感作用，总体上呈现出低促高抑的现象，且随着溶液浓度增大抑制作用也增强。

4. 防治方法

（1）人工拔除。

在其种子成熟之前将路边、坡地、果园等处的植株除掉，还可采用草甘膦等除草剂防除。

（2）季节铲除。假臭草在海南一年四季都比较适应生长，因此，可在每个季节种子成熟之前将植株铲除。

（3）引进天敌。利用有益微生物、生态调控等方式治理和消除。

（4）化学防治。每亩用800～1 000mL 10%的草甘膦水剂，对水25～30kg，均匀喷雾。

（三）巴西含羞草

巴西含羞草（*Mimosa invisa* Mart. ex Colla），属豆本科含羞草属，亚灌木状草本植物。

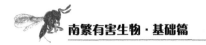
1. 形态特征

茎攀援或平卧，长达60cm，五棱柱状，沿棱上密生钩刺，其余被疏长毛，老时毛脱落。二回羽状复叶，长10～15cm；总叶柄及叶轴有钩刺4～5列；羽片7～8对，长2～4cm；小叶20～30对，线状长圆形，长3～5mm，宽约1mm，被白色长柔毛。头状花序花时连花丝直径约1cm，1个或2个生于叶腋，总花梗长5～10mm；花紫红色，花萼极小，4齿裂；花冠钟状，长2.5mm，中部以上4瓣裂，外面稍被毛；雄蕊8枚，花丝长为花冠的数倍；子房圆柱状，花柱细长。

荚果长圆形，长2～2.5cm，宽4～5mm，边缘及荚节有刺毛。花果期3—9月。

2. 发生规律

耐寒性较差，原产美洲热带地区，适生在热带、亚热带地区。在世界热带地区，我国广东、福建、台湾、广西、海南、云南等地广泛分布，喜欢生长在阳光足、温暖湿润的环境中，并且生长迅速，适应能力极强，极易建立种群优势。

3. 为害特点

主要为害棉花、豆类、瓜类、薯类、蔬菜等多种旱作作物。巴西含羞草是牧场、人工林和路边的一种主要杂草，在庄稼中也很严重。在肥力、土壤和空气湿度和光照都很高的情况下，巴西含羞草的生长最好，并在干燥的干旱季节死亡。当植物枯萎并枯竭时，会造成严重的火灾隐患。巴西含羞草形成致密的地被和灌木丛，防止其他物种繁殖。由于巴西含羞草密生钩刺使人行走变得困难。

4. 防治方法

（1）人工物理防治。农田、果园、苗圃中的含羞草人工拔除，将地上部分割除，集中沤制绿肥。

（2）化学防治。

① 玉米地用阿特拉津、乙草胺、烟嘧黄、乙羧氟草醚、氟磺胺草醚进行防治。

② 花生、棉花、水稻田，用噁草酮乳油有一定的效果。

三、莎草

（一）香附子

香附子（*Cyperus rotundus* L.），属莎草科莎草属植物。

1. 形态特征

匍匐根状茎长，具椭圆形块茎。秆稍细弱，高15~95cm，锐三棱形，平滑，基部呈块茎状。叶较多，短于秆，宽2~5mm，平张；鞘棕色，常裂成纤维状。叶状苞片2~3枚，常长于花序，或有时短于花序；长侧枝聚繖花序简单或复出，具3~10个辐射枝；辐射枝最长达12cm；穗状花序轮廓为陀螺形，稍疏松，具3~10个小穗；小穗斜展开，线形，长1~3cm，宽约1.5mm，具8~28朵花；小穗轴具较宽的、白色透明的翅；鳞片稍密地复瓦状排列，膜质，卵形或长圆状卵形，长约3mm，顶端急尖或钝，无短尖，中间绿色，两侧紫红色或红棕色，具5~7条脉；雄蕊3枚，花药长，线形，暗血红色，药隔突出于花药顶端；花柱长，柱头3个，细长，伸出鳞片外。小坚果长圆状倒卵形，三棱形，长为鳞片的1/3~2/5，具细点。花果期5—11月。

2. 发生规律

香附子利用块茎和种子进行繁殖。地下块茎发芽最低温度为13℃，适宜温度为30~35℃，最高温度为40℃。香附子较耐热，不耐寒，冬天在-5℃以下开始死亡，因此香附子不能在寒冷的地方生长。块茎在土壤中的分布深度也因土壤条件而不同，通常有1半以上集中在10cm以下的土层中，个别的可深达30~50cm。但在10cm以下，随深度的增加发病和繁殖能力都降低，但通过遮阴能阻碍块茎的形成。

3. 为害特点

香附子由地下块茎、根茎、鳞茎和地上茎叶组成。块茎、根茎、鳞茎和种子都能繁殖。在杂草生长季节，2~3d即可出苗，条件适宜时，种子和根茎都能发芽且生成新的植株或块茎，新块茎萌生幼草，一株接着一株，连绵不断地生长。如果是不除根的防治，地上部分没有了，但地下部分会继续生长，7d左右便可达到原植株的高度。由于香附子有比较特殊难除的块茎根，除草的关键便是杀根。

4. 防治方法

（1）农业防治。

① 水旱轮作防治。根据香附子具有喜潮湿，怕水淹的特点，可进行水旱轮作。在安徽省北部种植冬小麦，夏季种水稻，可明显减轻香附子的为害。

② 深耕晒垡法防治。根据香附子不耐旱，怕冻，怕阴的特点，可在冬天低温时深耕耙晒，把块茎翻上来能冻死一部分香附子；春旱时再耙晒，由于没有水分又能晒死一部分香附子。同时也可进行伏耕，由于此时高温多雨，香附子经风吹日晒，有一部分块茎会失去发芽能力而死亡。受伤的根茎深埋土壤中，经灌水

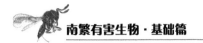

后闷死腐烂。

③ 中耕除草法。要采取多次中耕除草的方法。除草时一定要连地下的块茎一块清理出来；同时还要把清理出来的草带出田间，以免遗落在田里遇水又能生长；同时还要清除田边、路边、沟边的香附子防止它们进行横向传播。

④ 合理密植法。合理密植，以密控草。农田杂草以其旺盛的长势与作物争水、争肥、争光。合理科学的密植，能加速作物的封行进程，能抑制多种杂草的生长。

（2）化学防除法。

① 草甘膦。空白地和收后播种前，这时如果香附子已经长出来了，可用草甘膦进行防除，即能灭生又能除根。但不出苗的不能防治。

② 香附子根除净。有效成分是精喹禾灵，加有助剂，要求使用时一定要在大豆第1片复叶完全展开期至第6片复叶之前使用。花生是在5片叶至开花之前使用，使用时不能重喷和漏喷，以免加大药量造成药害，或漏喷无效。喷过药后注意田间不要积水，这种药剂施后10d左右才能看到从根部逐渐枯死。

（二）日照飘拂草

日照飘拂草［*Fimbristylis miliacea*（L.）Vahl.］，属莎草科飘拂草属，一年生草本植物。

1. 形态特征

茎秆丛生，直立或斜上，扁四棱形，秆高20～60cm。叶剑形，边缘有细齿，顶端渐狭成刚毛状，叶与秆近等长；秆基部常有1～3枚无叶片的叶鞘，形侧扁，背面呈锐龙骨状；无叶舌；苞片2～4枚，刚毛状，短于花序；长侧枝聚伞花序复出或多次复出，辐射枝3～6条；小穗单生于枝顶，近球形，赤褐色，径约2mm，鳞片膜质，卵形，钝头，锈色，螺旋状排列，背部有龙骨状凸起，具3脉，雄蕊2枚，花柱三棱形，基部稍膨大，柱头3个。小坚果倒卵形，有3钝棱，褐黄色，长1mm，有疣状凸起和横矩圆形网纹。

2. 发生规律

以种子繁殖。蔺草田或秧苗田均有发生，一般年份可见在4月中下旬；5月上中旬盛发旺长，且延续较长。花果期7—10月。呈零星状分布，田边多于田中，秧苗田多于本田。喜湿地环境，肥水充足，长势旺盛，分枝甚多。

3. 为害特点

为害分布遍布全国，在水稻田田埂边为害较严重。稻田常见杂草，发生量大，对水稻生产有较大影响，对湿地及旱地作物也会有为害。

4. 防治方法

芽前封闭、除草剂茎叶处理是防除日照飘拂草行之有效的措施。

水稻种子与杂草种子的萌发处于同一时期，这个时期使用除草剂，除草剂必须对水稻具有高度的安全性，可选择禾阔双除封闭除草剂。使用方法：亩用量对水30～60kg均匀喷雾秧板面，不重喷，不漏喷，田板保持湿润状态，田面无积水。水稻旱育秧田防除日照飘拂草等杂草茎叶处理因天气、人为等原因错过芽前封闭的，或使用方法不当长出小杂草的，可使用除草剂茎叶处理来补救。水稻两叶一心后，杂草3～4叶期前用药。

可结合其他杂草，可亩用24%果尔乳油30mL加50%速收可湿性粉剂6g，一般在2月中下旬，在蔺草田灌水后，药剂拌尿素全田均匀撒施，田水自然落干。秧苗田在耙平后10～12d施药。亩用50%速收可湿性粉剂6g加12%农思它乳油100～125mL或加40%扑草净可湿性粉剂80g。药剂拌尿素，灌水后全田均匀撒施，田水自然落干。

第七章 南繁区重大入侵生物及风险评估

一、海南主要入侵生物

（一）概述

海南位于中国南端的南海海域，属于热带湿润季风性气候，年均气温23.8℃，1月平均气温为17.2℃，7月平均气温27.4℃，年降水量1 500～2 000mm，最高达5 500mm，具有夏无酷暑，冬无严寒，雨量充沛，干湿季分明等气候特征。这非常适合热带、亚热带生物的栖息、生长和繁衍。海南光温和水热等条件优越，非常适宜生物生长，外来生物一旦入侵，很容易迅速传播扩散，产生为害。目前海南已成为我国遭受外来物种入侵最严重的地区之一，最新普查结果显示海南已有外来入侵生物近200种，其中包括入侵害虫、农林植物病原菌、入侵植物、入侵动物等。自2000年以来，几乎平均每年都有1个具有为害性的外来物种入侵。研究外来物种入侵问题，有利于海南生态省建设、海南国际旅游岛发展和对未来海南岛生态环境的最大保护。

各种病虫草害的伴随入侵和蔓延，带来诸多例如外来病虫草害暴发、环境污染和食品安全等问题，使优异作物资源生产和运输面临的风险和不确定性明显上升。2013年第二届国际生物入侵大会上透露，目前入侵中国的外来生物已经确认有544种，成为世界上遭受生物入侵最严重的国家之一，已遍及34个省级行政区，近年来仍有逐渐加重的趋势。入侵物种主要包括紫茎泽兰、豚草、水葫芦、莲子草等植物，美洲斑潜蝇、美国白蛾、松突圆蚧等昆虫，福寿螺、非洲大蜗牛等动物，以及造成马铃薯癌肿病、甘薯黑斑病、大豆疫病、棉花黄萎病的致害微生物等；主要分布在华南、华东和华中区，华北和东北次之，西北最少。

（二）入侵生物的为害

近年来传入海南的香蕉枯萎病、槟榔黄化病、木薯细菌性萎蔫病、多主棒孢

166

病害、椰心叶甲、螺旋粉虱、单爪螨、薇甘菊等有害生物对橡胶、木薯、香蕉、棕榈植物等许多热带作物产业的健康发展威胁巨大。据估计，热带作物受有害生物为害损失产量达15%～50%，严重时甚至绝收，同时造成农产品质量下降。外来入侵生物都不同程度地对海南的生态安全构成了威胁，在一定程度上改变了海南的生态环境，对农林牧渔业造成了严重的影响。例如，椰心叶甲［*Brontispa longissima*（Gestro）］，主要寄主为棕榈科植物，包括椰子树、油棕、槟榔等，以成虫和幼虫为害寄主尚未展开和初展开的心叶，影响寄主植物生长，严重时使寄主植物叶尖枯萎下垂、整叶坏死、果实脱落、茎干变细，直至死亡，椰心叶甲自2002年6月在海口市和三亚市入侵并暴发成灾后，迅速扩散蔓延，至2006年3月，已扩展到海南岛17个市（县），为害面积达44.3万hm²，为害棕榈科植物289.5万株，受害的椰子、槟榔、棕榈植物产量下降60%～80%，经济损失超过1.5亿元。

在海南岛的旷野、荒地、路边或林缘常发现不少植物群落建群种或共建种或优势种，这些外来物种极易在橡胶园、林地、果园等人工林下形成优势灌草丛，并在光、热良好的条件下繁茂生长，从而影响农作物生长，并威胁当地土著物种的生存导致其生物多样性丧失。这些为害较严重的外来入侵物种对生态系统的影响机理及其生态学效应主要为排他，占据当地物种生态位，使当地种失去生存空间；分泌释放化学物质，抑制其他物种生长；形成大面积单优群落，降低物种多样性；大量利用当地土壤水分，不利于水土保持；影响遗传多样性；带有毒性，家畜误食会引起中毒，甚至死亡等。外来入侵生物对当地生态环境的影响是多方面的、严重的，也将给当地环境及生物多样性造成严重破坏，致使当地物种处于濒危或灭绝，冲击当地生态系统的稳定性改变当地生态系统的功能和性质，从而造成巨大的经济损失。

（三）入侵生物对南繁的威胁

据不完全统计，每年有全国29个省（区、市）的700多家南繁单位和项目组、5 000多名专家学者和科技人员来南繁育种基地对包括水稻、玉米等粮食作物，大豆、向日葵、油菜等油料作物，棉、麻、瓜菜、烟草、薯类、牧草、果树、花卉等经济作物，总共近30种作物开展育种科研工作，南繁因其特殊的生态环境成为"全国和世界危险性有害生物的汇集地及中转站"的风险也逐渐加大。作为新品种培育、南繁种子生产和质量鉴定的南繁基地，每年都有大批的种子、种苗频繁出入基地，给多种病虫疫情的传播带来了极大的风险。特别是水稻白叶枯病、红火蚁、西花蓟马等检疫病害、虫害传播对南繁安全育种构成新的威胁，并对我国粮食安全造成严重影响。

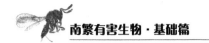

二、南繁区入侵生物风险评估

（一）草地贪夜蛾

草地贪夜蛾（*Spodoptera frugiperda*），属鳞翅目（Lepidoptera）夜蛾科（Noctuida）灰翅夜蛾属（*Spodoptera*），又称秋黏虫。是一种原产于美洲热带和亚热带地区的杂食性害虫，广泛分布于美洲大陆，草地贪夜蛾具有很强的迁飞能力，如果天气条件适宜，30h内迁飞距离达1 600km，可以从美国南部虫源地迁飞到加勒比海地区，对当地玉米和禾本科作物造成为害。

在《2017年世界植物现状报告》中被国际农业和生物科学中心（CABI）评为世界十大植物害虫，是世界重大迁飞性害虫，主要为害玉米、水稻、高粱、甘蔗、棉花、果树、蔬菜、花卉等80多种植物。草地贪夜蛾幼虫主要为害玉米，取食叶片可造成落叶，其后转移为害；有时大量幼虫以切根方式为害，切断种苗和幼小植株的茎；幼虫可钻入孕穗植物的穗中，可取食植物花蕾和生长点，并钻入果实中。草地贪夜蛾自2019年1月在云南为害冬玉米以来，在我国西南等地定殖繁衍并不断蔓延，4月30日，在海南发现该虫，并逐步扩散，为害日趋加重。

1. 形态特征

（1）成虫。翅展32～40mm，前翅深棕色，后翅白色，边缘有窄褐色带。雌蛾前翅呈灰褐色或灰色、棕色、杂色，具环形纹和肾形纹，轮廓线黄褐色；雄蛾前翅灰棕色，翅顶角向内各具一大白斑，环状纹后侧各具一浅色带自翅外缘至中室，肾形纹内侧各具一白色楔形纹。

（2）幼虫。6个龄期，偶为5个。初孵时全身绿色，具黑线和斑点。生长时，仍保持绿色或成为浅黄色，并具黑色背中线和气门线。老熟幼虫体长35～50mm，在头部具黄白色倒"Y"形斑，黑色背毛片着生原生刚毛（每节背中线两侧有2根刚毛）。腹部末节有呈正方形排列的4个黑斑。如密集时（种群密度大，食物短缺时），末龄幼虫在迁移期几乎为黑色。体色和体长随龄期而变化，低龄幼虫体色呈绿色或黄色，体长6～9mm，头呈黑色或橙色。高龄幼虫多呈棕色，也有呈黑色或绿色的个体存在，体长30～40mm，头部呈黑色、棕色或者橙色，具白色或黄色倒"Y"形斑。幼虫体表有许多纵行条纹，背中线黄色，背中线两侧各有1条黄色纵条纹，条纹外侧依次是黑色、黄色纵条纹。草地贪夜蛾幼虫最明显的特征是其腹部末节有呈正方形排列的4个黑斑，头部呈明显的倒"Y"形纹。

（3）卵。通常100～200粒堆积成块状，多由白色鳞毛覆盖，初产时为浅绿或白色，孵化前渐变为棕色。卵粒直径0.4mm，卵高0.3mm。卵多产于叶片正面，玉米喇叭口期多见于近喇叭口处。适宜温度下，2~3d孵化。

（4）蛹。蛹呈椭圆形，红棕色，长14~18mm，宽4.5mm。老熟幼虫落到地上借用浅层（通常深度为2~8cm）的土壤做一个蛹室，土沙粒包裹的蛹茧在其中化蛹。亦可在为害寄主植物如玉米穗上化蛹。

2. 生活习性

（1）寄主广泛性。草地贪夜蛾为多食性，可为害80余种植物，嗜好禾本科，最易为害玉米、水稻、小麦、大麦、高粱、粟、甘蔗、黑麦草和苏丹草等杂草；也为害十字花科、葫芦科、锦葵科、豆科、茄科、菊科等，棉花、花生、苜蓿、甜菜、洋葱、大豆、菜豆、马铃薯、甘薯、苜蓿、荞麦、燕麦、烟草、番茄、辣椒、洋葱等常见作物，以及菊花、康乃馨、天竺葵等多种观赏植物（属），甚至对苹果、橙子等造成为害。

（2）为害严重性。草地贪夜蛾以为害玉米最为严重。据统计，在美国佛罗里达州，草地贪夜蛾为害可造成玉米减产20%。在一些经济条件落后的地区，其为害造成的玉米产量损失更为严重，比如在中美洲的洪都拉斯，其为害可造成玉米减产40%，在南美的阿根廷和巴西，其为害可分别造成72%和34%的产量损失。2017年9月，国际农业和生物科学中心报道，仅在已被入侵的非洲12个玉米种植国家中，草地贪夜蛾为害可造成玉米年减产830万~2 060万t，经济损失高达24.8亿~61.9亿美元。

（3）生态多型性。草地贪夜蛾分为玉米品系和水稻品系两种单倍型，前者主要取食为害玉米、棉花和高粱，后者主要取食为害水稻和各种牧草。这两种单倍型外部形态基本一致，但在性信息素成分、交配行为以及寄主植物范围等方面具有明显差异。草地贪夜蛾完成一个世代要经历卵、幼虫、蛹和成虫4个虫态，其世代长短与所处的环境温度及寄主植物有关。

（4）适生广泛性。草地贪夜蛾的适宜发育温度为11~30℃，在28℃条件下，30d左右即可完成一个世代，而在低温条件下，需要60~90d。由于没有滞育现象，在美国，草地贪夜蛾只能在气候温和的南佛罗里达州和得克萨斯州越冬存活，而在气候、寄主条件适合的中、南美洲以及新入侵的非洲大部分地区，可周年繁殖。

（5）迁飞扩散性。草地贪夜蛾成虫可在几百米的高空中借助风力进行远距离定向迁飞，每晚可飞行100km。成虫通常在产卵前可迁飞100km，如果风向风速适宜，迁飞距离会更长，有报道称草地贪夜蛾成虫在30h内可以从美国的密西西比州迁飞到加拿大南部，长达1 600km。

（6）其他生物习性。成虫具有趋光性，一般在夜间进行迁飞、交配和产卵，卵块通常产在叶片背面。成虫寿命可达2～3周，在这段时间内，雌成虫可以多次交配产卵，一生可产卵900～1 000粒。在适合温度下，卵在2～4d即可孵化成幼虫。幼虫有6个龄期，高龄幼虫具有自相残杀的习性。

3. 防治方法

（1）理化诱控。成虫集中迁入期，利用草地贪夜蛾的趋光性、趋化性等特性诱杀成虫。采用性诱剂、杀虫灯、食诱剂等多种方式诱杀成虫，降低成虫种群数量，减少成虫产卵量，压低基数，减轻下一代为害。

（2）化学防治。化学防治是目前草地贪夜蛾幼虫防治最有效措施，抓住低龄幼虫防治最佳时期，施药时间最好选择在清晨或傍晚，注意喷洒在玉米心叶、穗部。

① 在幼虫虫口密度大于10头/100株。采用甲氨基阿维菌素苯甲酸盐、氟虫双酰胺、多杀菌素、乙基多杀菌素、溴氰虫酰胺、氯虫苯甲酰胺、虫螨腈、虫酰肼、除虫脲和灭幼脲等杀虫剂喷雾处理。

② 玉米出苗至大喇叭口期。全株喷雾，或选用氯虫苯甲酰胺、乙基多杀菌素、甲氨基阿维菌素苯甲酸盐在玉米喇叭口点施。

③ 玉米高秆期。全株喷雾，低龄幼虫盛发期，迁入型种群成虫产卵重点喷玉米植株中上部，本土型种群成虫产卵重点喷植株中下部；高龄幼虫盛发期，重点喷上部叶片、被包裹的雄穗、叶鞘、雌穗部位。

④ 蛾卵防治。可选用氟铃脲、灭幼脲、丁醚脲或氰戊酯等杀卵活性杀虫剂，结合印棟油、矿物油和植物精油杀虫剂溶渗卵块绒毛，通过桶混喷雾处理，有效降低草地贪夜蛾卵孵化率。

（3）生物防治。

① 生物农药。在草地贪夜蛾初孵幼虫（1～2龄期）发生时期，虫口密度小于10头/100株时，可采用微生物农药白僵菌、苏云金杆菌、核型多角体病毒或植物性农药印棟素、苦皮藤素、苦参碱等进行叶面喷雾处理。

② 天敌。草地贪夜蛾寄生性天敌有夜蛾黑卵蜂、岛甲腹茧蜂、缘腹绒茧蜂等，捕食性天敌有螳螂、猎蝽、花蝽、蜘蛛、蚂蚁、草蛉等，防治过程中要注意保护利用。

4. 风险评估

（1）分布情况。草地贪夜蛾广泛分布于北美洲东部和中部以及南美洲，其生物学特性不能在低于冰点的温度下越冬，因此，在美国只能在最南部地区定殖，即得克萨斯州和佛罗里达州越冬存活，在冬、春季节，在美国东南部各州发生非常严重，夏、秋季节，它将遍布美国东部和加拿大南部，在此季节美洲所有区域均有合适食物供给。草地贪夜蛾自2016年入侵非洲，1月在尼日利亚首次发现，之后几乎所有撒哈拉以南非洲地区都有了报道，对非洲玉米造成严重破坏，并有进一步扩散和造成经济损害的巨大潜力，两年时间已经扩散到非洲的44个国家。2018年，它开始在印度、缅甸、也门、泰国和斯里兰卡广泛传播。2018年12月中旬入侵缅甸，并形成虫源基地，通过中缅边境零星进入我国云南境内。它可能会进一步向北扩散到其他亚洲国家和欧洲。

农业农村部召开发布会（2019年9月17日）介绍全国草地贪夜蛾防治情况。2019年全国已有25个省份发现草地贪夜蛾，由于南方玉米大面积收获，北方玉米灌浆成熟即将收获，草地贪夜蛾为害期已过，对玉米主产区的威胁全面解除。草地贪夜蛾是一种原分布于美洲大陆热带和亚热带地区的杂食性害虫，具有适生范围广、传播速度快、繁殖能力强、为害损害重等特点，对农业和粮食生产威胁极大。2019年1月，草地贪夜蛾首次入侵我国，从云南开始逐步向北扩散蔓延至25省份，主要为害玉米作物。农业农村部种植业管理司副司长朱恩林介绍，2019年草地贪夜蛾防控实现了防虫害稳秋粮的预期目标，但草地贪夜蛾在我国西南华南将越冬定殖，成为我国又一个"北迁南回、周年循环"的重大迁飞性害虫，其发生和为害将成为常态。未来需加强病虫害防控能力建设，完善灾害应急扶持政策，构建防控长效机制，实现草地贪夜蛾虫害可持续治理。

（2）扩散蔓延的可能性。

① 草地贪夜蛾在亚洲的入侵与扩散趋势根据模型预测，东南亚地区几乎所有的国家和地区均适合草地贪夜蛾的栖息与繁殖。中国云南、海南、广西和广东以及福建的部分地区也是草地贪夜蛾的合适栖息地。能在毗邻我国的东南亚国家如越南、缅甸、老挝、柬埔寨、印度和我国云南、广西等栖息地越冬和周年繁殖，在春季或夏初形成迁飞虫源，通过气流迁飞至我国的中部地区为害玉米等作物，在夏、秋季进一步迁飞至我国的东部、华北或东北玉米主产区为害，对我国的粮食安全有可能构成严重的威胁。

② 对农业贸易的潜在影响。在草地贪夜蛾入侵非洲以前，欧洲已经将其列为植物检疫性有害生物对象，并经常从中美洲进口的农产品中截获此虫。由于草地贪夜蛾在非洲的入侵与定殖，其传入欧洲的风险大大增加，欧盟从2018年1月1日起实施为期两年的紧急行动方案，严格控制从非洲发生草地贪夜蛾的地区进口辣椒、苦瓜、茄子和玉米等。草地贪夜蛾为迁飞性害虫，检疫措施能否对草地贪夜蛾的扩散起到控制作用，还存在较大的争议。粮农组织建议，不将草地贪夜蛾作为检疫对象管理。

③ 海南的发生趋势。草地贪夜蛾在海南省得到高度关注，积极采取了防控措施，种群数量得到了控制，然而仍然存在一些监测和防治的死角。草地贪夜蛾

迁飞能力强，很容易从未防控到的盲区迁飞扩散到其他区域进行为害；海南高温高湿，很适合草地贪夜蛾生长发育和繁殖，一旦定殖，存在周年为害的可能。据悉，东南亚邻国越南、菲律宾等国家该虫已经暴发成灾，而这些国家的防控力度相对薄弱，存在从这些国家迁飞到海南为害的可能性，而海南很可能成为该虫迁往内地为害的中继站。

海南是国家南繁育种基地，自1956年开始南繁至今育成品种7 000多个，占全国育成新品种的70%。近年来，育制种面积保持在20万亩以上，每年育成种子2 000多万kg。南繁育种维系国家粮食安全和农业可持续发展，为"中国饭碗"铸造了最坚实的底座。南繁区作物品种多（每年近3 000种），涉及单位多（每年约600家），科研和经济价值高。海南是玉米南繁的重要基地，培育出一大批优异种质资源和良种，为我国农业生产作出了巨大的贡献，必须把保障南繁玉米生产安全作为重中之重。海南全年高温高湿，极有可能成为草地贪夜蛾重要越冬地和虫源地，草地贪夜蛾对苗期、穗期、成熟期等各个阶段的玉米都可为害，对我国种业安全和粮食安全造成严重威胁。

（3）为害情况。幼虫取食叶片可造成落叶，其后转移为害。有时大量幼虫以切根方式为害，切断种苗和幼小植株的茎；幼虫可钻入孕穗植物的穗中，可取食番茄等植物花蕾和生长点，并钻入果实中。种群数量大时，幼虫如行军状，成群扩散。在玉米上，1~3龄幼虫通常在夜间出来为害，多隐藏在叶片背面取食，取食后形成半透明薄膜"窗孔"。低龄幼虫还会吐丝，借助风扩散转移到周边的植株上继续为害。4~6龄幼虫对玉米的为害更为严重，取食叶片后形成不规则的长形孔洞，也可将整株玉米的叶片取食光，严重时可造成玉米生长点死亡，影响叶片和果穗的正常发育。此外，高龄幼虫还会蛀食玉米雄穗和果穗。

5. 定量评估

根据上述定性分析，按照全国有害生物风险分析指标体系和评判标准进行定量分析。草地贪夜蛾的各项评判指标赋分见表7-1。

表7-1　草地贪夜蛾风险性分析评判指标赋分

序号	评判指标	评判标准	赋分值
1	中国分布状况（P_1）	国内无分布，$P_1=3$；国内分布面积占0~20%，$P_1=2$；国内分布面积占20%~50%，$P_1=1$；国内分布面积大于50%，$P_1=0$	3
2.1	潜在经济危害性（P_{21}）	造成产量损失20%以上或严重降低产品质量，$P_{21}=3$；产量损失在5%~20%或有较大质量损失，$P_{21}=2$；产量损失在1%~5%或有较小质量损失，$P_{21}=1$；产量损失小于1%且对质量无影响，$P_{21}=0$	3

（续表）

序号	评判指标	评判标准	赋分值
2.2	是否为其他检疫性有害生物的传播媒介（P_{22}）	可传带3种以上的检疫性有害生物，$P_{22}=3$；可传带2种检疫性有害生物，$P_{22}=2$；可传带1种检疫性有害生物，$P_{22}=1$；不传带任何检疫性有害生物，$P_{22}=0$	0
2.3	国外重视程度（P_{23}）	有20个以上国家列为检疫对象，$P_{23}=3$；有10~19个国家列为检疫对象，$P_{23}=2$；有1~9个国家列为检疫对象，$P_{23}=1$；无国家列为检疫对象，$P_{23}=0$	1
3.1	受害栽培寄主的种类（P_{31}）	受害的栽培寄主10种以上，$P_{31}=3$；受害的栽培寄主5~9种，$P_{31}=2$；受害的栽培寄主1~4种，$P_{31}=1$；无受害的栽培寄主，$P_{31}=0$	3
3.2	受害寄主的面积（P_{32}）	受害栽培寄主面积350万hm^2以上，$P_{32}=3$；受害栽培寄主面积150万~350万hm^2，$P_{32}=2$；受害栽培寄主面积小于150万hm^2，$P_{32}=1$；没有受害的栽培寄主，$P_{32}=0$	1
3.3	受害寄主的特殊经济价值（P_{33}）	受害寄主经济价值高或出口创汇高，$P_{33}=3$；受害寄主价值一般或出口创汇一般，$P_{33}=2$；受害寄主经济价值低或出口创汇低，$P_{33}=1$；受害寄主无价值或无出口创汇，$P_{33}=0$	3
4.1	在口岸截获难易（P_{41}）	在口岸经常被截获，$P_{41}=3$；在口岸偶尔被截获，$P_{41}=2$；在口岸未被截获或只截获过少数几次，$P_{41}=1$	1
4.2	运输中有害生物的存活率（P_{42}）	运输中存活率在40%以上，$P_{42}=3$；运输中存活率在10%~40%，$P_{42}=2$；运输中存活率在0~10%，$P_{42}=1$；运输中存活率为0，$P_{42}=0$	3
4.3	国外分布广否（P_{43}）	在世界50%以上的国家有分布，$P_{43}=3$；在世界25%~50%的国家有分布，$P_{43}=2$；在世界0~25%的国家有分布，$P_{43}=1$；世界上没有国家有分布，$P_{43}=0$	1
4.4	国内的适生范围（P_{44}）	国内50%以上的地区能够适生，$P_{44}=3$；国内25%~50%的地区能够适生，$P_{44}=2$；国内0~25%的地区能够适生，$P_{44}=1$；国内没有能够适生的地区，$P_{44}=0$	3
4.5	传播能力（P_{45}）	通过气传的有害生物，$P_{45}=3$；由活动力很强的介体传播，$P_{45}=2$；通过土传及传播力很弱的，$P_{45}=1$	2
5.1	检验鉴定的难度（P_{51}）	检疫鉴定方法可靠性很低，花费时间很长，$P_{51}=3$；检疫鉴定方法非常可靠，且简便快速，$P_{51}=0$；介于前两者之间，$P_{51}=2$或1	2
5.2	除害处理的难度（P_{52}）	除害率为0，$P_{51}=3$；除害率在50%以下，$P_{52}=2$；除害率在50%~100%，$P_{52}=1$；除害率为100%，$P_{52}=0$	2

（续表）

序号	评判指标	评判标准	赋分值
5.3	根除难度（P_{53}）	田间防治效果差，成本高，难度大，P_{53}=3；田间防治效果显著，成本很低，简便，P_{53}=0；介于前两者之间的，P_{53}=2或1	2

利用综合评判方法，分别对各项一级指标值（P_i）和综合风险值 R 进行计算，P_1 根据表内的评判标准直接得到，$P_2 \sim P_5$、R 值的计算见式（7-1）~式（7-5）：

$$P_2 = 0.6P_{21} + 0.2P_{22} + 0.2P_{23} = 2.0 \tag{7-1}$$

$$P_3 = \max\,(P_{31},\ P_{32},\ P_{33}) = 3 \tag{7-2}$$

$$P_4 = \sqrt[5]{P_{41} \times P_{42} \times P_{43} \times P_{44} \times P_{45}} = 1.78 \tag{7-3}$$

$$P_5 = (P_{51} + P_{52} + P_{53})\,/3 = 2 \tag{7-4}$$

$$R = \sqrt[5]{P_1 \times P_2 \times P_3 \times P_4 \times P_5} = 2.3 \tag{7-5}$$

根据 R 值的大小，可将风险程度划分为4级，R 值在3.0~2.5时为极高风险，2.4~2.0为高风险，1.9~1.5为中风险，1.4~1.0为低风险。草地贪夜蛾海南的危险性 R 值2.30，属于高风险有害生物，建议将其列为检疫性有害生物进行管理是合理的。为防范该害虫入侵我国，积极地检疫管理措施是主要手段。

6. 风险管理

化学杀虫剂防控草地贪夜蛾非常困难，会迅速产生抗性，这会导致高剂量或多种农药混配施用才能减少害虫数量，但也影响天敌，污染土壤和水，同时会对农场造成环境和人员健康风险；通过Bt杀虫剂虽可实现对害虫的控制，但转基因会引起植物抗性的出现，因此需要寻找新的防控方法。生物防治是防控草地贪夜蛾的有效途径，除上述方法外，还有利用细菌杀虫剂（如苏云金杆菌和芽孢杆菌等）、捕食性天敌（如蜘蛛、蜈蚣、猎蝽、黄蜂和螽蟖等）、植物提取物（如类黄酮和柠檬苦素等）都会对防控起一定的作用。目前，国内生物防治草地贪夜蛾的研究会陆续开展，利用寄生性天敌（如夜蛾黑卵蜂和茧蜂类）无疑是草地贪夜蛾生物防治中最重要的一项。

结合海南生态省建设，建议进一步开展相关新技术研究，加强天敌的保护利用，同时防止草地贪夜蛾的扩散和成灾，在成灾地区应注重生物防治和化学防治有机结合。具体应从以下几个方面加强防控：一是政府植保部门应加强宣传和培训，对检疫人员、技术人员、南繁单位人员、种植者进行草地贪夜蛾识别和防控技术培训；做好虫情监测和信息发布。做好长期防控准备，储备南繁季应急防控物资。建立统防统治机制，特别是南繁区和非南繁区的联动机制。二是加强监测，利用昆虫雷达，远程监测系统等先进技术手段适时高效的监测草地贪夜蛾迁飞动态，定期定点调查草地贪夜蛾在南繁水稻、玉米、棉花、高粱等作物上的发生为害。三是加强科研储备，依托科研单位联合攻关，开展基础生物学、生态学及绿色防控技术研究。

（二）红火蚁

红火蚁（*Solenopsis invicta* Buren），属膜翅目蚁科火蚁属。

1. 形态特征

红火蚁属社会性昆虫。它的社会性主要表现在职能的明确分工，有专门负责寻找食物、修筑巢穴、哺育幼虫和蚁后的工蚁以及负责巡逻、保卫蚁群的兵蚁，工蚁和兵蚁均有螫针，是丧失了生殖能力的雌性个体。另外还有专门负责繁殖后代的繁殖蚁，繁殖蚁有雄蚁和雌蚁之分，有翅型可四季发现，交配后雄蚁死亡，雌蚁脱去翅膀成为无翅型的蚁后。

红火蚁的社会性所形成的职能分工，导致了它形态上的分化，而表现出多型性。它的多型性除表现在繁殖蚁的有翅和无翅之外，还表现在工蚁（兵蚁）的体型大小、形态、颜色等方面，特别是体型的大小，最小仅2mm，最大可达9mm，而且是连续变化的，其大小并没有绝对的界线。为了鉴定和识别的方便，将其分为小型工蚁（兵蚁）和大型工蚁（兵蚁）两大类型。

2. 生活习性

红火蚁属完全变态昆虫，一生要经过卵、幼虫、蛹、成虫4个阶段。一般卵的历期是7~14d，建立新巢时蚁后产的第1批卵历期较以后产的卵的历期要短。幼虫历期一般为6~15d，有4个龄期，蛹的历期为9~15d。小型工蚁（兵蚁）从卵发育为成虫一般需20~45d，大型工蚁（兵蚁）需30~60d，繁殖蚁需180d。新交配过的蚁后会先产十几个卵，卵7~10d孵化为幼虫，此时的幼虫由蚁后喂食，最终发育成较小型的职蚁，而后蚁后便由这群职蚁喂食，专事产卵繁衍后代，每天可产800~1 000个卵，幼虫经6~10d发育成蛹，蛹经9~15d发育成成虫，平均每年约可以产生4 500只新蚁后，新的生殖雌蚁在新蚁巢建立后15~18周产生蚁后的寿命可达6~7年，职蚁寿命在1~6个月。红火蚁的成熟蚁巢会以土壤堆出高10~30cm，直径30~50cm的蚁丘。蚁丘族群可分为单蚁后及多蚁后型，成熟的单蚁后蚁巢中有5万~24万只个体，每公顷可以形成200~300个蚁丘。成熟的多蚁后蚁巢中有10万~50万只个体，每公顷可形成超过1 000个蚁丘。工蚁构筑蚁巢在地面形成的蚁丘是红火蚁区别于其他蚂蚁的主要特征之一，但其大小和形状均随着筑巢地点和土壤的差异，有着较大的变化，而且，未成熟前的蚁巢，蚁丘也不明显，容易与其他蚂蚁混淆，在此种情况下可通过红火蚁蚁巢的蜂窝状结构，以及它的好攻击的习性与其他蚂蚁相区别。

成熟蚁巢全年都可产生有翅繁殖蚁，一般在春末或夏初适宜的条件下飞出蚁巢，在90~300m的高空中婚飞交配，一般雄性有翅蚁先飞到空中，等待雌性有翅蚁前来交配。交配后，雄蚁在短时间内死亡。经过交配，获得了繁殖能力的雌蚁，可飞行3~5km寻找合适筑巢的地点，之后便脱去翅膀，在地下25~50mm处挖出1个小室。24h之内，年轻的蚁后便开始产卵，最初产卵10~15粒。这批卵的历期为7~10d，幼虫的历期为6~10d，蛹的历期为10~15d，之后便出现这个新蚁群中的第1批工蚁。

红火蚁属杂食性昆虫，不仅攻击人类和动物，取食尸体，而且还取食植物，为害农作物，是一种非常严重的种子害虫，并取食向日葵、黄秋葵、黄瓜、大豆、玉米和茄子等的果实、嫩芽、根系和幼苗，造成对作物的直接伤害。红火蚁常常活动在食物丰富的地方，有时会成群出现，如炒完菜的油锅内部，棉田的棉铃表面。冬季在温暖的地方也可见到蚁群活动，如散热的电器设备表面，甚至拖把柄部和取暖杯的表面，人们稍不注意就会受到攻击。在温度高的夏天和温度低的冬天，红火蚁多向蚁巢的下部迁移。在冬季低温天气挖巢时，发现红火蚁多拥挤在蚁巢下部的蚁道中，不善活动。另外，红火蚁在蚁巢受到侵扰后，往往弃巢转移，故在搜索蚁巢时，不要惊动蚁群。此外，红火蚁还有堆尸的习性。一般工蚁（兵蚁）寿命较短，死在蚁巢中的工蚁（兵蚁），常常被其他工蚁搬出蚁巢，堆放在蚁巢附近，一般尸堆成金字塔形。有红火蚁尸堆的地方，附近一定有蚁巢，这也可作为搜索蚁巢的标记。

3. 防治方法

（1）植物检疫。严格限制从红火蚁疫区向非疫区转运土壤、草皮、干草、盆栽植物、带土植物、运土设备等，并加强来自疫区的农产品及辅助设施的检疫。

（2）物理防治。物理防治方法主要有两种，一是水淹法。将整个红火蚁蚁巢浸入15~20L含清洁液的水中，放置24h以上，可以消灭成熟蚁巢。二是沸水法。用沸水浸湿蚁巢所有区域，连续处理5~10d，可以杀死大部分红火蚁。

（3）生物防治。生物防治可用小芽孢真菌处理工蚁，通过交哺作用传给蚁后，降低蚁后的体重和产卵量，致使红火蚁种群明显变小或灭绝；也可用寄生雌蚤蝇处理工蚁，寄生雌蚤蝇能在工蚁体内产卵，孵化出的幼虫取食工蚁头部后可导致工蚁死亡，从而严重瓦解红火蚁族群的觅食行为，削弱种群的食物来源，降低红火蚁生存优势。

（4）化学防治。化学防治主要采用分阶段处理法，即先在红火蚁觅食区撒布饵剂，药后10～14d再使用触杀性农药直接灌施蚁巢。

①饵剂诱杀。将伏蚁腙、吡丙醚、双氧威、阿维菌素等药剂与磨碎的除油脂玉米颗粒及新鲜大豆油混匀，撒施在红火蚁觅食区，进行诱杀。

②直接触杀。采用氯菊酯、氯氰菊酯、溴氰菊酯、氰戊菊酯、甲萘威、残杀威、苯氧威和阿维菌素等药剂进行灌巢或直接撒施处理可见的蚁丘。

4. 风险评估

（1）分布情况。原产于南美洲的巴拉圭和巴拿马运河一带，是蚁科火家蚁属的一种杂食性土栖类的有害蚁类，可取食植物的种子、果实、幼芽、嫩茎与根系，影响植物的生长与收成；捕食土栖动物、破坏土壤微生态；叮咬家禽家畜，造成禽畜的受伤与死亡；损坏灌溉系统，破坏户外和居家附近的电信设施，破坏农林等行业的公共设施；攻击人类，危害公共卫生安全，是一种危害面广、危害程度严重的害虫。该虫20世纪30—40年代随从南美运载农产品船只上的压仓沙土入侵美国，造成了严重危害。1975—1984年入侵波多黎各。1999年后相继入侵我国的台湾、香港和广东、广西、湖南等省（区）。2001年成功跨越太平洋，于澳洲建立新的族群。

目前，红火蚁在我国南方多地均有分布，包括广东、广西、湖南、香港、台湾、海南等。传入中国大陆后红火蚁传播扩散速度很快。根据记录和农业部的统计数据表明，2005年最初发现4省（市、自治区）35个县（区），2008年为5省（市、自治区）50个县（区），2011年为6省（市、自治区）103个县（区），2013年为7省（市、自治区）169个县（区），2014年已在广东、广西、福建、江西、海南、四川、云南、湖南、重庆9省（市、自治区）200余个县（区）（不包括台湾、香港、澳门）发现红火蚁发生危害。其中，广东珠江三角洲及周边、西南部、广西中部至东南部、福建西南部等地区红火蚁均已较为普遍发生。

（2）目前采取的控制措施。为控制红火蚁在我国的危害和传播蔓延，2005年年初农业部将其列为我国进境植物检疫性有害生物和全国植物检疫性有害生物，卫生部印发《红火蚁伤人预防控制技术方案》（试行），国家林业局也将该虫增补到"林业危险性有害生物名单"中加以管理。

为严防红火蚁随进出境货物传入传出，保护国内农林业生产生态安全和进出口贸易的顺利进行，国家质量监督检验检疫总局加强了对进出境货物的检疫。此外，我国部分地区也加强了预防和控制，如广东、湖南等省已出台或正在制定防治应急预案，发生地区也正在积极采取投放饵剂毒杀和对目标蚁巢浸湿施药、热水浇灌等方法进行防治。

（3）扩散蔓延的可能性。

① 寄主植物及其分布。红火蚁是杂食性土栖蚁类，可寄生于草皮、苗木、盆景、植株等植物及其产品的土壤中，取食农林植物的种子、果实、幼芽、嫩茎与根系。红火蚁的蚁巢除了在农田、果园、荒地、公园和高尔夫球场广为发生（其中以撂荒地的蚁巢密度要高一些，蚁巢也要大一些）之外，在街道边、房屋、学校、树根下、花盘上、墙角、围墙和篱笆墙根下也较为常见，在电线旁和电源开关处也偶有发生。

② 适生性、抗逆性和适应性。在适生性方面，该虫在我国的适生范围很广，但是适生区主要集中在我国东南部，如广东、广西、福建、台湾等地，据薛大勇等利用CLIMEX和GARP生态位模型2种方法对红火蚁的适生区进行预测显示，红火蚁可以在中国大陆19省（市、自治区）的47个市、县（地区）生存，其中在温湿度较高、降水量较多的华南地区最适宜生存，其适生范围在16.32° N ~ 41.33° N，91.46° E ~ 122.01° E。其自然扩散的北界可达山东、天津及河北和山西南部。

③ 传播渠道。一是自然扩散，自然扩散主要是通过蚁群爬行和飞行传播蔓延，每年入侵红火蚁婚飞（繁殖交配）季节，成年蚁巢有大量有翅成虫飞出。另外，入侵红火蚁还可以通过流水自然传播，在河网交错地区可以凭借河流迅速扩散和蔓延，也可随搬巢而短距离移动。当大雨淹没蚁巢时，红火蚁会浮出水面。人们的生产活动也很大程度上影响了红火蚁的自然扩散和危害程度，受干扰程度较大的房屋周围的蚁巢密度较小，而田埂、河堤及路边红火蚁巢密度较高；二是人为传播，人为传播主要因园艺植物污染、草皮污染、土壤废土移动、堆肥、园艺农耕机具设备污染、空货柜污染、车辆等运输而携带。据曾玲等调查认为，吴川市的红火蚁可能是由当地居民常从境外收购废旧塑料编织袋而携带传入的。20世纪30—40年代，红火蚁也是随从南美运载农产品船只上的压仓沙土不慎带入美国的。随着世界一体化进程的不断深入，各个国家地区之间农产品贸易急剧增加，这就为红火蚁的长距离人为传播提供了可能和便利条件。人为因素是造成红火蚁长距离跨地区传播的首要因素。

（4）我国天敌分布情况及制约能力。红火蚁的天敌有捕食性天敌、寄生性天敌和病原微生物。捕食性天敌尽管没有被很多的关注，但是广泛存在，它们主要是指生殖蚁的捕食者，如鸟类、青蛙、蜻蜓、蜘蛛等。我国发现蜻蜓——黄蜓（*Pantala flavescens* Fabricius）在红火蚁婚飞时，聚集于蚁巢上方捕食婚飞的有翅蚁。但总的来说捕食性天敌研究和利用较少，主要原因是目前还没有发现理想的专性捕食天敌，自然条件下对红火蚁的控制作用不稳定。我国也发现有一种可以寄生于红火蚁工蚁体表的蒲口螨，其可以使工蚁的个体变小，寿命缩短。在各天敌资源中，病原微生物中小芽孢真菌（*Thelohania solenopsae*）和白僵菌研究应用较多。

（5）对经济和非经济方面的影响。

① 在国内的危害情况。1999年红火蚁入侵我国台湾地区；2004年末，入侵我国大陆广东省吴川市；2005年初香港、澳门，广东省深圳市、惠州市、广州市和湖南张家界等地陆续出现红火蚁疫情。至2011年底，全国红火蚁发生面积约7.6万hm^2，分布在广东、福建、广西、江西、四川5个省（自治区）33个市98个县（市、区）。其中，广东省发生面积最大，约7万hm^2，占全国总发生面积的92.1%，四川为这两年新近发现，仅在个别地区零星发生。近年来在海南省也有发现。

② 潜在的经济影响。红火蚁取食农林植物，捕食为植物传粉的蜜蜂，致死猪、牛等牲畜和家养动物，破坏农业灌溉系统，干扰农作物的收割，影响农、林、畜牧业生产和收入；损坏油井或水井的电泵、影响电子设备的正常工作，甚至能咬掉绝缘设备或携带泥土进入设备中，造成电路短路，导致企业、厂矿的停产、停工，影响国民经济的发展。据近年美国由于红火蚁所造成的经济损失每年就高达50亿美元，造成的医疗费用每年约790万美元，每年用于维修和更新电子和通信设备高达1.5亿美元，造成农业上的损失约在7.5亿美元以上。2001年红火蚁又成功地跨越太平洋，在新西兰和澳大利亚建立了种群，仅2001年修复遭红火蚁破坏的电线就花费1亿澳元，据测算，在未来30年内，将对澳大利亚造成89亿澳元的巨大损失。因此红火蚁所造成的潜在经济危害是巨大的。

③ 非经济方面的潜在影响。红火蚁为杂食性土栖动物，可通过建造蚁巢，取食植物的根系、幼芽、嫩茎、种子和果实，破坏土壤结构，为害农林植物，影响农田、林地等栖息地及周围的生态。红火蚁入侵后，对被入侵地区的蚂蚁以及其他无脊椎动物来说，影响是毁灭性的，在入侵程度高的地区，红火蚁可占到所采集蚂蚁总量的99%。研究发现红火蚁在攻击其他蚂蚁蚁巢时会捕食或取代土著蚂蚁不是通过直接捕食实现的，而是通过其对食物资源的绝对竞争优势。此外红火蚁还取食多种无脊椎动物，捕食包括卵、幼虫、蛹、成虫在内的各生活阶段的无脊椎动物。红火蚁对鸟类，尤其是地栖性鸟类的危害极大，一是红火蚁会攻击捕食刚孵化的幼鸟，降低鸟类的孵化成功率，叮咬已孵化幼鸟，导致其体重下降，使其存活率显著降低。二是由于红火蚁对鸟类栖息地的骚扰，严重影响了鸟类的生活规律，致使鸟类群体生活状态恶化。三是由于红火蚁的食性广泛，既能取食植物的种子、果实和鲜嫩茎叶，又能捕食几乎所有的小型无脊椎动物，导致

当地以这些无脊椎动物为主要食物来源的鸟类食物缺乏，从而造成被入侵地区土著鸟类的种群数量降低甚至灭绝。研究表明由于红火蚁的捕食，得克萨斯州的一种水鸟后代种群数量下降近92%。

（6）检疫和铲除的难度。红火蚁个体小，属土栖，隐蔽性高，食物种类也很多，传播途径多，如随绿化花草植物、土壤、垃圾、废旧物资等物品调运而传播，具有较强适应性和抗逆性，适生范围广，检疫难度很大，一旦发生极难铲除。同时红火蚁生境较为多样，荒地、灌木丛、林地、饲草地、果园、农田、河流堤坝、公园绿地、草坪、村庄、校园、奶牛饲养场等均有发生。

目前，国内对红火蚁的鉴定主要按照国家标准《红火蚁检疫鉴定方法》（GB/T 23634—2009），对来自疫区的有关植物材料及运输工具进行现场检验，主要根据红火蚁的形态学，再结合蚁丘大小和攻击性强等生物学特性作为辅助判断。

5. 定量评估

根据上述定性分析，按照全国有害生物风险分析指标体系和评判标准进行定量分析。红火蚁的各项评判指标赋分见表7-2。

表7-2　红火蚁在海南省风险评估

目标层	准则层（P_i）	指标层（P_{ij}）	评判指标	赋分区间	赋分值	权重
有害生物风险综合评价值R	分析区域内分布情况（P_1）	分析区域内分布情况（P_{11}）	有害生物分布面积占其寄主（包括潜在的寄主）面积的百分率<5%	2.01～3.00	1.2	等权
			5%≤有害生物分布面积占其寄主（包括潜在的寄主）面积的百分率<20%	1.01～2.00		
			20%≤有害生物分布面积占其寄主（包括潜在的寄主）面积的百分率<50%	0.01～1.00		
			有害生物分布面积占其寄主（包括潜在的寄主）面积的百分率≥50%	<0.01		

（续表）

目标层	准则层（P_i）	指标层（P_{ij}）	评判指标	赋分区间	赋分值	权重
有害生物风险综合评价值R	传入、定殖和扩散的可能性P_2	有害生物被截获的可能性（P_{21}）	寄主植物、产品调运的可能性和携带有害生物的可能性都大	2.01～3.00	2.2	等权
			寄主植物、产品调运的可能性大，携带有害生物的可能性小或寄主植物、产品调运可能性小，携带有害生物的可能性大	1.01～2.00		
			寄主植物、产品调运的可能性和携带有害生物的可能性都小	0.01～1.00		
		运输过程中有害生物存活率（P_{22}）	存活率≥40%	2.01～3.00	2.6	
			10%≤存活率<40%	1.01～2.00		
			存活率<10%	0～1.00		
		有害生物的适生性（P_{23}）	繁殖能力和抗逆性都强	2.01～3.00	2.6	
			繁殖能力强，抗逆性弱或繁殖能力弱，抗逆性强	1.01～2.00		
			繁殖能力和抗逆性都弱	0.01～1.00		
		自然扩散能力（P_{24}）	随介体携带扩散能力或自身扩散能力强	2.01～3.00	2.8	
			随介体携带扩散能力或自身扩散能力一般	1.01～2.00		
			随介体携带扩散能力或自身扩散能力弱	0.01～1.00		
		分析区域内适生范围（P_{25}）	≥50%的地区能够适生	2.01～3.00	2.8	
			25%≤能够适生的地区<50%	1.01～2.00		
			<25%的地区能够适生	0.01～1.00		

（续表）

目标层	准则层（P_i）	指标层（P_{ij}）	评判指标	赋分区间	赋分值	权重
有害生物风险综合评价值R	潜在危害性P_3	潜在经济危害性（P_{31}）	如传入可造成的树木死亡率或产量损失≥20%	2.01~3.00	1.6	0.4
			20%>如传入可造成的树木死亡率或产量损失≥5%	1.01~2.00		
			5%>如传入可造成的树木死亡率或产量损失≥1%	0.01~1.00		
			如传入可造成的树木死亡率或产量损失<1%	0		
		非经济方面的潜在危害性（P_{32}）	潜在的环境、生态、社会影响大	2.01~3.00	2.9	0.4
			潜在的环境、生态、社会影响中等	1.01~2.00		
			潜在的环境、生态、社会影响小	0.01~1.00		
		官方重视程度（P_{33}）	曾经被列入我国植物检疫性有害生物名录	2.01~3.00	2.7	0.2
			曾经被列入省（区、市）补充林业检疫性有害生物名单	1.01~2.00		
			曾经被列入我国林业危险性有害生物名单	0.01~1.00		
			从未列入以上名单	0		
	受害寄主经济重要性（P_4）	受害寄主的种类（P_{41}）	10种以上	2.01~3.00	2.6	
			5~9种	1.01~2.00		
			1~4种	0.01~1.00		
		受害寄主的分布面积或产量（P_{42}）	分布面积广或产量大	2.01~3.00	2.5	等权
			分布面积中等或产量中等	1.01~2.00		
			分布面积小或产量有限	0.01~1.00		
		受害寄主的特殊经济价值（P_{43}）	经济价值高，社会影响大	2.01~3.00	2.6	
			经济价值和社会影响都一般	1.01~2.00		
			经济价值低，社会影响小	0.01~1.00		

（续表）

目标层	准则层 （P_i）	指标层 （P_{ij}）	评判指标	赋分区间	赋分值	权重
有害生物风险综合评价值R	危险性管理难度（P_5）	检疫识别的难度（P_{51}）	现场识别可靠性低、费时，由专家才能识别确定	2.01～3.00	2.6	等权
			现场识别可靠性一般，由经过专门培训的技术人员才能识别	1.01～2.00		
			现场识别非常可靠，简便快速，一般技术人员就可掌握	0～1.00		
		除害处理的难度（P_{52}）	常规方法不能杀死有害生物	2.01～3.00	2.8	
			常规方法的除害效率<50%	1.01～2.00		
			50%≤常规方法的除害效率≤100%	0～1.00		
		根除的难度（P_{53}）	效果差，成本高，难度大	2.01～3.00	2.6	
			效果好，成本低，简便易行	0～1.00		
			介于效果差，成本高，难度大和效果好，成本低，简便易行之间	1.01～2.00		

依据表7-2数据分析，可获得红火蚁的PRA评估量化分析指标评判结果为：P_1=1.2，P_{21}=2.2，P_{22}=2.6，P_{23}=2.6，P_{24}=2.8，P_{25}=2.8，P_{31}=1.6，P_{32}=2.9，P_{33}=2.7，P_{41}=2.6，P_{42}=2.5，P_{43}=2.6，P_{51}=2.6，P_{52}=2.8，P_{53}=2.6

利用综合评判方法，分别对各项一级指标值（P_i）和综合风险值R进行计算，P_1根据表内的评判标准直接得到，P_2～P_5、R值的计算见式（7-6）~式（7-10）：

$$P_2 = \sqrt[5]{P_{21} \times P_{22} \times P_{23} \times P_{24} \times P_{25}} = 2.59 \quad （7-6）$$

$$P_3 = 0.4P_{31}+0.4P_{32}+0.2P_{33}=2.34 \quad （7-7）$$

$$P_4 = \max（P_{41}，P_{42}，P_{43}）=2.6 \quad （7-8）$$

$$P_5 = （P_{51}+P_{52}+P_{53}）/3=2.67 \quad （7-9）$$

$$R = \sqrt[5]{P_1 \times P_2 \times P_3 \times P_4 \times P_5} = 2.19 \quad （7-10）$$

根据R值的大小，可将风险程度划分为4级，2.50≤R<3.00时为极高风险，2.00≤R<2.50为高风险，1.50≤R<2.00为中风险，0≤R<1.50为低风险。红火蚁在海南的危险性R值为2.19，属于高度风险有害生物。

6. 风险管理

（1）严格检验检疫和监测预测。加强从红火蚁分布的国家和我国现有分布区域调运物品的检疫，检疫重点是可能携带红火蚁的包装等传播介质，一旦发现，立即进行熏蒸或热处理，以防止红火蚁传入，降低扩散蔓延的风险。严格出入境检疫措施，严禁从疫情发生地进口可能传播红火蚁的植物、植物产品和其他物质。严防国内红火蚁发生区植物、土壤等传播介质调运。制定相应的监测、检疫操作办法和调查统计标准，出台防控（应急）预案等部门规章，研究提出防治办法和标准作业程序，为红火蚁的防控提供强有力的法规支持，达到防控工作有法可依，有据可循。

（2）加强防治工作。在入侵红火蚁觅食区散布含低毒药剂或生长调节剂的饵剂，再以触杀性的水剂或粉剂、粒剂直接处理可见的独立蚁丘。该方法使用的饵剂有赐诺杀、芬普尼和百利普芬，使用的触杀性杀虫剂有百灭宁、赛灭宁、第灭宁；在物理防治方面，可用滚烫的热水浇灌蚁巢；在生物防治方面，可引入小芽孢真菌和火蚁寄生蚤蝇进行防治，这两种天敌虽不能将红火蚁完全消灭，但可以削弱红火蚁种群的优势，为本地生物提供与之竞争的机会，达到制约红火蚁危害的目的。另外要积极保护和利用自然界的昆虫类、蜘蛛类和鱼类等生物天敌，还可利用红火蚁自身相互攻击的特性，来制约该虫种群数量的快速增长。

（3）加强宣传工作。红火蚁的栖息地广，单靠政府部门很难进行有效防控，可通过电视、网络等多种媒体向社会大力宣传红火蚁的严重危害性，取得社会各界的支持和关注，使广大群众能够主动报告疫情和举报违规违法行为，形成群防群治的社会氛围。

通过对有害生物红火蚁在南繁区域的风险分析，其属高度风险的危险性有害生物。目前，该虫只在海南省局部地区危害，但其适生范围广，并具有较强的抗逆性、适应性和破坏力，对海南省国民经济发展、社会生产以及人民生命和公共财产安全构成了很大威胁，建议国家林业局、农业农村部尽快研究、制定和完善控制该虫的方法和技术措施，以防止该虫的扩散危害，同时地方应该加强宣传工作，让群众可以正确识别红火蚁，做到群防群治。在防控技术研究方面，应继续加强研究，从物理防治、化学防治、生物防治等多方面研究，为红火蚁的生态防治提供技术支撑。

（三）假高粱

假高粱〔*Sorghum halepense*（L.）pers.〕，属禾本科高粱属。

1. 形态特征

多年生草本。秆直立或基部外倾而节上生根，高可达2m，常具多数分枝，无毛或有时节上被毛。叶鞘松散，常在中上部有瘤基长硬毛；叶舌草质或上部膜质，长2～4mm，边缘无毛或有纤毛；叶片线形，除内面基部有瘤基长毛外两面无毛，稍粗糙，长10～40cm，宽4～10mm。

圆锥花序由数至多数总状花序组成，长4～13cm，下部每节上分枝最多时可达10枚，主轴节上及分枝腋间有长毛；总状花序直立或开展，长1.5～5cm，具6～14节；穗轴节间线形，先端略膨大，长约3mm，两侧被长纤毛；无柄小穗披针形，长约4.5mm，淡黄绿色或淡紫色，基盘有毛；第1颖背部扁平，光亮，光滑，有7～9脉，先端钝，两侧稍有脊，脊粗糙，脊间有微毛；第2颖稍长于第1颖，舟形，光滑无毛；第1外稃较颖稍短，长圆形，边缘内弯，边缘有纤毛；第2外稃短，长约2mm，有芒，膜质，2裂至中部稍下，裂齿有纤毛；芒长15～18mm，膝曲，芒柱褐色，扭转；第2内稃小；鳞被无毛，楔形；雄蕊3枚，花药长1.4mm；有柄小穗披针形，长约4.5mm，通常中性，具颖片及外稃；小穗柄长约3mm，两侧边缘有纤毛。

2. 生活习性

（1）假高粱适生于温暖、湿润、夏天多雨的亚热带地区，是多年生的根茎植物，能以种子和地下根茎繁殖。开花始于出土7周之后（一般在6—7月），一直延续到生长季节结束。在花期，根茎迅速增长，其形成的最低温度是15～20℃，在秋天进入休眠，翌年萌发出芽苗，长成新的植株。一般在7—9月结实。每个圆锥花序可结500～2 000个颖果。颖果成熟后散落在土壤里，约85%是5cm深的土中。在土壤中可保持3～4年仍能萌发。新成熟的颖果有休眠期，因此，在当年秋天不能发芽。其休眠期5～7个月，到翌年温度达18～22℃时即可萌发，在30～35℃下发芽最好。地下根茎不耐高温，暴露在50～60℃下2～3d，即会死亡。脱水或受水淹，都能影响根茎的成活和萌发。根茎在0℃以下也会死亡。

假高粱对高温不敏感，对低温敏感；一年中每次成熟的种子都能发芽，种子发芽率最高为43%。尽管假高粱的种子较小（5～7mm），但能从20～25cm深度的土中发芽；30%的种子发自20cm的深度，6%发自25cm的深度。假高粱具有繁殖快、分蘖力强的特点，地下根茎置于混凝土地面暴晒3～5d后种植仍能成活。假高粱能忍受高温、低温和浸水的影响，地表50℃的太阳底下暴晒12h移栽仍能萌发成长；根茎浸在水中100h以上能萌发；根茎在-5℃的冰箱中2周后仍能萌发。

（2）假高粱耐肥、喜湿润（特别是定期灌溉处）及疏松的土壤。常混杂在多种作物田间，主要有苜蓿、黄麻、棉花、洋麻、高粱、玉米、大豆等作物。在菜园、柑橘幼苗栽培地、葡萄园、烟草地里也有发生。也生长在沟渠附近、河流及湖泊沿岸。

（3）化感作用。假高粱地上部分能够抑制小麦、玉米和棉花的种子萌发和幼苗生长，其化感作用强度随浓度升高而增强，其化感活性随时间延长而降低；假高粱能够抑制小麦、玉米、莴苣和棉花种子萌发和幼苗生长，其化感作用强度随浓度升高而增强，随时间的延长而降低；假高粱的芽、根和花序的甲醇提取物可以抗真菌大豆炭腐病，芽的提取物最有效，真菌生物量控制在14%～61%，花序提取物抗真菌活性最差；假高粱影响棉花产量；在水分竞争条件下，假高粱根系影响玉米对水分的利用；假高粱对小麦、棉花、玉米、莴苣等植物的生长发育有不同程度的影响。

3. 防治方法

（1）机械防治。对少量新发现的假高粱，挖掘清除所有的根茎，并集中烧毁。人工挖除必须注意几点：一是挖除范围，应根据植株分布范围外扩1m左右。二是每个根茎都有根尖，要挖深挖透。三是挖出的根茎及植株要集中晒干烧毁。四是挖除后要定期复查。对混杂在粮食、苜蓿和豆类种子中的假高粱种子，可使用风车、选种机等工具去除。

（2）农业防治。配合田间管理进行伏耕和秋耕，让地下的根茎暴露在高温或低温、干旱的田间而死亡。灌溉田采用暂时积水的办法，可以减少假高粱的发生。

（3）化学防治。在假高粱发芽阶段，应用草甘膦、草铵膦、烯草酮均能有效减少抗草甘膦假高粱的种子数量，除此之外，吡氟禾草灵、糖草酯、喹禾灵、草噻喃和噁草酯也对假高粱有较好的防控效果。对发生在非农田区的假高粱植株，每亩可使用20%森草净可湿性粉剂400g或10%草甘膦水剂300mL，对水30kg，进行喷药防治。药剂要当天配制当天施用，选择晴天并避免高温时间，一次剂量可分两次喷施。施用除草剂30d左右仍有残留根状茎的，应挖出晒干烧毁，或当植株达到一定叶面积时补喷药剂。

4. 风险评估

（1）分布情况。原产地中海地区，现北纬55°至南纬45°的58个国家和地区都有分布，对各国的农业生产构成严重危害。假高粱属亚热带植物，在我国华北以南的大部分地区都能生长，至2014年12月，我国多个省（区）报道有假高粱的分布，如陕西、贵州、广西、深圳、广东、台湾、香港、江苏、湖南等，并且在逐步蔓延，如2014年假高粱在长沙湘府路、万家丽路的绿地上蔓延扩散，造成了杜鹃、红叶石楠等植物的大量死亡。由于假高粱生长迅速和不断扩散，对我国农业生产和城市园林绿化构成了严重的威胁，导致农作物和观赏植物生长不良甚至死亡，景观受到破坏；在防治过程中费用较高且效果不好。

（2）扩散蔓延的可能性。密集种植玉米和油南瓜有利于已入侵的假高粱的再次扩散。假高粱对奥地利、中欧一些国家的农业产生严重的影响。耕作是假高粱扩散的主要机制，种子在传播中发挥的作用不大；靠近边界的土地比中心土地更加容易受到假高粱的入侵。但当种植地面积变大后这种入侵变得复杂。收割增加了假高粱种子扩散的距离，假高粱种子的作用是减少被清除的风险，促进它的扩散。

5.定量评估

假高粱风险性分析评判指标赋分见表7-3。

表7-3　假高粱风险性分析评判指标赋分

序号	评判指标	评判标准	赋分值
1	省内分布状况（P_1）	省内无分布，$P_1=3$；省内分布面积占0~20%，$P_1=2$；省内分布面积占20%~50%，$P_1=1$；省内分布面积大于50%，$P_1=0$	2
2.1	潜在经济危害性（P_{21}）	造成产量损失20%以上或严重降低产品质量，$P_{21}=3$；产量损失在5%~20%或有较大质量损失，$P_{21}=2$；产量损失在1%~5%或有较小质量损失，$P_{21}=1$；产量损失小于1%且对质量无影响，$P_{21}=0$	3
2.2	是否为其他检疫性有害生物的传播媒介（P_{22}）	可传带3种以上的检疫性有害生物，$P_{22}=3$；可传带2种检疫性有害生物，$P_{22}=2$；可传带1种检疫性有害生物，$P_{22}=1$；不传带任何检疫性有害生物，$P_{22}=0$	0
2.3	国外重视程度（P_{23}）	有20个以上国家列为检疫对象，$P_{23}=3$；有10~19个国家列为检疫对象，$P_{23}=2$；有1~9个国家列为检疫对象，$P_{23}=1$；无国家列为检疫对象，$P_{23}=0$	3
3.1	受害栽培寄主的种类（P_{31}）	受害的栽培寄主10种以上，$P_{31}=3$；受害的栽培寄主5~9种，$P_{31}=2$；受害的栽培寄主1~4种，$P_{31}=1$；无受害的栽培寄主，$P_{31}=0$	3
3.2	受害寄主的面积（P_{32}）	受害栽培寄主面积350万hm²以上，$P_{32}=3$；受害栽培寄主面积150万~350万hm²，$P_{32}=2$；受害栽培寄主面积小于150万hm²，$P_{32}=1$；没有受害的栽培寄主，$P_{32}=0$	1
3.3	受害寄主的特殊经济价值（P_{33}）	受害寄主经济价值高或出口创汇高，$P_{33}=3$；受害寄主价值一般或出口创汇一般，$P_{33}=2$；受害寄主经济价值低或出口创汇低，$P_{33}=1$；受害寄主无价值或无出口创汇，$P_{33}=0$	2

（续表）

序号	评判指标	评判标准	赋分值
4.1	在口岸截获难易（P_{41}）	在口岸经常被截获，P_{41}=3；在口岸偶尔被截获，P_{41}=2；在口岸未被截获或只截获过少数几次，P_{41}=1	2
4.2	运输中有害生物的存活率（P_{42}）	运输中存活率在40%以上，P_{42}=3；运输中存活率在10%~40%，P_{42}=2；运输中存活率在0~10%，P_{42}=1；运输中存活率为0，P_{42}=0	3
4.3	国外分布广否（P_{43}）	在世界50%以上的国家有分布，P_{43}=3；在世界25%~50%的国家有分布，P_{43}=2；在世界0~25%的国家有分布，P_{43}=1；世界上没有国家有分布，P_{43}=0	2
4.4	省内的适生范围（P_{44}）	国内50%以上的地区能够适生，P_{44}=3；国内25%~50%的地区能够适生，P_{44}=2；国内0~25%的地区能够适生，P_{44}=1；国内没有能够适生的地区，P_{44}=0	3
4.5	传播能力（P_{45}）	通过气传的有害生物，P_{45}=3；由活动力很强的介体传播，P_{45}=2；通过土传及传播力很弱的，P_{45}=1	3
5.1	检验鉴定的难度（P_{51}）	检疫鉴定方法可靠性很低，花费时间很长，P_{51}=3；检疫鉴定方法非常可靠，且简便快速，P_{51}=0；介于前两者之间，P_{51}=2或1	3
5.2	除害处理的难度（P_{52}）	除害率为0，P_{51}=3；除害率在50%以下，P_{52}=2；除害率在50%~100%，P_{52}=1；除害率为100%，P_{52}=0	1
5.3	根除难度（P_{53}）	田间防治效果差，成本高，难度大，P_{53}=3；田间防治效果显著，成本很低，简便，P_{53}=0；介于前两者之间的，P_{53}=2或1	3

利用综合评判方法，分别对各项一级指标值（P_i）和综合风险值R进行计算，P_1根据表7-3内的评判标准直接得到，$P_2 \sim P_5$、R值的计算见式（7-11）~式（7-15）：

$$P_1 = 2.0$$
$$P_2 = 0.6P_{21}+0.2P_{22}+0.2P_{23}=1.2 \tag{7-11}$$
$$P_3 = \max（P_{31}，P_{32}，P_{33}）=3.0 \tag{7-12}$$
$$P_4 = \sqrt[5]{P_{41} \times P_{42} \times P_{43} \times P_{44} \times P_{45}} = 2.55 \tag{7-13}$$
$$P_5 = （P_{51}+P_{52}+P_{53}）/3=2.0 \tag{7-14}$$
$$R = \sqrt[5]{P_1 \times P_2 \times P_3 \times P_4 \times P_5} = 2.06 \tag{7-15}$$

根据R值的大小，可将风险程度划分为4级，R值在3.0~2.5时为极高风险，2.4~2.0为高风险，1.9~1.5为中风险，1.4~1.0为低风险。假高粱在海南的危险性R值2.38，属于高风险有害生物，建议将其列为检疫性有害生物进行管理是合理的。

6. 风险管理

根据假高粱在海南适生气候区划的研究及其风险综合评价体系的分析，建议有关部门应高度重视假高粱对中国的经济发展和自然生态的影响程度，加强风险管理，制定合理政策，采取有力措施，严防假高粱传进国门。同时，应加强检疫知识的宣传力度，提高群众对假高粱等有害生物的警惕性，及时上报疫情，防止人为因素导致假高粱的传播扩散。

（四）薇甘菊

薇甘菊（*Mikania micrantha* H. B. K），属桔梗目（Campanulales）菊科（Asteraceae）假泽兰属（*Mikania*）。

薇甘菊是一种为害园林植物、经济林木、农作物等的重要外来入侵有害生物，可寄生的植物种类极多。通过对薇甘菊的风险分析，其风险评估值为 $R=2.06$，在海南省属于高度危险的林业有害生物。

薇甘菊是菊科假泽兰属的一种多年生草质藤本植物，原产中、南美洲，现广泛分布于东南亚，是为害经济作物和森林植被的主要害草。该种已被列入世界上最有害的100种外来入侵物种之一。也被列入中国首批16种外来入侵物种，成为农林检疫对象。其入侵后在短时间内覆盖所依附植物的冠层，影响植物光合作用及正常的生长发育，造成植物死亡。也因此被称为"森林绿色杀手"，根据《中华人民共和国进出境动植物检疫法》的规定和薇甘菊的风险分析结果，农业部国家质量监督检验检疫总局已将薇甘菊列入《中华人民共和国进境植物检疫性有害生物名录》。

1. 形态特征

茎细长，匍匐或攀缘，多分枝，被短柔毛或近无毛，幼时绿色，近圆柱形，老茎深褐色，具多条肋纹。茎中部叶三角状卵形至卵形，长4~13m，宽2~9m，基部心形，偶近截形，先端渐尖，边缘具数个粗齿或浅波状圆锯齿，两面无毛，基出3~7脉；叶柄长2~8cm，上部的叶渐少，叶柄亦短。

头状花序多数，在枝端常排成复伞房花序状，花序梗纤细，顶部的头状花序花先开放，依次向下逐渐开放，头状花序长4.5~6.0mm，含小花4朵，全为结实的两性花。

总苞片4枚，狭长椭圆形，顶端渐尖，部分隐尖，绿色，长2.0~4.5mm，总苞基部有一线状椭圆形的小苞叶（外苞片），长1~2mm。花有香气，花冠白色，管状，长3.0~3.5mm。檐部钟状，5齿裂。

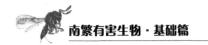

瘦果长1.5～2.0mm，黑色，被毛，具5棱，被腺体，冠毛由32～38条刺毛组成，白色，长2.0～3.5mm。种子很轻（不到万分之一克），但数量巨大。开花季节在11—12月，种子大约在12月底成熟。

2. 生活习性

薇甘菊是喜阳性植物，喜生长于光照和水分条件较好的地区，年均温度在21℃以上，其对土壤生态环境的要求很低。常见于被破坏的林地边缘、荒弃农田、疏于管理的果园、水库和沟渠或河道两侧。易生长于肥沃、潮湿的土地，追光性强，在阴暗处生长缓慢，在向阳处生长迅速。

薇甘菊兼有性和无性两种繁殖方式。乘风传播扩散其种子是薇甘菊广泛入侵的重要原因。薇甘菊的茎节和节间都能生根，每个节的叶腋都可长出一对新枝，形成新枝株，故薇甘菊的英文名称又叫"一分钟一英里"。这形象比喻了其快速的生长和扩散。在土壤疏松、有机质丰富、阳光充足的环境中，薇甘菊特别易于生长。

薇甘菊种子颗粒重0.089 2g，轻飘细小，能借风力进行较远距离传播。种子的萌发与温度相关，试验条件下在25～30℃萌发率达83.3%。在40℃的高温条件下萌发率为1.0%。种子需光性，在黑暗条件下很难萌发。

自然条件下，在我国香港地区薇甘菊3—8月为生长旺盛期，9—10月为花期，11月至翌年2月为结实期。幼苗生长较慢，后期生长较好，对光照要求也急剧增加，营养茎可进行营养繁殖，而且较种子苗生长要快。

薇甘菊开花数量很大，0.25m²面积内，共计有头状花序平均约35 416个，合小花141 665朵，花生物量占地上部分总生物量约40.6%。它能爬高10m，爬上灌木、乔木，并像被子一样把这些树木全部覆盖，然后使树木因缺少阳光、缺少养分、缺少水分而"窒息"死亡。

3. 防治方法

（1）物理防治。是最原始的方法，但也是比较有效的方法，缺点是只能治标，不能治本。一次铲除之后，每隔一段时间又要再铲除，成本高、效率低。

（2）化学防治。用化学除草剂在开花之前喷洒叶面，能收到较好的效果。但缺点是污染环境，还会影响其他植物。

（3）生物防治。

① 真菌防治。橡胶树黑团孢叶斑病病原真菌培养滤液对薇甘菊的种子萌发及根、茎都有较强的抑制作用。

② 引进天敌。美洲有一种臭虫（*Teleoenma* sp.）和螨虫（*Acalitus* sp.）能啃食薇甘菊。但这种方法是否带来新的生态危机，应慎重考虑。

③ 生物提取物。土生田野菟丝子和黄伞枫抑制薇甘菊蔓延。黄伞枫能够分泌一种化学物质来抑制薇甘菊的生长。在内伶仃岛上，通过种植这两种植物，并配合专用农药的使用，薇甘菊危害的面积已由原来的5.54km²缩减到现在的3.3km²。

4. 风险评估

（1）分布情况。在我国的香港、台湾、广东、广西、海南、江西等南方地区均有发生，截至2016年5月，薇甘菊在海南省海口、文昌、琼海、临高、五指山、澄迈、屯昌、定安、昌江、东方、五指山等市（县）、约50个乡镇均有发生，面积约计1 105.3hm²。

目前全球分布情况为，北美洲：墨西哥、美国；南美洲：古巴、牙买加、危地马拉、多米尼加、厄瓜多尔、巴拿马、巴西、智利、阿根廷；非洲：尼日利亚、贝宁、喀麦隆；澳洲：新喀里多尼亚；亚洲：巴基斯坦、印度、泰国。

（2）扩散蔓延的可能性。

① 寄主植物及其分布。对薇甘菊对植物及植物群落的为害状况的调查结果表明，薇甘菊发生和蔓延区域的植物均受到不同程度的为害，尤其对一些较矮的绿化植物和农作物为害严重，如宝巾、吊灯花、美人蕉、番木瓜、香蕉、甘蔗、薏苡仁等。而且薇甘菊对环境适应力强，在调查的疫情发生地区，薇甘菊的长势均好于其他植被。

② 在海南的适生性。受薇甘菊为害最严重的是公路周边的灌木丛和农作物。有些灌木已被薇甘菊覆盖致死。公路边的弃耕地因有机质丰富和土壤湿润能较快地被薇甘菊侵入和优先占领。公路旁的甘蔗地、香蕉园、橡胶园等农田因园主管理粗放，加之水肥充足使之易受薇甘菊的侵入，被清除丢弃的薇甘菊藤茎具有很强的无性繁殖能力，反而从一定程度上加速了薇甘菊的扩散。在进入文昌的文城镇路边的大面积果园中，薇甘菊的扩散较严重，不仅下层林地大多数被薇甘菊覆盖，许多橡胶树和香蕉树也被薇甘菊爬上并覆盖，若无人清除将会严重地影响作物的正常生长和产量。

③ 传播渠道。海南省薇甘菊的分布主要集中在海口、文昌、临高一带，并向周围辐射蔓延，而且多集中在公路沿线及附近的农田和绿化林地。交通运输频繁的路段是薇甘菊发生的主要区域；苗圃、农产品、种质资源的运输和交流以及交通工具的往来是薇甘菊快速蔓延的主要方式之一。从主要调查地点薇甘菊的分布面积、入侵生境及生长状况来看，薇甘菊的定居多为开旷具有丰富有机质的潮湿环境，特别是营养丰富、水分充足的区域常为侵入薇甘菊的分布中心，公路两旁薇甘菊侵入较严重的地段多数是先定居在水流附近等适宜环境，随后开始向外

扩散和蔓延。公路旁的排水沟，特别是淤泥累积较厚的水沟边及干洞的浅水沟使薇甘菊很容易定居和生长繁殖。

（3）为害情况。薇甘菊已经在海南省多个市（县）被发现，其主要分布在公路边、次生灌木丛、管理粗放的甘蔗地、林地、花木苗圃培育基地、人口流动频繁的旅游区附近以及水流经过的部分区域，对当地的农林和生态环境有不同程度的为害，但潜在威胁不容忽视，对当地园林产业造成了巨大威胁，引起农林部门高度关注，经过积极除治，于当年根除了疫情。目前，该虫已扩散至海南省全省，一旦继续传播扩散，将严重影响园林景观、花卉及经济作物等的生产甚至会对我国农林业造成巨大的经济损失。

在东南亚地区，薇甘菊严重为害树木作物，如油棕、椰子、可可、茶叶、橡胶、柚木等都是其主要为害对象。如在马来西亚，由于薇甘菊的覆盖，橡胶树的种子萌芽率降低27%，橡胶树的橡胶产量在早期的32个月内减产27%～29%。20世纪60年代被引入印度尼西亚，想把它种到本国的一些垃圾填埋场及什么也不生的废弃地中。借助于当地温暖潮湿的泥土，薇甘菊很快在印度尼西亚、马来西亚、菲律宾、泰国等地蔓延开来，给种植香蕉、茶叶、可可、水稻等经济作物的农民造成了重大损失。1919年前后，薇甘菊作为杂草在中国香港出现。1986年薇甘菊作为护滩植物引入中国，在珠江三角洲一带大肆扩散蔓延，对广东福田内伶仃岛国家级自然保护区构成了巨大威胁。到21世纪初，深圳市受薇甘菊为害的林地面积已达4万多亩，其中4 000多亩受害森林已奄奄一息。遇树攀援、遇草覆盖的薇甘菊已从郊野向市内发展，不少市区内公园、绿化带已发现薇甘菊的踪迹。同时，该草害在香港、广西和广东其他一些地方也有发生和为害，并正逐年扩大其分布范围。据估算，中国珠三角一带每年因为薇甘菊泛滥造成的生态经济损失在5亿～8亿元。

薇甘菊具有寄主广泛，繁殖力强，世代重叠的明显特征，一旦发生，其种群数量增长快，为害迅速，防治困难。薇甘菊极易随寄主枝茎、叶等活体做远距离传播，定殖与扩散能力强，检疫监管难度大。这些都给薇甘菊的防治带来很大的困难。因此，薇甘菊一旦传入并且定殖后，将很难根除。

5. 定量评估

薇甘菊风险性分析评判指标赋分见表7-4。

表7-4　薇甘菊风险性分析评判指标赋分

序号	评判指标	评判标准	赋分值
1	省内分布状况（P_1）	省内无分布，P_1=3；省内分布面积占0~20%，P_1=2；省内分布面积占20%~50%，P_1=1；省内分布面积大于50%，P_1=0	3
2.1	潜在经济危害性（P_{21}）	造成产量损失20%以上或严重降低产品质量，P_{21}=3；产量损失在5%~20%或有较大质量损失，P_{21}=2；产量损失在1%~5%或有较小质量损失，P_{21}=1；产量损失小于1%且对质量无影响，P_{21}=0	3
2.2	是否为其他检疫性有害生物的传播媒介（P_{22}）	可传带3种以上的检疫性有害生物，P_{22}=3；可传带2种检疫性有害生物，P_{22}=2；可传带1种检疫性有害生物，P_{22}=1；不传带任何检疫性有害生物，P_{22}=0	0
2.3	国外重视程度（P_{23}）	有20个以上国家列为检疫对象，P_{23}=3；有10~19个国家列为检疫对象，P_{23}=2；有1~9个国家列为检疫对象，P_{23}=1；无国家列为检疫对象，P_{23}=0	3
3.1	受害栽培寄主的种类（P_{31}）	受害的栽培寄主10种以上，P_{31}=3；受害的栽培寄主5~9种，P_{31}=2；受害的栽培寄主1~4种，P_{31}=1；无受害的栽培寄主，P_{31}=0	3
3.2	受害寄主的面积（P_{32}）	受害栽培寄主面积350万hm²以上，P_{32}=3；受害栽培寄主面积150万~350万hm²，P_{32}=2；受害栽培寄主面积小于150万hm²，P_{32}=1；没有受害的栽培寄主，P_{32}=0	3
3.3	受害寄主的特殊经济价值（P_{33}）	受害寄主经济价值高或出口创汇高，P_{33}=3；受害寄主价值一般或出口创汇一般，P_{33}=2；受害寄主经济价值低或出口创汇低，P_{33}=1；受害寄主无价值或无出口创汇，P_{33}=0	2
4.1	在口岸截获难易（P_{41}）	在口岸经常被截获，P_{41}=3；在口岸偶尔被截获，P_{41}=2；在口岸未被截获或只截获过少数几次，P_{41}=1	3
4.2	运输中有害生物的存活率（P_{42}）	运输中存活率在40%以上，P_{42}=3；运输中存活率在10%~40%，P_{42}=2；运输中存活率在0~10%，P_{42}=1；运输中存活率为0，P_{42}=0	3
4.3	国外分布广否（P_{43}）	在世界50%以上的国家有分布，P_{43}=3；在世界25%~50%的国家有分布，P_{43}=2；在世界0~25%的国家有分布，P_{43}=1；世界上没有国家有分布，P_{43}=0	3
4.4	省内的适生范围（P_{44}）	国内50%以上的地区能够适生，P_{44}=3；国内25%~50%的地区能够适生，P_{44}=2；国内0~25%的地区能够适生，P_{44}=1；国内没有能够适生的地区，P_{44}=0	3
4.5	传播能力（P_{45}）	通过气传的有害生物，P_{45}=3；由活动力很强的介体传播，P_{45}=2；通过土传及传播力很弱的，P_{45}=1	3

（续表）

序号	评判指标	评判标准	赋分值
5.1	检验鉴定的难度（P_{51}）	检疫鉴定方法可靠性很低，花费时间很长，$P_{51}=3$；检疫鉴定方法非常可靠，且简便快速，$P_{51}=0$；介于前两者之间，$P_{51}=2$ 或 1	3
5.2	除害处理的难度（P_{52}）	除害率为 0，$P_{51}=3$；除害率在 50% 以下，$P_{52}=2$；除害率在 50%～100%，$P_{52}=1$；除害率为 100%，$P_{52}=0$	3
5.3	根除难度（P_{53}）	田间防治效果差，成本高，难度大，$P_{53}=3$；田间防治效果显著，成本很低，简便，$P_{53}=0$；介于前两者之间的，$P_{53}=2$ 或 1	3

利用综合评判方法，分别对各项一级指标值（P_i）和综合风险值 R 进行计算，P_1 根据表内的评判标准直接得到，$P_2 \sim P_5$、R 值的计算见式（7-16）～式（7-20）：

$$P_1 = 2.0$$
$$P_2 = 0.6P_{21} + 0.2P_{22} + 0.2P_{23} = 1.2 \qquad （7\text{-}16）$$
$$P_3 = \max（P_{31}，P_{32}，P_{33}）= 3.0 \qquad （7\text{-}17）$$
$$P_4 = \sqrt[5]{P_{41} \times P_{42} \times P_{43} \times P_{44} \times P_{45}} = 2.55 \qquad （7\text{-}18）$$
$$P_5 = （P_{51} + P_{52} + P_{53}）/3 = 2.0 \qquad （7\text{-}19）$$
$$R = \sqrt[5]{P_1 \times P_2 \times P_3 \times P_4 \times P_5} = 2.06 \qquad （7\text{-}20）$$

根据 R 值的大小，可将风险程度划分为 4 级，R 值在 3.0～2.5 时为极高风险，2.4～2.0 为高风险，1.9～1.5 为中风险，1.4～1.0 为低风险。薇甘菊在海南的危险性 R 值 2.06，属于高风险有害生物，建议将其列为检疫性有害生物进行管理是合理的。

6. 风险管理

将薇甘菊列为检疫性有害生物名录，实施严格的产地检疫、入境检疫、调运检疫及跟踪检疫，严禁带有该植物的种苗进境和运出疫区。同时，在我国疫区开展监测控制，开展化学防除结合生物防治，遏制薇甘菊扩散蔓延势头，逐渐根除其危害。

通过对有害生物薇甘菊的风险分析，其风险评估值 $R=2.06$，在海南省属于高度危险的林业有害生物，应继续列入林业检疫性有害生物名单。

参考文献

陈冠铭，曹兵，刘扬. 2017. 国家南繁育制种产业发展战略路径研究[J]. 种子，36（1）：68-72.

陈洪俊，范晓虹，李尉民. 2002. 我国有害生物风险分析（PRA）的历史与现状[J]. 植物检疫，16（1）：28-32.

陈克，范晓虹，李尉民. 2002. 有害生物的定性与定量风险分析[J]. 植物检疫，16（5）：257-261.

范志伟，沈奕德，刘丽珍. 2008. 海南外来入侵杂草名录[J]. 热带作物学报，29（6）：781-792.

国家环境保护总局，中国科学院. 中国第一批外来入侵物种名[EB/OL]. http://www. mep. gov. cn/info/gw/huanfa/200301/ t200301 10_85446. htm.

国家林业局公告. 林业检疫性有害生物名单. 办造字[2004]59号文件第4号[EB/OL]. http://lxh. forestry. gov. cn /portal /lxh/S /1405 / content-129451. html.

胡树泉. 2008. 外来生物红火蚁在福建危害的风险及损失评估[D]. 福州：福建农林大学.

蒋青，梁忆冰，王乃扬，等. 1995. 有害生物危险性评价的定量分析方法研究[J]. 植物检疫，9（4）：208-211.

雷仲仁，罗礼智，郑永权，等. 2005. 对危险性外来入侵生物红火蚁的考察[J]. 植物保护，（3）：64-66.

刘红霞，温俊宝，骆有庆，等. 2001. 森林有害生物分析研究进展[J]. 北京林业大学学报，23（6）：46-51.

卢辉，唐继洪，吕宝乾，等. 2019. 草地贪夜蛾的生物防治及潜在入侵风险[J]. 热带作物学报，40（6）：1 237-1 244.

罗丰，孔祥义，袁经天，等. 2011. 转基因作物安全研究进展及南繁转基因生物安全管理对策[J]. 分子植物育种，9（5）：648-655.

沈佐锐，马晓光，高灵旺，等. 2003. 植保有害风险分析研究进展[J]. 中国农业大学学报，8（3）：51-55.

唐清杰，严小微，孟卫东. 2015. 海南水稻生产现状分析及发展对策[J]. 杂交水稻，30（1）：1-5.

王伯荪，王勇军，廖文波，等. 2004. 外来杂草薇甘菊的入侵生态及其治理[M]. 北京：科学出版社.

王艳青. 2006. 近年来中国水稻病虫害发生及趋势分析[J]. 中国农学通报（2）：343-347.

许桓瑜，王萍，张雨良，等. 2019. 南繁硅谷建设的分析与思考[J]. 农学学报，9（1）：89-95.

郑华，赵宇翔. 2005. 外来有害生物红火蚁风险分析及防控对策[J]. 林业科学研究（4）：479-483.

中华人民共和国农业部. 中华人民共和国进境植物检疫性有害生物名录. 第862号公告[EB/OL]. http://www. moa. gov. cn/ zwllm/xzzff200803/t20080317_1028723. htm.

周雪松，刘荣志，陈冠铭，等. 2012. 南繁：现状与问题——南繁单位调查报告[J]. 中国农学通报，28（24）：161-165.

Allen C R, Demaris S, Lutz R S. 1994. Red imported fire ant impact on wildlife：an overview[J]. Texas Journal of Science, 46：51-59.

AllenC R, Lutz R S, Demarais S. 1995. Red imported fire antimpacts on northern bobwhite populations[J]. Ecological Applications, 5（3）：632-638.

Bolton B. 1995. A new genera catalogue of ant of the world[M]. Harvard University Press, USA, September.

Bolton B. 1994. Identification guide to the ant genera of the world[M]. Harvard University Press, USA.

Buren WF. 1974. Zoo geography of the imported fire ants [J]. J. NewYork Entomol Soc, 82：113-124.

CassillD L, Tschinke W R. 1999. Task selection byworkers of the fire ant *Solenopsis invicta*[J]. Behav. Eco. l Sociobio, 45：301-310.

Culpepper G H. 1953. The distribution of the imported fire ant in the Southern States [J]. Proceedings of the Association of Agricultural Workers, 50：102.

DowellR V, Gilbert A, Sorensen J. 1997. Red imported fire ant found in California[J]. California PlantPest and Disease Report, 16（3-4）：50-55.

Hedges S A. 1997. Handbook of pest contro, 18th Ed[[M]]. CRC Press, New York, USA, 374

Jouvenaz D P. 1983. Natural enemies of fire ants[J]. Florida Entomol, 66：1 111-1 121.

Lewis D K, Campbell J Q, Sowa S M, et al. 2001. Characterization of vitellogenin in the red imported fire ant *Solenopsis invicta*（Hymenoptera：Formicidae）[J]. Journal of Insect Physiology, 47：543-551.

Lowe S, Browne M, Boudjelas S, et al. 2004. 100 of the world's worst invasive Mien species[M]. ISSG/IUCN, Auckland, New Zealand.

Markin G P, Dillier JH, Collins H L. 1972. Colony founding by queens of the red imported fire ant *Solenopsis invicta*[J]. Ann Entomol Soc Am, 65：1 053-1 058.

Markin G P. 1974. Regional variation in the seasonal activity of the imported fire ant, Solenopsis saevissima richteri [J]. Environ Entomol（3）：446-452.

Morrison L W. 2004. Potential global range expansion of the invasive fire ant, Solenopsis invicta[J]. Biological Invasions（6）：183-191.

Porter S D, Fowler H G, Campiolo S, et al. 1995. Host specificity of several Pseudacteon （Diptera：Phoridae）parasites of fire ants（Hymenoptera：Formicidae）in South America[J]. Florida Entomol, 78：70-75.

Porter S D. 1998. Biology and behavior of Pseudacte on decapitating flies（Diptera：Phoridae）that parasitize Soleno psis fireants（Hymenoptera：Formicidae）[J]. Florida Entomol, 81：292-309.

PorterS D, Van Eimeren B, Gillbert L E. 1996. Invasion of red imported fire ant（Hymenoptera：Formicidae）[J]. Aust J Zoo, 1（14）：73-171.

Trager J C. 1991. A revision of the fire ants, Solenopsis geminate grouP（Hymenoptera：Formicidae：Myrmicinae）[J]. Journal of the New York Entomological Society, 99：141-198.

Vinson S B, Greenberg L. 1986. The biology, physiology and ecology of Imported FireAnts[M]// Vinson S B. Economic Impact and Control of Social Insects. Praeger Press, New York, USA, 193-226.

Vinson S B, Ellison S. 1996. An unusual case ofpolygyny in Solenopsis invicta Buren[J]. Southwestern Entomologist, 21：387-393.

Vison S B. 1997. Invasion of the red imported fire ant（Hymenoptera：Formicidae）Spread, Biology, and Impact[J]. American Entomologist, 43（1）：23-39.

Wojcik D P. 1976. The fire ants Florrida[J]. Entomology Circular, 173：9.

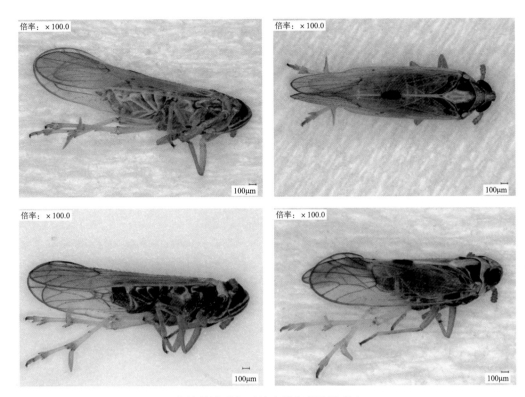

南繁基地采集到的水稻白背飞虱成虫

南繁基地采集到的水稻褐飞虱雌成虫

稻纵卷叶螟幼虫、成虫

南繁基地诱集红火蚁

草地贪夜蛾田间为害症状

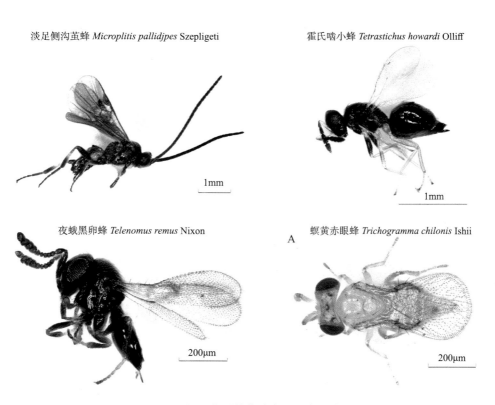

淡足侧沟茧蜂 *Microplitis pallidjpes* Szepligeti

霍氏啮小蜂 *Tetrastichus howardi* Olliff

1mm

1mm

夜蛾黑卵蜂 *Telenomus remus* Nixon

螟黄赤眼蜂 *Trichogramma chilonis* Ishii

A

200μm

200μm

田间采集到的草地贪夜蛾寄生蜂

南繁基地调查水稻害虫

陵水安马洋假高粱为害严重

南繁检疫性有害生物室内检测

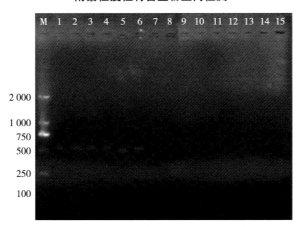

南繁区检测出的黄瓜绿斑驳花叶病毒

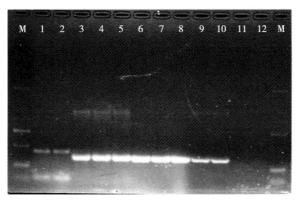

南繁区检测出的瓜类果斑病

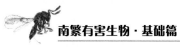
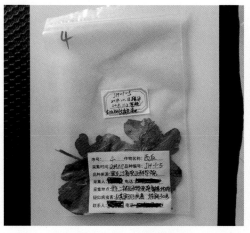
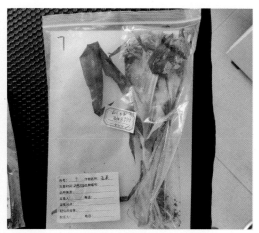

南繁送检样品（瓜类果斑病）　　　　　　南繁送检样品（玉米病害）

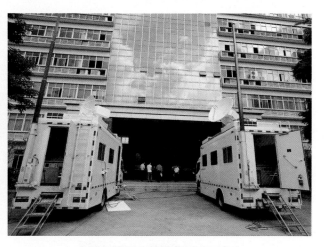

昆虫垂直雷达监测迁飞害虫　　　　　　车载扫描昆虫雷达监测迁飞害虫

海南陵水安马洋南繁基地病虫害远程监测设备　　南繁基地夜间高空灯监测迁飞害虫

南繁有害生物培训

南繁基地产地检疫联合巡查

草地贪夜蛾防控技术田间示范

海南省草地贪夜蛾越冬联合调查